普通高等教育“十二五”规划教材

（第二版）

混凝土结构设计原理

主　编　薛建阳
编　写　陈宗平　朱丽华
　　　　刘祖强　伍　凯
主　审　童岳生

中国电力出版社
CHINA ELECTRIC POWER PRESS

内 容 提 要

本书为普通高等教育“十二五”规划教材，是根据我国最新修订的国家标准《混凝土结构设计规范》(GB 50010—2010)、《工程结构可靠性设计统一标准》(GB 50153—2008) 及相关科研成果等编写而成的。全书分为10章，主要内容包括钢筋和混凝土材料的基本性能，结构设计的基本原理，受弯构件正截面承载力计算，受弯构件斜截面承载力计算，受压构件截面承载力计算，受拉构件截面承载力计算，受扭构件截面承载力计算，钢筋混凝土构件的裂缝、变形和耐久性，预应力混凝土构件。书中将第一版与新规范不同的内容包括全部例题逐一进行了修改。主要章节都配有必要的例题、小结、思考题和习题，便于学生自学和复习巩固相关知识。

本书可作为高等学校土木工程专业的教材，还可供相关工程技术人员学习新规范时参考。

图书在版编目（CIP）数据

混凝土结构设计原理/薛建阳主编．—2版．—北京：中国电力出版社，2012.8

普通高等教育“十二五”规划教材

ISBN 978-7-5123-3437-3

Ⅰ．①混…　Ⅱ．①薛…　Ⅲ．①混凝土结构-结构设计-高等学校-教材　Ⅳ．①TU370.4

中国版本图书馆CIP数据核字（2012）第200598号

中国电力出版社出版、发行

（北京市东城区北京站西街19号　100005　http://www.cepp.sgcc.com.cn）

北京丰源印刷厂印刷

各地新华书店经售

*

2010年4月第一版

2012年11月第二版　2012年11月北京第二次印刷

787毫米×1092毫米　16开本　13.25印张　318千字

定价 **24.00** 元

前　言

本书第一版自问世以来，得到广大读者的青睐，收到了许多关于教材内容的反馈意见。另外，《工程结构可靠性设计统一标准》（GB 50153—2008）于 2009 年 7 月 1 日起实施，新修订的国家标准《混凝土结构设计规范》（GB 50010—2010）也已出版发行，并于 2011 年 7 月 1 日起实施。为使读者系统地了解新规范的内容，便于学习和进行工程应用，本书进行了全面修订。主要开展了以下工作：

1. 淘汰了 235MPa 级低强钢筋，增加 500MPa 级高强钢筋；提出钢筋延性（最大力下总伸长率）的要求。

2. 修改和补充了结构在规定的设计使用年限内应满足的功能要求、极限状态的标志和极限状态设计表达式、作用组合的效应设计值的组合方法等内容。

3. 对结构的侧移二阶效应，提出了增大系数的简化方法。

4. 修改了构件斜截面的受剪承载力计算公式。

5. 补充了拉、扭和拉、弯、剪、扭构件承载力计算方法。

6. 调整和补充了预应力混凝土构件的张拉控制应力、预应力损失数值计算、构造要求和无粘结预应力基本概念等内容。

7. 修改了钢筋混凝土和预应力混凝土构件正常使用极限状态设计时裂缝宽度、挠度验算的有关规定。

8. 增加了楼盖舒适度要求，规定了楼板竖向自振频率的限制。

9. 修订了环境等级划分，完善耐久性设计方法。适当调整了钢筋保护层厚度的规定。

10. 修改了钢筋锚固长度的有关规定，增加了端板等机械锚固方式和要求。

11. 增加了并筋（钢筋束）的配筋方式，等效直径的概念及设计方法。

12. 按新规范对书中例题进行了全面修改。

参加本书修订工作的有：西安建筑科技大学薛建阳修订第 1、2、3、4 章、刘祖强修订第 5、9 章，朱丽华修订第 6 章，河海大学伍凯修订第 7、8 章，广西大学陈宗平修订第 10 章。全书由薛建阳统稿并任主编。

承蒙西安建筑科技大学童岳生教授再次审阅全书并提出许多宝贵意见，在此表示诚挚的谢意！

限于作者的学识和对新规范的理解尚有不足之处，错误在所难免，恳请广大读者批评指正。

编　者

2012 年 6 月

第一版前言

为贯彻落实教育部《关于进一步加强高等学校本科教学工作的若干意见》和《教育部关于以就业为导向深化高等职业教育改革的若干意见》的精神，加强教材建设，确保教材质量，中国电力教育协会组织制订了普通高等教育“十一五”教材规划。该规划强调适应不同层次、不同类型院校，满足学科发展和人才培养的需求，坚持专业基础课教材与教学急需的专业教材并重、新编与修订相结合。本书为新编教材。

《混凝土结构设计原理》是土木工程专业的一门主要专业基础课程。本书系统讲述了钢筋混凝土构件和预应力混凝土构件的受力性能、设计计算方法和构造措施，内容包括钢筋和混凝土材料的基本性能，以概率理论为基础的混凝土结构极限状态设计方法，受弯构件正截面和斜截面承载力计算，受压构件截面承载力计算，受拉构件承载力计算，受扭构件截面承载力计算，混凝土结构的使用性能和耐久性设计，以及预应力混凝土构件设计等。

本书的编写依据为我国现行《混凝土结构设计规范》(GB 50010—2002) 及相关设计规范和科研成果。为适应土木工程专业应用型人才培养的要求，在编写过程中做到概念明确、内容简明、讲述清楚。书中主要章节均配有相当数量的例题，有利于学生理解和掌握相关知识；还给出了小结、思考题和习题，以方便自学和巩固所学内容。本书可作为高等院校土木工程专业的本科教材，也可作为土木工程专业的专科教材，还可供相关工程技术人员参考。

本书由广西大学和西安建筑科技大学的部分教师共同编写，具体分工为：广西大学陈宗平编写第 1、2、3、4 章、第 10 章的 10.1 节和 10.2 节，西安建筑科技大学薛建阳编写第 5、6、7、8 章及附录，西安建筑科技大学刘义编写第 9 章，广西大学郑宏宇编写第 10 章的 10.3 节、10.4 节和 10.5 节。全书由陈宗平、薛建阳任主编。

西安建筑科技大学资深教授童岳生先生审阅了全书并提出了许多宝贵意见。博士生张锡成、刘祖强和硕士生张风亮、祝刚绘制了部分插图，在此一并表示衷心的感谢！

由于作者水平有限，书中错误与不妥之处在所难免，恳请读者批评指正。

编　者

2009 年 12 月

目　录

第1章　概　　论

1.1　混凝土结构的基本概念

混凝土结构是以混凝土为主要材料形成的结构，它主要包括素混凝土结构、钢筋混凝土结构、型钢混凝土结构、钢管混凝土结构、预应力混凝土结构及配置各种纤维筋的混凝土结构。这种结构广泛应用于建筑、道路、桥梁、隧道、矿井以及水利、港口等各种工程结构中。

素混凝土结构是指不配置任何钢材的混凝土结构。将钢筋与混凝土这两种材料结合在一起，使混凝土主要承受压力，钢筋主要承担拉力，就成为钢筋混凝土结构。型钢混凝土结构是在构件中主要配置型钢或用钢板焊接成的钢骨架，同时配有部分受力钢筋和构造钢筋的混凝土结构。钢管混凝土结构是指在钢管中浇筑混凝土而成的结构。预应力混凝土结构是指在结构或构件制作时，通过张拉预应力钢筋等方法对受拉部位预先施加压应力而制成的混凝土结构。在普通混凝土结构中掺入适量钢纤维、碳纤维、玻璃纤维及合成纤维等纤维材料而形成的混凝土结构，称为纤维混凝土结构。在目前的实际工程中，以钢筋混凝土结构和预应力混凝土结构应用较多。

如图1-1所示的两根截面尺寸、跨度、混凝土强度等级都相同的简支梁，其中一根为素混凝土梁［图1-1（a）］，另一根在受拉区配有适量的钢筋［图1-1（b）］。素混凝土梁由于混凝土的抗拉强度很低，当荷载较小时，梁下部受拉区边缘的混凝土就会出现裂缝，导致梁截面高度减小，裂缝迅速向上发展并引起梁的脆断而破坏。因此素混凝土梁的承载能力很低。对于受拉区配有适量钢筋的梁，当受拉区混凝土开裂后，受拉区的拉应力主要由钢筋承担，而中和轴以上受压区的压应力则由混凝土承担。此时，荷载还可继续增加，直至受拉区的钢筋达到屈服强度之后荷载还可略微上升，最后由于受压区混凝土被压碎，梁达到极限承载力而告破坏。试验表明，钢筋混凝土梁的承载力比素混凝土梁提高很多。混凝土的抗压能力和钢筋的抗拉能力都得到了充分利用。而配有适量钢筋的梁，在破坏前存有明显的预兆，其受力性能得到了显著改善。

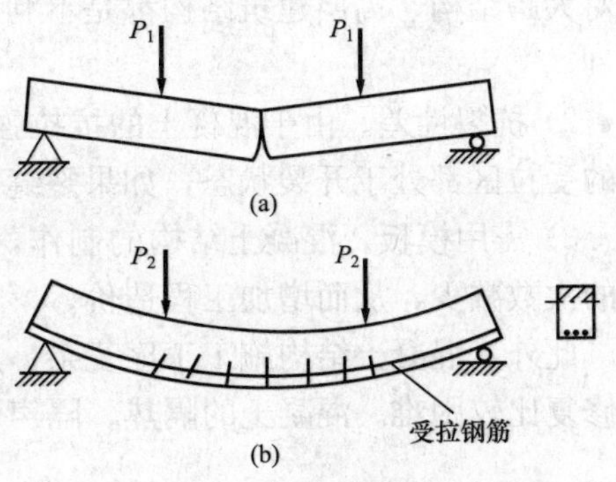

图1-1　素混凝土梁和钢筋混凝土梁
（a）素混凝土梁；（b）钢筋混凝土梁

钢筋和混凝土这两种物理和力学性能差别很大的材料能够有效的结合在一起共同工作，其主要原因为：

1）钢筋与混凝土之间存在着粘结力，使两者能可靠的结合在一起，保证在外荷载作用下，钢筋与混凝土能够共同受力，协调变形。因此，粘结力是钢筋与混凝土共同工作的基础。

2）钢筋与混凝土两种材料的温度线膨胀系数相近。混凝土的温度线膨胀系数为（1.0～

1.5）$\times 10^{-5}$，钢筋为 1.2$\times 10^{-5}$。因此当温度变化时，不会因钢筋与混凝土之间产生较大的相对变形而使粘结力遭到破坏。

3）钢筋埋置于混凝土中，混凝土对钢筋起到了保护和固定的作用，使钢筋不容易发生锈蚀，其耐久性得到保证，而且发生火灾时，不致因钢筋迅速软化而导致结构整体破坏。

1.2 混凝土结构的特点

1.2.1 混凝土结构的主要优点

1）耐久性好。在混凝土结构中，钢筋受到保护不易锈蚀，因此混凝土结构具有良好的耐久性，不像钢结构那样需要经常地保养和维护。

2）耐火性好。混凝土为不良导热体，当火灾发生时，混凝土不会像木结构那样迅速燃烧，也不会像钢结构那样很快软化而破坏。因此，混凝土结构具有更好的耐火性。

3）整体性好。现浇或装配整体式混凝土结构具有良好的整体性，其刚度较大，有利于抵抗地震作用或强烈爆炸时冲击波的作用。

4）可模性好。混凝土结构可根据需要浇筑成任何形状，有利于建筑造型。

5）就地取材。混凝土的主要成分，如砂和石均可就地取材。另外，还可有效利用矿渣、粉煤灰等工业废料。

6）节约钢材。钢筋混凝土结构合理地发挥了钢筋和混凝土两种材料的性能，与钢结构相比，可以节约钢材并降低造价。

1.2.2 混凝土结构的主要缺点

1）自重大。在负担相同荷重的情况下，混凝土结构的截面尺寸和自重都比钢结构大，这对大跨结构、高层建筑结构都是不利的。另外，自重大会使结构地震作用增大，对抗震也不利。

2）抗裂性差。由于混凝土的抗拉强度很低，因此在正常使用条件下钢筋混凝土构件截面的受拉区都处于开裂状态，如果裂缝过宽，则会影响结构的耐久性和应用范围。

3）需用模板。混凝土结构的制作，需用模板予以成型。如果采用木模板，则可重复使用的次数减少，从而增加工程造价。

此外，混凝土结构施工工序复杂，周期较大，且受季节和气候的影响较大。如遇损伤，则修复比较困难。混凝土的隔热、隔声性能也较差。

1.3 混凝土结构的发展和应用

混凝土结构的应用至今已有 150 多年的历史。与钢结构、木结构和砌体结构相比，由于它在材料及物理力学性能等方面具有许多优点，因此成为土木工程领域最主要的结构型式之一。混凝土结构的应用和发展大致分为四个阶段：

第一阶段：从钢筋混凝土的出现至 20 世纪初。这一时期由于钢筋和混凝土的强度都很低，仅能建造一些小型的梁、板、柱和基础等构件。钢筋混凝土的计算理论初步形成，结构构件的截面设计采用允许应力设计方法。

第二阶段：从 20 世纪 20 年代到第二次世界大战前后。钢筋和混凝土的强度有所提高，已建成各种空间结构，发明了预应力混凝土并应用于实际工程。在计算理论方面，开始按破损阶段进行构件的截面设计。

第三阶段：第二次世界大战到20世纪70年代末。由于材料强度的提高、施工技术的快速发展，混凝土单层厂房和桥梁结构的跨度不断增大，预制构件被广泛采用，混凝土高层建筑的高度已达262m。构件设计已过渡到按极限状态的设计方法。

第四阶段：从20世纪80年代到现在。随着建设速度加快，对材料性能和施工技术提出了更高要求，出现泵送混凝土等生产技术。尤其是近年来，高强混凝土和高强钢筋的出现，计算机的采用和先进施工机械设备的发明，建造了一批超高层建筑，大跨度桥梁，特长海底隧道和高耸结构等大型工程，标志着土木工程已经发展到了一个新的阶段。在设计计算理论方面，以概率理论为基础的极限状态设计方法得到了广泛采用，非线性有限元分析方法的出现和发展，推动了混凝土强度理论及其本构关系的深入研究，并形成了“近代混凝土力学”这一新兴学科。

目前，高性能混凝土和各种特殊用途的混凝土不断研制成功并获得应用，如钢纤维混凝土和聚合物混凝土有了很大发展；轻质混凝土、加气混凝土、陶粒混凝土及利用工业废渣制成的“绿色混凝土”不仅改善了混凝土的性能，而且对节能和环保具有重要意义。此外，防射线、耐磨、耐腐蚀、防渗透、保温等特殊需要的混凝土，以及智能型混凝土材料及其结构也正在研究中。混凝土结构的应用范围也在不断扩大，已从工业与民用建筑、城建及交通、水利水电工程领域扩大到了国防工程、海洋工程、地下建筑、核电站安全壳等各个方面。

1.4 本课程的主要内容和学习方法

1.4.1 主要内容

混凝土结构是由各种基本构件组成的，本书主要讲述钢筋混凝土构件及预应力混凝土构件的性能及设计。钢筋混凝土构件按照受力特点可以划分为以下几类：

1）受弯构件，如梁、板等。这些构件截面上的内力以弯矩为主，故称为受弯构件，同时，构件截面上也有剪力作用。

2）受压构件，如柱、墙等。这类构件的截面上有压力作用。当压力沿构件的纵轴作用在截面形心上时，称为轴心受压构件。如果压力不是沿构件的纵轴作用在截面形心上，或者在截面上同时有压力和弯矩作用，则为偏心受压构件。受压构件中通常还有剪力作用。

3）受拉构件，如屋架下弦杆、拉杆拱中的拉杆等。如果忽略构件自重，它们通常按轴心受拉构件考虑，如果截面上同时有拉力和弯矩作用，则为偏心受拉构件。偏心受拉构件中也会有剪力作用。

4）受扭构件，如曲梁、雨篷梁及框架结构的边梁等。这类构件的截面上除产生弯矩和剪力外，还会产生扭矩。因此，应考虑扭矩对构件受力性能的影响。

对预应力混凝土构件，主要介绍其轴心受拉和受弯时的受力性能。

1.4.2 课程特点及学习方法

在学习混凝土结构设计原理课程时，应注意以下几点：

1）钢筋混凝土构件是由钢筋和混凝土两种材料组成的构件，且混凝土是非均质、非连续、非弹性的材料，因此，不能直接采用材料力学的公式来计算钢筋混凝土构件的承载力和变形。而材料力学解决问题的基本方法，即利用平衡条件、物理条件和几何条件建立基本方程的思路，对于钢筋混凝土构件也是适用的。

2）钢筋混凝土构件的两种材料，在强度和数量上存在一个合理的配比范围。如果钢筋和混凝土在面积上的比例及材料强度的搭配超过了这个范围，就会引起构件受力性能的改变，从而引起截面设计方法的改变。

3）钢筋混凝土构件的计算方法是建立在试验研究的基础之上的。钢筋和混凝土材料的力学性能应通过试验确定。只有通过试验研究，才能深刻理解构件的破坏机理和受力性能，并建立相应的力学模型和计算公式。

4）在学习混凝土结构设计计算理论的同时，还应重视构造措施，包括对截面形式、材料选用及配筋构造的认识。注意学会对影响构件承载力和变形性能的多种因素进行综合分析，培养综合能力。

5）本课程的实践性很强，因此应当学会在设计过程中逐步熟悉和正确运用我国现行的有关设计标准和规范，如《混凝土结构设计规范》（GB 50010）、《工程结构可靠性设计统一标准》（GB 50153）、《建筑结构可靠度设计统一标准》（GB 50068）和《建筑结构荷载规范》（GB 50009）等。这些设计规范是国家颁布的有关结构设计的技术规定和标准，规范条文尤其是强制性条文是带有一定法律性质的技术文件，必须深入理解并在设计中遵照执行。

本 章 小 结

1. 混凝土结构是以混凝土为主要材料制成的结构。在混凝土中配置适量钢筋，使混凝土主要承受压力，钢筋承担拉力，就可使构件的承载力大大提高，受力性能也得到显著改善。混凝土结构有许多优点，但也存在一定缺点。

2. 钢筋和混凝土两种材料能够有效地结合在一起共同工作，主要有三方面原因：钢筋与混凝土之间存在粘结力；两种材料的温度线膨胀系数很接近；混凝土对钢筋提供保护作用。

3. 混凝土结构从出现到现在已有 150 多年的历史，它在建筑、道桥、隧道、矿井、水利和港口等各种工程中得到了广泛应用。学习混凝土结构设计原理课程时，应注意理论与实际相结合。

思 考 题

1-1 试说明素混凝土构件与钢筋混凝土构件在受力性能方面的差异。

1-2 钢筋与混凝土能够共同工作的原因是什么？

1-3 混凝土结构有哪些优点和缺点？它在实际工程中有哪些应用？

第2章　钢筋和混凝土材料的基本性能

2.1　钢　　筋

2.1.1　钢材成分

混凝土结构中使用的钢筋，按照其钢材的化学成分可分为碳素钢和普通低合金钢。根据钢材中含碳量的多少，碳素钢通常可分为低碳钢（含碳量少于0.25%）、中碳钢（含碳量0.25%～0.6%）和高碳钢（含碳量0.6%～1.4%）。随含碳量的增加钢材的强度提高，但塑性和可焊性降低。

在钢材中加入少量合金元素，如锰、硅、钒、钛等，即制成低合金钢，它可以明显改善钢材的力学性能。锰、硅元素可提高钢材的强度，并保持一定的塑性。近年来新开发的细晶粒钢筋，不需添加或仅需添加很少的合金元素，就可满足混凝土结构对钢筋强度和延性的要求。

2.1.2　钢筋的品种和级别

建筑结构中采用的钢筋，主要有热轧钢筋、预应力钢丝、钢绞线和预应力螺纹钢筋等种类。

热轧钢筋是由低碳钢、普通低合金钢或细晶粒钢在高温状态下轧制而成的，按强度由低到高可分为HPB300（工程符号为Φ）、HRB335（工程符号为Φ）、HRBF335（工程符号为Φ^{F}）、HRB400（工程符号为Φ）、HRBF400（工程符号为Φ^{F}）、RRB400（工程符号为Φ^{R}）、HRB500（工程符号为Φ）、HRBF500（工程符号为Φ^{F}）。其中HPB300为低碳钢，外形为光面圆形［图2-1（a）］，HRB335、HRB400、HRB500为普通低合金钢，HRBF335、HRBF400、HRBF500为细晶粒钢筋，均在表面轧有月牙肋，称为带肋钢筋，如图2-1（b）所示。RRB400钢筋为余热处理月牙纹变形钢筋，是由轧制钢筋后经高温淬水，余热处理后提高强度。

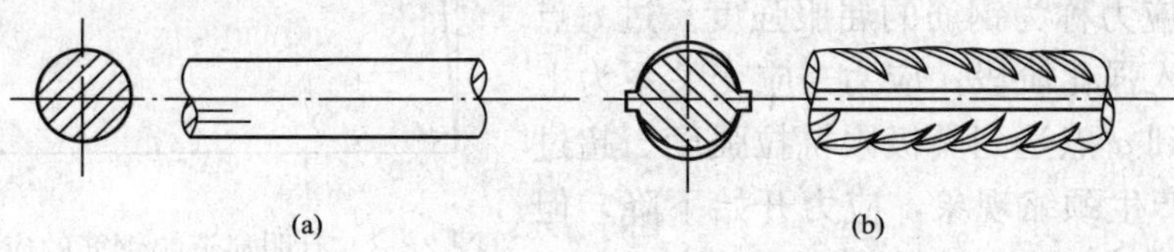

图2-1　常用热轧钢筋的外形
(a) 光面钢筋；(b) 月牙肋钢筋

钢筋混凝土结构中的纵向受力钢筋宜采用HRB400、HRB500、HRBF400、HRBF500钢筋，也可采用HPB300、HRB335、HRBF335和RRB400钢筋。梁、柱纵向受力普通钢筋应采用HRB400、HRB500、HRBF400、HRBF500钢筋。箍筋宜采用HRB400、HRBF400、HPB300、HRB500、HRBF500钢筋，也可采用HRB335、HRBF335钢筋。HRB系列普通热轧带肋钢筋具有较好的延性、可焊性、机械连接性能及施工适应性。RRB系列钢筋的延性、可焊性、机械连接性能及施工适应性均有所降低，一般可用于对变形性能及加工性能要求不高的构件中，如基础、大体积混凝土、楼板、墙体，以及次要的中小结构构件等。

中强度预应力钢丝的抗拉强度为800～1270MPa，外形有光面（工程符号ϕ^{PM}）和螺旋肋［工程符号ϕ^{HM}，如图2－2（b）所示］两种；消除应力钢丝的抗拉强度为1470～1860MPa，外形也有光面（工程符号ϕ^{P}）和螺旋肋（工程符号ϕ^{H}）两种；钢绞线［工程符号ϕ^{S}，如图2－2（a）所示］抗拉强度为1570～1960MPa，是由多根高强钢丝扭结而成，常用的有1×7（7股）和1×3（3股）等；预应力螺纹钢筋（工程符号ϕ^{T}）又称精轧螺纹粗钢筋，其抗拉强度为980～1230MPa，是用于预应力混凝土结构的大直径高强钢筋。这种钢筋在轧制时沿钢筋纵向全部轧成有规律的螺纹肋条，可用螺丝套筒连接和螺帽锚固，不需要再加工螺丝，也不需要焊接。

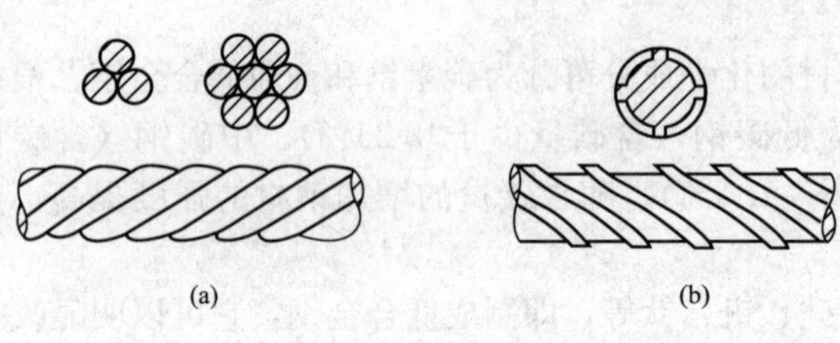

图2－2　钢绞线、消除应力钢丝的外形

（a）钢绞线；（b）螺旋肋钢丝

预应力筋宜采用预应力钢丝、钢绞线和预应力螺纹钢筋。

2.1.3　钢筋的强度和变形性能

1. 钢筋的应力—应变曲线

根据钢筋受拉时应力—应变关系曲线特点不同，可将钢筋分为有明显流幅的钢筋和无明显流幅的钢筋两类。

（1）有明显流幅的钢筋

有明显流幅的钢筋（如热轧钢筋）由拉伸试验得到的典型应力—应变曲线如图2－3所示，从图中可见，在a点以前，钢筋处于弹性阶段，应力—应变关系呈直线，a点对应的应力称为比例极限。过a点后，应变较应力增长速度加快，到达b点后钢筋开始塑流，应力—应变关系接近于水平线，这种塑流变形一直持续到c点。相应于b点的应力称为钢筋的屈服强度。过c点以后，钢筋进入强化阶段，应力—应变关系为上升的曲线，直到d点达到其极限抗拉强度。超过d点后，钢筋产生颈缩现象，应力开始下降，但应变仍能继续增大，到e点钢筋被拉断，e点对应的应变称为钢筋的极限应变。

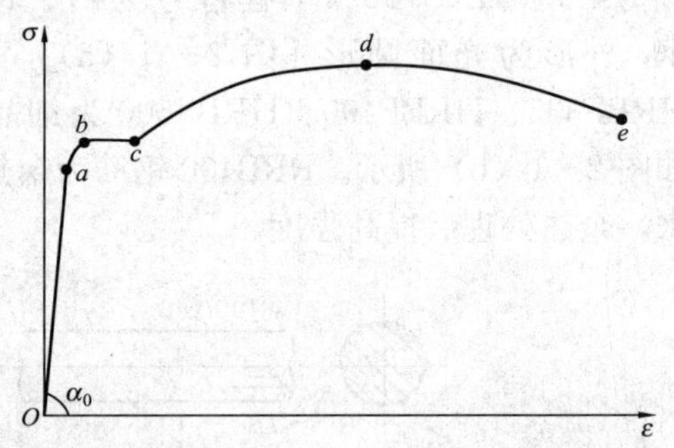

图2－3　有明显流幅钢筋的应力—应变曲线

钢筋混凝土构件设计时，对有明显流幅的钢筋，取屈服强度作为钢筋强度取值的依据。因为钢筋屈服以后，将产生较大的塑性变形，使构件的变形和裂缝宽度增大很多，以致影响正常使用。

（2）无明显流幅的钢筋

无明显流幅的钢筋（如预应力螺纹钢筋和各类钢丝）在拉伸时典型的应力—应变曲线如图2－4所示。可以看出，钢筋应力达到比例极限（图中a点）之前，应力—应变关系呈直线，钢筋具有明显的弹性性质。超过a点之后，钢筋表现出一定的塑性变形，应力与应变均继续增长，但没有明显的屈服点。达到极限抗拉强度 σ_b（b 点）后，由于钢筋颈缩，曲线出现下降段，至 c 点钢筋被拉断。

设计中，对无明显流幅的钢筋，一般取残余应变为 0.2%时对应的应力（$\sigma_{0.2}$）作为钢筋强度取值的依据，称为条件屈服强度。《混凝土结构设计规范》（GB 50010）（书中如无其他特殊说明，以下简称《规范》）为简化计算，取 $\sigma_{0.2}=0.85\sigma_b$。

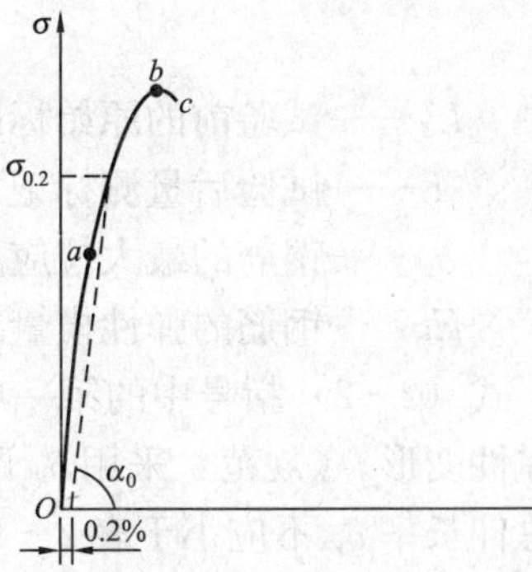

图 2-4　无明显流幅钢筋的应力—应变曲线

2. 钢筋的弹性模量

钢筋的弹性模量是根据拉伸试验中弹性阶段的应力—应变曲线确定的。由图 2-3 和图 2-4 可见，弹性模量 $E=\sigma/\varepsilon=\tan\alpha_0$。各类钢筋的弹性模量见附表 5。

3. 钢筋的塑性性能

钢筋除了要有足够的强度外，还应具有一定的塑性性能和变形能力。这可以用钢筋的伸长率和冷弯性能两个指标来衡量。

(1) 伸长率

钢筋断后伸长率 δ 是用钢筋试件拉断后断口两侧的残留应变来衡量的，即

$$\delta=\frac{l-l_0}{l_0}\times 100\% \tag{2-1}$$

式中　l_0——钢筋试件拉伸前的量测标距；

l——钢筋试件拉断时的量测标距，量测标距包括颈缩区。

以往通常用标距为 $10d$ 或 $5d$（d 为钢筋实际的直径）范围内的极限伸长率，记为 δ_{10} 或 δ_5。伸长率越大，表明钢筋的塑性和变形能力越大。

上述伸长率仅反映了钢筋残余变形的大小，其中还包含了断口颈缩区域的局部变形。这一方面使得不同量测标距长度所得的结果不一致，即对同一钢筋，当量测标距取值较小时，所得伸长率较大，而当量测标距取值较大时，所得伸长率较小；另一方面，由式（2-1）求得的伸长率忽略了钢筋的弹性变形，不能反映钢筋受力时的总体变形能力。此外，在量测钢筋拉断后的标距长度时，需将拉断后的两段钢筋对合后再量测，也容易产生人为误差。

因此，我国《规范》采用了钢筋在最大力下的总伸长率（又称均匀伸长率）δ_{gt} 来表示钢筋的延性，即其变形能力。

钢筋在达到最大应力 σ_b 时的变形包括塑性变形和弹性变形两部分，如图 2-5 所示。故最大力下的总伸长率 δ_{gt} 可用下式表示

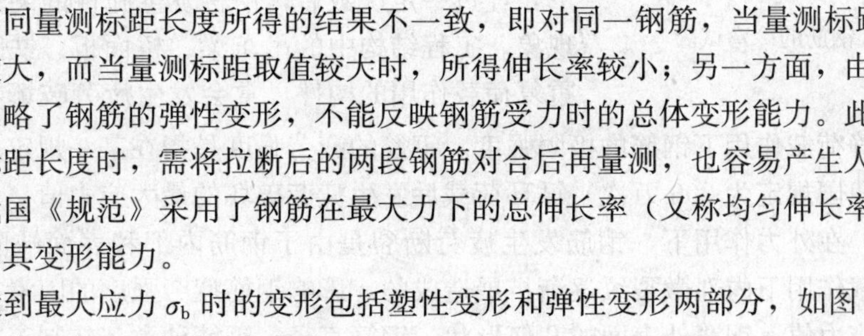

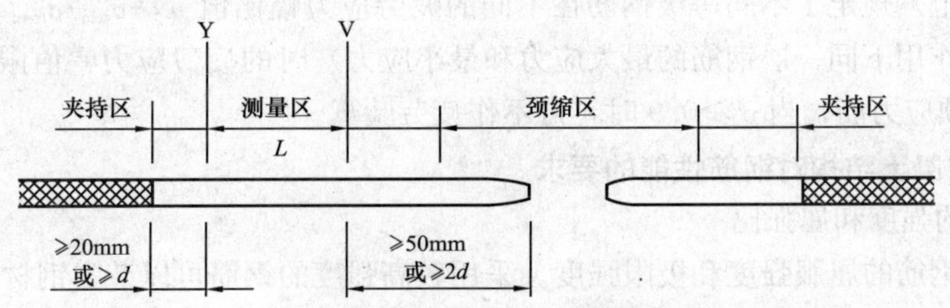

图 2-5　最大力下的总伸长率量测方法

$$\delta_{gt}=\left(\frac{L-L_0}{L_0}+\frac{\sigma_b}{E_s}\right)\times 100\% \tag{2-2}$$

式中 L_0——试验前的原始标距（不包含颈缩区）；

L——试验后量测标记之间的距离；

σ_b——钢筋的最大拉应力（即极限抗拉强度）；

E_s——钢筋的弹性模量。

式（2-2）括号中的第一项反映了钢筋的塑性变形，第二项反映了钢筋在最大拉应力下的弹性变形。《规范》采用 δ_{gt} 评定钢筋的塑性性能，并要求普通钢筋及预应力筋在最大力下的总伸长率 δ_{gt} 不应小于表 2-1 规定的数值。

表 2-1 普通钢筋及预应力筋在最大力下的总伸长率限值

钢筋品种	普通钢筋			预应力筋
	HPB300	HRB335、HRBF335、HRB400、HRBF400、HRB500、HRBF500	RRB400	
δ_{gt}(%)	10.0	7.5	5.0	3.5

（2）冷弯性能

为了使钢筋在加工和使用时不发生断裂，要求钢筋具有一定的冷弯性能，冷弯是将钢筋围绕某个规定的直径 D（D 为 $1d$，$2d$，$3d$ 等，d 为钢筋直径）的辊轴弯曲一定的角度（90°或 180°），如图 2-6 所示，弯曲后的钢筋应无裂纹或断裂现象。

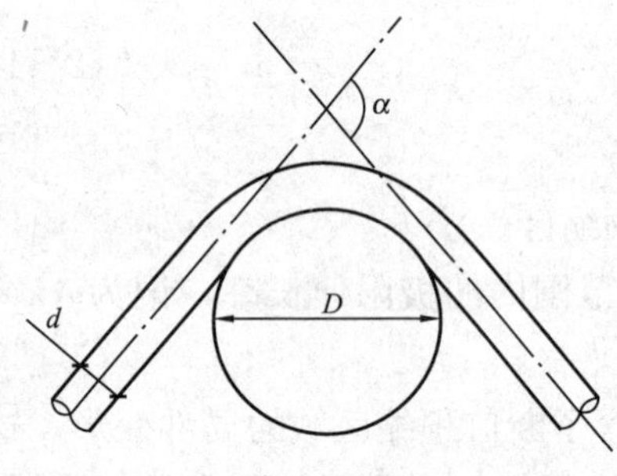

图 2-6 钢筋的冷弯试验

辊轴直径越小，弯折角度越大，钢筋的冷弯性质就越好，其塑性变形能力越大。

2.1.4 钢筋的疲劳性能

钢筋的疲劳破坏是指钢筋在重复、周期动荷载作用下，经过一定次数后，钢材发生脆性的突然断裂破坏的现象。工程结构中的吊车梁、桥面板、铁路轨枕等承受重复荷载作用的构件，常会发生疲劳破坏，此时钢筋的最大应力低于静荷载作用下钢筋的极限强度。钢筋的疲劳强度是指在某一规定应力幅内，经受一定次数（我国规定为 200 万次）循环荷载后发生疲劳破坏的最大应力值。

一般认为，在外力作用下，钢筋发生疲劳断裂是由于钢筋内部和表面缺陷引起应力集中，在充分荷载作用下内部微裂纹逐渐扩展造成的。影响钢筋疲劳强度的因素很多，如疲劳应力幅、最小应力值、钢筋外表面的几何形状、钢筋直径、钢筋种类、轧制工艺和试验方法等。我国《规范》规定了不同等级钢筋在不同的疲劳应力幅比值 $\rho^f=\sigma^f_{min}/\sigma^f_{max}$（$\sigma^f_{max}$ 和 σ^f_{min} 分别为重复荷载作用下同一层钢筋的最大应力和最小应力）时的疲劳应力幅值限值，见附表 6 和附表 7。对预应力筋，当 $\rho^f\geqslant 0.9$ 时，可不作疲劳验算。

2.1.5 混凝土结构对钢筋性能的要求

（1）适当的强度和屈强比

强度是指钢筋的屈服强度和极限强度。采用较高强度的钢筋可以节省钢材，获得较好的经济效益。但钢筋的强度并非越高越好，因为高强钢筋在高应力下的大变形会引起混凝土结构产生过大的变形和裂缝宽度。另外，屈强比为钢筋的屈服强度与极限强度之比，它代表了钢筋和结构的强度储备。屈强比小，则结构的强度储备大，但屈强比过小，则钢筋的强度不能有效利用，造成不经济。

(2) 足够的塑性

要求钢筋在断裂前有足够的变形，出现明显的破坏预兆。因此，应保证钢筋的延伸率和冷弯性能合格。

(3) 可焊性好

在许多情况下，钢筋之间需要通过焊接连接。因此，要求在一定的工艺条件下，钢筋焊接后不产生裂纹及过大的变形，保证焊接后的接头性能良好。

(4) 耐久性与耐火性

钢筋容易遭受腐蚀而影响表面与混凝土的粘结性能，甚至削弱截面，降低承载力。有时采用环氧树脂涂层钢筋或镀锌钢丝可提高钢筋的耐久性。钢筋在高温作用下承载力会降低。在设计时应该注意对钢筋设置必要的混凝土保护层厚度以满足对构件耐久性和耐火极限的要求。

(5) 与混凝土具有良好的粘结性能

粘结力是保证钢筋与混凝土共同工作的基础，而变形钢筋与混凝土的粘结性能最好，设计中宜优先选用变形钢筋。

另外，在寒冷地区要求钢筋具备抗低温性能，以防止钢筋低温冷脆而破坏。

2.2 混　凝　土

2.2.1　混凝土的强度

普通混凝土是由水泥、砂、石和水按一定比例拌和、凝结硬化后形成的人工石材。混凝土的强度不仅与水泥强度、水灰比、骨料品种、混凝土配合比、硬化条件和龄期等因素有关，还与试件的尺寸、形状，以及试验方法具有非常密切的关系。

1. 混凝土单向受力时的强度

(1) 立方体抗压强度和混凝土的强度等级

我国以立方体抗压强度标准值作为混凝土各种力学指标的基本代表值。《规范》规定按照标准方法制作、养护（温度为20℃±3℃，相对湿度不小于 90%）的边长为 150mm 的立方体试件，在 28d 或设计规定龄期以标准试验方法测得的，具有 95%保证率的抗压强度值（以 N/mm^2 计），作为混凝土立方体抗压强度标准值，记为 $f_{cu,k}$，并以此确定混凝土的强度等级，共划分了 14 级，即 C15、C20、C25、C30、C35、C40、C45、C50、C55、C60、C65、C70、C75、C80，其中 C50 及其以下为普通混凝土，C50 以上为高强混凝土。

钢筋混凝土结构的混凝土强度等级不应低于 C20；采用强度等级 400MPa 及以上的钢筋时，混凝土强度等级不应低于 C25。承受重复荷载的钢筋混凝土构件，混凝土强度等级不应低于 C30。

试件在试验机上单向受压时，纵向压缩，横向膨胀，当试验承压接触面不涂润滑剂时，则试件两端因受承压钢板与试件端面间横向摩擦力的作用，其横向变形受到约束，就像在试件上下各加了一个“套箍”，致使混凝土最终形成两个对顶的角锥形破坏面，如图 2-7 所示。

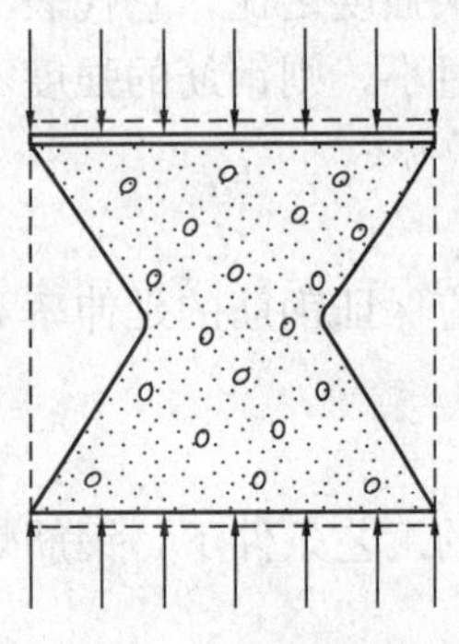
图 2-7 混凝土立方体试块的破坏状态

试验表明，混凝土抗压强度随立方体试件尺寸的减小而增大，这种现象称为尺寸效应。当采用边长为 200mm 或 100mm 立方体试块时，需将其抗压强度实测值分别乘以换算系数 1.05 或 0.95，换算成标准试件的立方体抗压强度。

(2) 轴心抗压强度

在实际工程中，受压试件往往不是立方体，而是棱柱体，因此采用棱柱体试件比立方体试件能更好地反映混凝土的实际抗压能力。

我国采用 150mm×150mm×300mm 的棱柱体作为标准试件，按上述与立方体试件相同的制作、养护和试验方法测得的抗压强度作为轴心抗压强度。由于棱柱体试件受压时试件中部的横向变形不受端部摩擦力的约束，混凝土处于单向全截面均匀受压的应力状态，因而其轴心抗压强度低于立方体抗压强度。

轴心抗压强度标准值 f_{ck} 与立方体抗压强度标准值 $f_{cu,k}$ 的关系为

$$f_{ck} = 0.88\alpha_{c1}\alpha_{c2}f_{cu,k} \tag{2-3}$$

式中 α_{c1}——棱柱体强度与立方体强度的比值，对混凝土强度等级为 C50 及以下取 $\alpha_{c1}=0.76$，对 C80 取 $\alpha_{c1}=0.82$，中间按线性规律变化取值；

α_{c2}——考虑混凝土脆性的折减系数，对 C40 及以下混凝土取 $\alpha_{c2}=1.00$，对 C80 取 $\alpha_{c1}=0.87$，中间按线性规律变化取值；

0.88——考虑结构中混凝土强度与试件混凝土强度之间的差异而采取的修正系数。

(3) 轴心抗拉强度

混凝土的抗拉强度比抗压强度小得多，一般只有抗压强度的 5%～10%，而且与立方体强度之间并非线性关系。立方体抗压强度越大，轴心抗拉强度与立方体抗压强度的比值就越小。轴心抗拉强度可采用如图 2-8（a）所示的试验方法，试件尺寸为 100mm×100mm×500mm 的柱体，两端埋有伸出长度为 150mm 的φ16 变形钢筋，钢筋位于试件轴线上。试验机夹头夹紧两端伸出的钢筋施加拉力，破坏时试件在没有钢筋的中部截面被拉断。

轴心抗拉强度标准值 f_{tk} 与立方体抗压强度标准值 $f_{cu,k}$ 的关系为

$$f_{tk} = 0.88\alpha_{c2} \times 0.395 f_{cu,k}^{0.55}(1-1.645\delta)^{0.45} \tag{2-4}$$

式中 δ——混凝土立方体抗压强度变异系数。

用轴心受拉试验测定混凝土抗拉强度时，试件的对中比较困难，故还常采用立方体或圆柱体劈裂试验来测定混凝土的抗拉强度，如图 2-8（b）所示。在试件上下施加一条形荷载，这样试件中间垂直截面除加力点附近很小的范围外，产生均匀分布的水平拉应力。当拉应力达到混凝土的抗拉强度时，试件被劈成两半。根据弹性理论，混凝土的劈裂强度按下式计算

$$f_t = \frac{2F}{\pi dl} \tag{2-5}$$

或

$$f_t = \frac{2F}{\pi a^2} \tag{2-6}$$

式中 F——破坏荷载；

d，l——圆柱体试件的直径和长度；

a——立方体试件的边长。

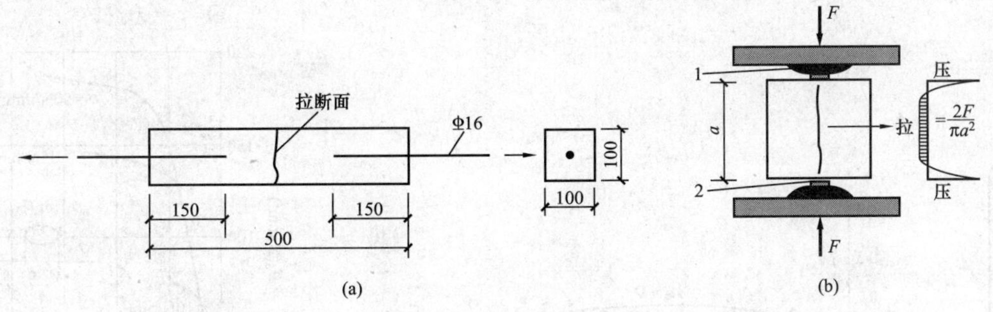

图 2-8　混凝土抗拉强度试验方法

(a) 直接拉伸试验；(b) 劈裂试验

1—钢垫条；2—木质垫层

2. 复杂受力状态下的混凝土强度

在实际工程中，钢筋混凝土构件通常受到轴力、弯矩和剪力等的共同作用，使得混凝土极少处于单向受力状态，一般都处于复杂的受力状态。因此，获得混凝土在复合应力作用下的强度就很有必要。

(1) 双轴应力状态

混凝土在双轴应力状态（仅平面两个方向上作用着法向应力 σ_1 和 σ_2，与之垂直的平面上作用的法向应力 $\sigma_3=0$）下的强度包络线如图 2-9 所示。其中 f_c' 表示混凝土单轴受压时的强度。由图可见：混凝土双轴受压时的强度（图中第三象限）大于单轴受压时的强度，其提高幅度可以达到 26% 左右。当一向受拉、一向受压时（图中第二或第四象限），混凝土强度均低于单轴受拉或受压时的强度。混凝土在双向受拉时（图中第一象限），其强度接近于单轴受拉强度。

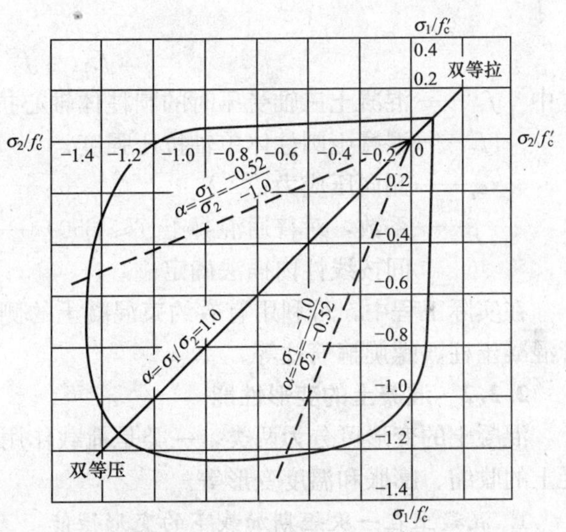

图 2-9　双轴应力状态下混凝土的强度

(2) 剪压或剪拉复合应力状态

在构件截面上同时作用有剪应力和压应力或拉应力，就形成了剪压或剪拉复合应力状态，如图 2-10 所示。从图中可以看出，混凝土抗剪强度随拉应力的增大而减小，随压应力的增大而增大。但当压应力超过某一数值时（如 $0.6f_c$，f_c 为混凝土抗压强度），由于混凝土内部微裂纹的发展，抗剪强度随压应力的增大反而减小。同时，由于剪应力的存在，混凝土的抗压强度要低于单轴抗压强度。

(3) 三轴受压状态

图 2-11 所示为混凝土圆柱体在等侧压条件下的抗压强度试验。随着侧向压应力的增大，混凝土微裂缝的发展受到限制，因而混凝土纵向抗压强度得到明显提高。根据试验，可

以得出混凝土纵向抗压强度与侧向压应力的关系为

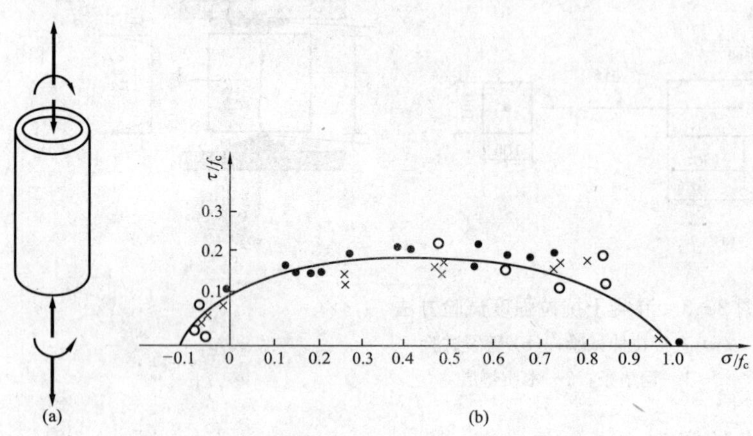

图 2-10　混凝土在法向应力和剪应力共同作用下的强度

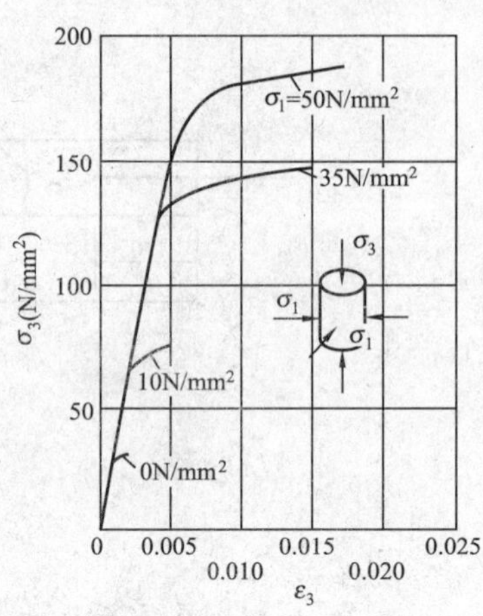

图 2-11　等侧压下混凝土圆柱体的强度

$$f_{c1} = f'_c + \beta\sigma_r \tag{2-7}$$

式中 f_{c1}——混凝土三轴受压时的圆柱体轴心抗压强度；

f'_c——混凝土圆柱体单轴抗压强度；

σ_r——侧向压应力；

β——系数，对普通混凝土（≤C50）一般取 4，对高强混凝土（C80）可取 3.4，其间按线性内插法确定。

在实际工程中，可利用有效约束混凝土的侧向变形来提高混凝土的抗压强度，如采用钢管混凝土柱、螺旋箍筋柱等。

2.2.2　混凝土的变形性能

混凝土的变形可分为两类，一类是荷载作用下的受力变形，另一类是非受力变形，如混凝土的收缩、膨胀和温度变形等。

1. 混凝土在一次短期加载下的变形性能

(1) 混凝土单轴受压时的应力—应变关系

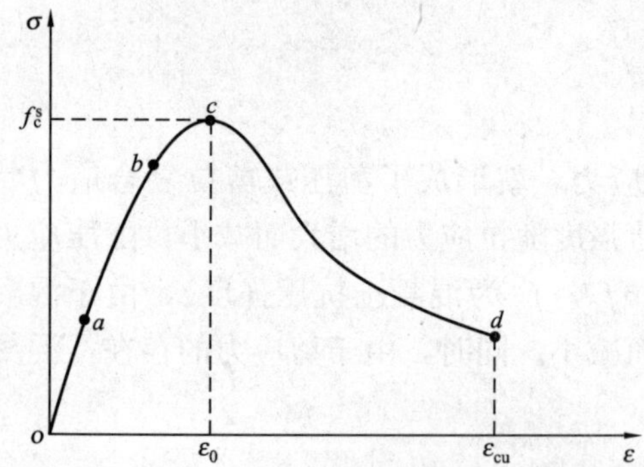

图 2-12　混凝土单轴受压时的应力—应变曲线

混凝土受压时的应力—应变关系是混凝土材料最基本的性能，是建立混凝土构件承载力和变形计算理论以及受力全过程分析的重要依据。

图 2-12 为混凝土棱柱体单轴受压时的应力—应变曲线，由图可见，曲线由上升段和下降段两部分组成。

上升段：当荷载较小时（$\sigma \leqslant 0.3 f_c^s$，图中 oa 段），应力—应变曲线关系接近直线，混凝土处于弹性工作阶段。随着荷载增加，当应力约为（0.3～0.8）f_c^s时（图中 ab 段），由于水泥凝胶体的粘性流动和混凝土内部微裂缝的发展，混凝土表现出越来越明显的塑性，应力—应变关系偏离直线，应变的增长速度比应力增长快。随着荷载进一步增加，当应力约为（0.8～1.0）f_c^s时（图中 bc 段），应变增长速度进一步加快，应力—应变曲线的斜率急剧减小，混凝土内部微裂缝进入非稳定发展阶段，在 c 点时，混凝土应力达到轴心抗压强度 f_c^s，相应的应变值 ε_0 称为峰值应变。

下降段：超过 c 点后，试件承担的应力随应变的增长逐渐减小，这种现象称为应变软化。当应变增加到 0.004～0.006 时，应力下降减缓，到达 d 点后趋于稳定，这时对应的应变称为极限压应变 ε_{cu}。下降段的存在表明受压破坏后的混凝土仍能保持一定的承载力。

（2）混凝土轴心受拉时的应力—应变关系

混凝土轴心受拉时的应力—应变关系与轴心受压时类似，也可分为上升段和下降段，如图 2－13 所示。当拉应力 $\sigma \leqslant 0.5f_t^s$时，应力—应变关系接近于直线；当 σ 约为轴心抗拉强度 f_t^s的 0.8 倍时，应力—应变关系开始明显偏离直线，反映了混凝土受拉时塑性变形的发展。试件断裂时的极限拉应变 ε_t 很小，通常在（0.5～2.7）$\times 10^{-4}$范围内变动。

（3）混凝土在重复荷载作用下的变形性能

混凝土在重复荷载作用下的破坏称为疲劳破坏。图 2－14 为混凝土受压柱体在一次加载、卸载时的应力—应变曲线。当应力不超过混凝土的疲劳强度 f_c^f时，加载的应力—应变曲线为 OA，卸载的应力—应变曲线为 AB。加载至 A 点时的总应变为 ε，其中一部分（OB）在卸载过程中不能恢复，为塑性应变。但有一部分在卸载后经过一段时间其应变可以恢复，称为弹性后效 ε_{ae}，最后不能恢复的应变称为残余应变 ε_{cr}。重复荷载作用下，混凝土的变形性能与一次单调加载时的变形性能有明显不同。

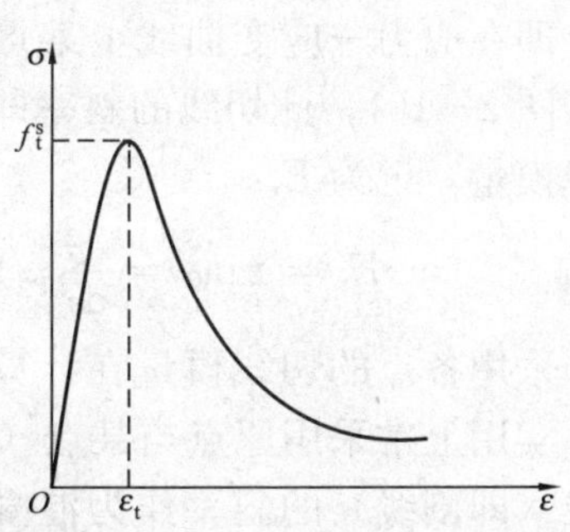

图 2－13　混凝土轴心受拉时的应力—应变曲线

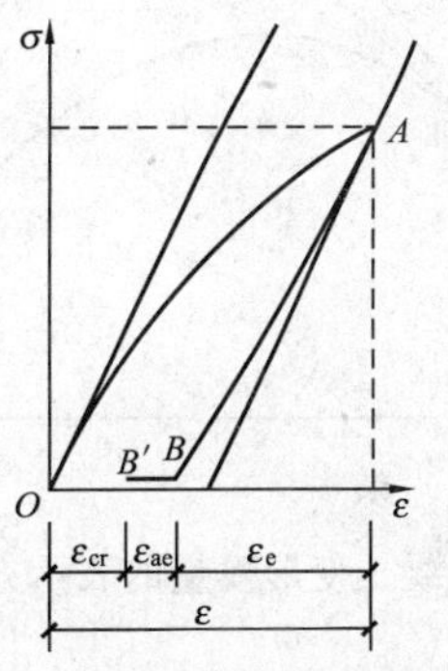

图 2－14　混凝土一次加载卸载时的应力—应变曲线

混凝土受压柱体在多次重复荷载作用下的应力—应变曲线如图 2－15 所示。当加荷的应力不超过混凝土的疲劳强度 f_c^f时，每次加载、卸载过程中都将有一部分塑性变形不能恢复，形成塑性变形的累积。但经过多次加载、卸载后，累积的塑性变形将不再增加，加、卸载的应力—应变曲线趋于直线，其斜率大致与第一次加载时的原点切线斜率相等。当加荷的应力超过混凝土的疲劳强度 f_c^f时，随着重复加载次数的增加，混凝土内部的微裂缝不断产生

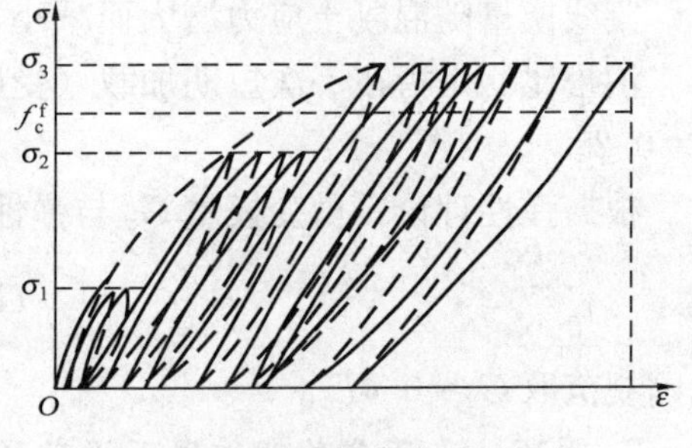

图 2－15　混凝多次重复加载卸载时的应力—应变曲线

和发展，加载的应力—应变曲线逐渐凸向应变轴，加、卸载曲线不再形成封闭环，应力—应变曲线的斜率不断降低，最后混凝土试件因严重开裂或变形过大而破坏。将混凝土能承受多次重复荷载作用而不发生疲劳破坏的最大应力限值称为混凝土的疲劳强度 f_c^f。

试验表明，混凝土的疲劳强度除与荷载重复次数和混凝土强度有关外，还与重复作用应力变化的幅度有关，即与疲劳应力比值 $\rho_c^f=\sigma_{c,min}^f/\sigma_{c,max}^f$ 有关，其中 $\sigma_{c,min}^f$、$\sigma_{c,max}^f$ 分别为截面同一纤维上混凝土的最小应力、最大应力。

(4) 混凝土的变形模量、泊松比和剪变模量

对于混凝土材料，当应力较小时，应力与应变之间的关系呈线性。通常取应力—应变关系在原点处的切线的斜率作为混凝土的初始弹性模量记为 E_0，$E_0=\tan\alpha_0$，但是它的稳定数值不容易准确测定。我国规范规定用下述方法测定混凝土的弹性模量 E_c：将棱柱体试件加载至应力 $\sigma=0.4f_c^s$，重复加载、卸载各 5 次后，应力—应变曲线基本上趋于直线，将应力—应变曲线上 $0.4f_c^s$ 与 0.5N/mm^2 的应力差与相应的应变差的比值作为弹性模量。根据对不同强度等级混凝土弹性模量实测值的统计分析，混凝土弹性模量 E_c 与相应立方体抗压强度标准值 $f_{cu,k}$ 之间的关系为

$$E_c=\frac{10^5}{2.2+\dfrac{34.7}{f_{cu,k}}}(\text{N/mm}^2) \tag{2-8}$$

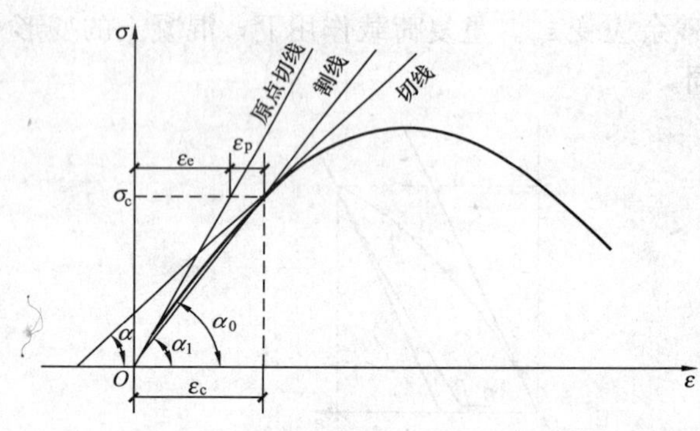

图 2-16 混凝土变形模量的表示方法

当应力较大时，混凝土进入弹塑性阶段，弹性模量已不能正确反映此阶段的变形性能。比较精确的方法是采用切线模量，即在应力—应变曲线上某点处作一切线（图 2-16），此切线的斜率即为该点的切线模量，记为 E_t

$$E_t=\tan\alpha=\frac{d\sigma}{d\varepsilon} \tag{2-9}$$

采用各点的切线模量在计算上过于复杂。实用上常采用原点与某点（如 ε_c，σ_c）连线（即割线）的斜率作为混凝土的变形模量，即割线模量，记为 E_c'

$$E_c'=\tan\alpha_1=\frac{\sigma_c}{\varepsilon_c} \tag{2-10}$$

割线模量随混凝土应力增大而减小，是一种平均意义上的模量。

泊松比 ν_c 是指在一次短期加载（受压）时试件的横向应变与纵向应变之比，《规范》取 $\nu_c=0.2$。

根据弹性理论，剪变模量 G_c 与弹性模量 E_c 的关系为

$$G_c=\frac{E_c}{2(1+\nu_c)} \tag{2-11}$$

我国规范取 $G_c=0.4E_c$。

2. 混凝土在荷载长期作用下的变形性能

在不变的应力长期作用下，混凝土的变形随时间而徐徐增长的现象称为混凝土的徐变。

混凝土的徐变可用棱柱体试验进行测定。如图 2-17 所示，实测混凝土立方体抗压强度 $f_{cu}^{s}=40.3\text{N/mm}^2$。当加载至试件应力达 $0.5f_c^s$ 时，其加载瞬间产生的应变为瞬时应变 ε_e。若荷载保持不变，随着时间的增长，应变也将继续增长，这就是混凝土的徐变应变 ε_{cr}。徐变在开始半年内增长较快，以后逐渐减慢，经过一定时间后，徐变趋于稳定。最终徐变应变值约为瞬时应变的 2～4 倍。两年后卸载，试件瞬时恢复的应变 ε_e' 略小于瞬时应变 ε_e。卸载后经过一段时间，又有一部分徐变可以恢复，这种恢复的变形称为弹性后效 ε_e''，其值约为总徐变变形的 1/12，最后剩下的大部分应变不可恢复，称为残余应变 ε_{cr}'。

影响混凝土徐变的因素主要有以下三个方面：

(1) 应力条件

持续作用的压应力的大小是影响混凝土徐变的主要因素之一。图 2-18 为不同应力水平下的徐变变形增长曲线。由图可见，当应力较小时（$\sigma\leqslant 0.5f_c^s$），徐变与应力成正比，称为线性徐变。当混凝土的应力 $\sigma=(0.5\sim0.8)f_c^s$ 时，徐变的增长速度比应力增长速度快，徐变与应力不成正比，称为非线性徐变。当应力 $\sigma>0.8f_c^s$ 时，徐变的发展是非收敛的，最终将导致混凝土破坏。

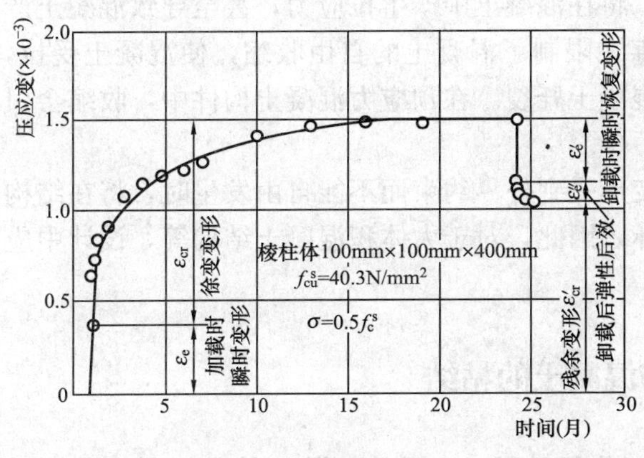

图 2-17　混凝土的徐变

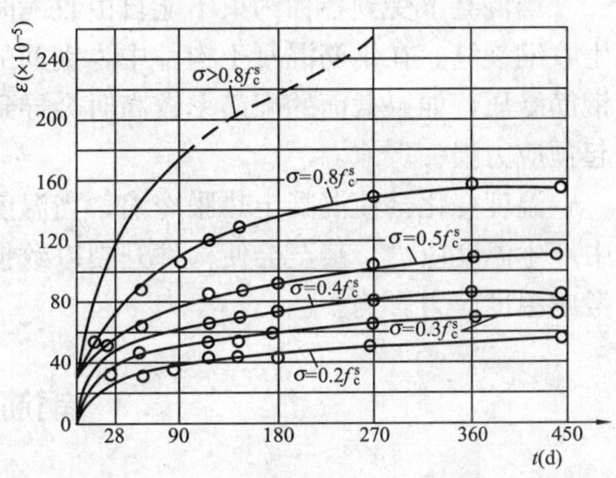

图 2-18　压应力与徐变的关系

(2) 材料组成

在混凝土的组成成分中，水灰比越大，徐变也越大；骨料越坚硬，弹性模量越大，徐变就越小。骨料所占体积比越大，徐变量越小。

(3) 外部环境

养护环境湿度越大，温度越高，水泥水化作用越充分，徐变就越小。采用蒸汽养护可使徐变减小约 20%～35%。受荷后混凝土所处环境的温度越高，湿度越低，则徐变越大。

徐变是混凝土在荷载长期作用下的重要变形性能。徐变会使钢筋与混凝土之间产生应力重分布，使柱中混凝土压应力减小，钢筋压应力相应增大；徐变使受弯和偏心受压构件的受压区变形加大，故使构件挠度增大，偏心受压构件的承载力降低。徐变还能使预应力混凝土构件产生预应力损失等。

3. 混凝土的收缩、膨胀和温度变形

混凝土在空气中结硬时其体积会缩小，这种现象称为混凝土的收缩；而混凝土在水中结硬时体积会增大，称为混凝土的膨胀。

图 2-19 为混凝土自由收缩时的试验曲线，可见收缩变形是随时间而增长的。结硬初期收缩变形发展很快，以后逐渐减慢，整个收缩过程可延续两年左右。蒸汽养护，混凝土的收缩值要比常温养护的小。一般情况下，普通混凝土的最终收缩应变约为 $(2\sim5)\times10^{-4}$。

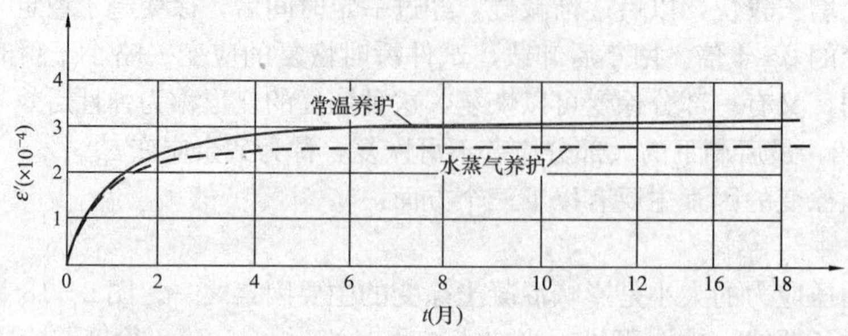

图 2-19 混凝土的收缩

试验表明，水泥用量越多，水灰比越大，收缩越大；骨料的级配好，弹性模量大，收缩越小；构件的体积与表面积比值越大，收缩越小。

当混凝土受到各种约束不能自由收缩时，将在混凝土中产生拉应力，甚至导致混凝土产生收缩裂缝。在钢筋混凝土构件中，钢筋的存在限制了混凝土的自由收缩，使混凝土受拉，钢筋受压，如果截面的配筋率较高时会导致混凝土开裂。在预应力混凝土构件中，收缩会引起预应力损失。

温度变化会使混凝土热胀冷缩，当温度变形受到外界约束而不能自由发生时，将在结构中产生温度应力，甚至会使构件开裂以致损坏，因此，对于大体积混凝土结构等，设计中应考虑温度应力影响。

2.3 钢筋与混凝土的粘结

粘结是钢筋与混凝土之间一种复杂的相互作用，通过这种作用使钢筋与混凝土共同受力，协调变形。粘结应力是指钢筋与混凝土接触面上产生的沿钢筋纵向的剪应力，有时简称为粘结力。而粘结强度是指粘结失效（钢筋被拔出或混凝土发生劈裂破坏）时的最大粘结应力。

2.3.1 粘结力的组成

钢筋与混凝土之间的粘结力主要由以下三部分组成。

(1) 化学胶着力

这种力是钢筋与混凝土接触面上的化学吸附作用力。其数值一般很小，仅在局部无滑移区内起作用，当接触面发生相对滑移时就消失。

(2) 摩擦力

这种力是由于混凝土凝固收缩，对钢筋产生垂直摩擦面的压应力。压应力越大，接触面的粗糙程度越大，摩擦力越大。

(3) 机械咬合力

这种力是由于钢筋表面凹凸不平，与混凝土之间形成机械咬合作用而产生的力。变形钢筋的横肋对混凝土会产生这种机械咬合力，其数值往往很大，是变形钢筋粘结力的主要来源。

2.3.2　影响粘结强度的因素

影响钢筋与混凝土粘结强度的因素很多，主要有以下几个方面：

(1) 混凝土强度

随混凝土强度等级提高，粘结强度增大。试验表明，当其他条件基本相同时，粘结强度与混凝土的抗拉强度大致呈线性关系。

(2) 混凝土保护层厚度及钢筋净间距

混凝土保护层厚度及钢筋净间距越大，外围混凝土的抗劈裂能力就越强，因而粘结强度越高。但是当混凝土保护层厚度与钢筋直径之比大于 5 时，带肋钢筋的粘结破坏将不是劈裂破坏，而是肋间混凝土被刮出的剪切破坏，后者的粘结强度比前者大。

(3) 钢筋的外形

光圆钢筋与混凝土之间的粘结力主要来自化学胶着力和摩擦力，而变形钢筋主要来源于机械咬合力。通常情况下，变形钢筋的粘结强度远高于光圆钢筋。

(4) 横向钢筋

配置横向钢筋可以增大混凝土的侧向约束，延缓或阻止劈裂裂缝的发展，从而提高粘结强度。

(5) 侧向压力

如支座处的反力，梁柱节点处柱的轴向压力等，这些侧向压应力约束了混凝土的横向变形，使钢筋与混凝土交界面的摩擦力和咬合力增加，从而提高粘结强度。

(6) 受力状态

试验表明，在重复荷载或反复荷载作用下，钢筋与混凝土之间的粘结强度将退化。一般来说，所施加的应力越大，荷载重复或反复次数越多，粘结强度退化越多。此外，受压钢筋的粘结性能比受拉钢筋有利，因为钢筋受压后横向膨胀，挤压周围混凝土，增大了摩擦力，从而粘结强度提高。

2.3.3　钢筋的锚固与搭接

1. 钢筋的锚固

钢筋的锚固是指通过混凝土中钢筋埋置段或机械措施将钢筋所受力传给混凝土。设钢筋达到锚固极限状态时所需的最小锚固长度，即临界锚固长度为 l_a^{cr}，钢筋应力为 ζf_y，平均粘结强度为 τ_u，则由钢筋拔出力与锚固力（图 2 - 20）的平衡条件可得

$$\frac{\pi d^2}{4}\zeta f_y = \pi d l_a^{cr} \tau_u \qquad (2-12)$$

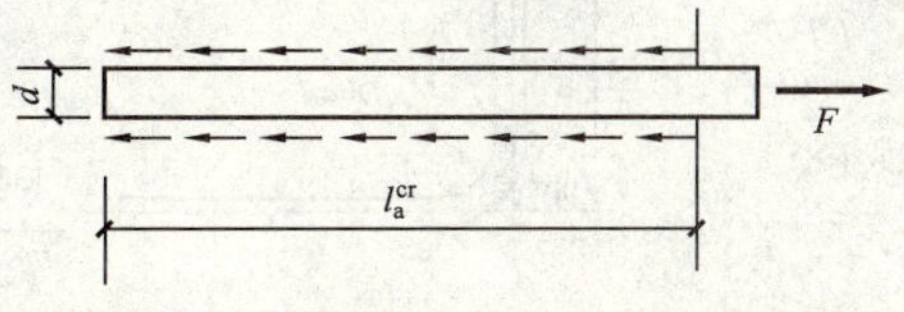

图 2 - 20　钢筋锚固力与拔出力的平衡

即

$$l_a^{cr} = \frac{\zeta f_y}{4\tau_u} d \qquad (2-13)$$

式中　d——锚固钢筋的直径；

f_y——钢筋的抗拉强度设计值；

ζ——钢筋的应力与屈服强度的比值。

由前述可知，钢筋与混凝土的粘结强度 τ_u，与混凝土的轴心抗拉强度 f_t 大致成正比，

且与钢筋表面形态也有关。实用上可取受拉钢筋的基本锚固长度 l_{ab} 为

$$l_{ab}=\alpha\frac{f_y}{f_t}d \tag{2-14}$$

式中 α——钢筋的外形系数，按表 2-2 取用；

f_t——混凝土轴心抗拉强度设计值，当混凝土强度等级高于 C60 时，按 C60 取值。

表 2-2　　钢筋的外形系数

钢筋类型	光面钢筋	带肋钢筋	刻痕钢丝	螺旋肋钢丝	三股钢绞线	七股钢绞线
α	0.16	0.14	0.19	0.13	0.16	0.17

注　光圆钢筋末端应做 180°弯钩，弯后平直段长度不应小于 $3d$，但作受压钢筋时可不做弯钩。

受拉钢筋的锚固长度 l_a 应根据锚固条件按下列公式计算，且不应小于 200mm，即

$$l_a=\zeta_a l_{ab} \tag{2-15}$$

式中 ζ_a——锚固长度修正系数。

锚固长度修正系数，对普通钢筋按下列规定取用：当多于一项时，可按连乘计算，但不应小于 0.6：

1）当带肋钢筋的公称直径大于 25mm 时取 1.10。

2）环氧树脂涂层带肋钢筋取 1.25。

3）施工过程中易受扰动的钢筋取 1.10。

4）当纵向受力钢筋的实际配筋面积大于其设计计算面积时，修正系数取设计计算面积与实际配筋面积的比值，但对有抗震设防要求及直接承受动力荷载的结构构件，不应考虑此项修正。

5）锚固钢筋的保护层厚度大于 $3d$ 时修正系数可取 0.80，保护层厚度为 $5d$ 时修正系数可取 0.70，中间按内插取值，此处 d 为锚固钢筋的直径。

工程设计中，如遇到构件支承长度较短，靠钢筋自身的锚固性能无法满足受力钢筋的锚固要求时，可采用机械锚固措施，如钢筋末端带弯钩、一侧贴焊锚筋、两侧贴焊锚筋、焊端锚板、螺栓锚头等。这时的锚固长度（包括弯钩或锚固端头在内的投影长度）可取为基本锚固长度 l_{ab} 的 60%。弯钩和机械锚固的形式（图 2-21）和技术要求应符合表 2-3 的规定。

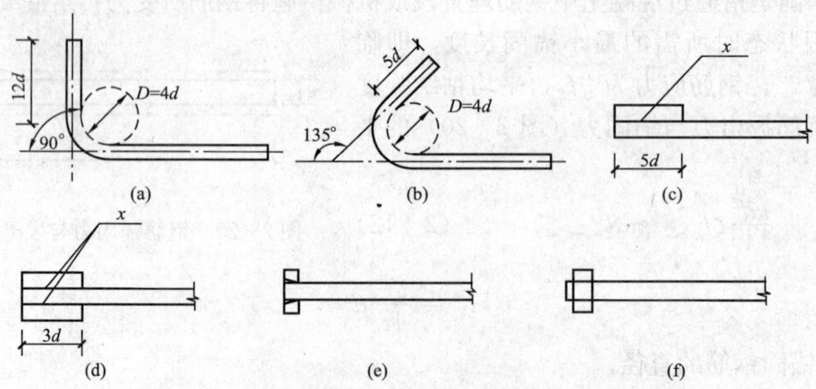

图 2-21　弯钩和机械锚固的形式和技术要求

(a) 90°弯钩；(b) 135°弯钩；(c) 一侧贴焊锚筋；(d) 两侧贴焊锚筋；(e) 穿孔塞焊锚板；(f) 螺栓锚头

表 2-3　钢筋弯钩和机械锚固的形式和技术要求

锚固形式	技术要求
90°弯钩	末端 90°弯钩，弯钩内径 $4d$，弯后直段长度 $12d$
135°弯钩	末端 135°弯钩，弯钩内径 $4d$，弯后直段长度 $5d$
一侧贴焊锚筋	末端一侧贴焊长 $5d$ 同直径钢筋
两侧贴焊锚筋	末端两侧贴焊长 $3d$ 同直径钢筋
焊端锚板	末端与厚度 d 的锚板穿孔塞焊
螺栓锚头	末端旋入焊螺栓锚头

注　1. 焊缝和螺纹长度应满足承载力要求；
2. 螺栓锚头和焊接锚板的承压净面积不应小于锚固钢筋截面积的 4 倍；
3. 螺栓锚头的规格应符合相关标准的要求；
4. 螺栓锚头和焊接锚板的钢筋净间距不宜小于 $4d$，否则应考虑群锚效应的不利影响；
5. 截面角部的弯钩和一侧贴焊锚筋的布筋方向宜向截面内侧偏置。

当计算中充分利用钢筋的受压强度时，受压钢筋的锚固长度不应小于相应受拉锚固长度的 70%。受压钢筋不应采用末端弯钩和一侧贴焊锚筋的锚固措施。

2. 钢筋的连接

钢筋的连接可分为两类：绑扎搭接、机械连接或焊接。这里主要介绍绑扎搭接的（以下简称搭接）主要问题。

搭接是指将两根钢筋的接头在一定长度内并放，并采用适当的连接将一根钢筋的力传给另一根钢筋，其实质是钢筋与混凝土之间的粘结锚固作用。由于钢筋通过接头实现的是间接传力，其性能总不如整筋的传力。因此，接头位置应尽量设置在受力较小处且应互相错开；在同一受力钢筋上宜少设连接接头；在连接区域应采取必要的构造措施，如适当增加混凝土保护层厚度或钢筋间距、加密箍筋等。

钢筋绑扎搭接接头连接区段的长度为 $1.3l_l$（l_l为搭接长度），凡搭接接头中点位于该连接区段长度内的搭接接头均属于同一连接区段。同一连接区段内纵向钢筋搭接接头面积百分比为该区段内有搭接接头的纵向受力钢筋截面面积与全部纵向受力钢筋截面面积的比值，如图 2-22 所示，其中同一连接区段内的搭接接头为两根，如果钢筋直径相同，则钢筋搭接接头面积百分比为 50%。

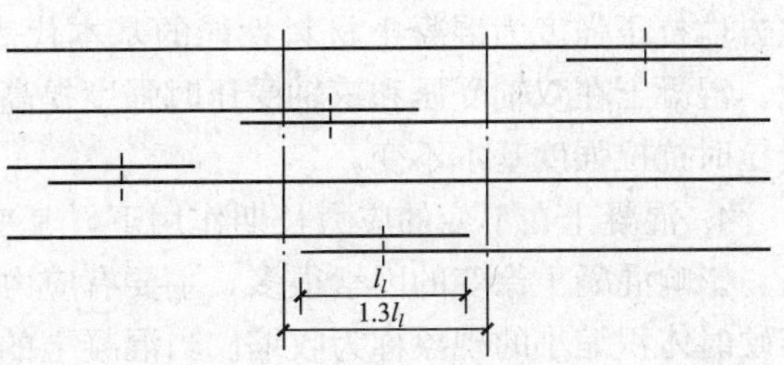

图 2-22　同一连接区段内纵向受拉钢筋的搭接接头

纵向受拉钢筋绑扎搭接接头的搭接长度 l_l，应根据位于同一连接区段内的钢筋搭接接头面积百分率按下式计算，且不应小于 300mm，即

$$l_l = \zeta_l l_a \tag{2-16}$$

式中　l_a——纵向受拉钢筋的锚固长度，按式（2-15）计算；

ζ_l——纵向受拉钢筋搭接长度修正系数。按表 2-4 取用。当纵向搭接钢筋接头面积百分率为表的中间值时，修正系数可按内插取值。

表 2-4　　纵向受拉钢筋搭接长度修正系数

纵向钢筋搭接接头面积百分率（%）	≤25	50	100
ζ_l	1.2	1.4	1.6

受压钢筋的搭接长度可小于受拉钢筋的搭接长度，但不应小于按式（2-16）确定的受拉钢筋搭接长度的70%，且不应小于200mm。

3. 并筋

为解决粗钢筋及配筋密集引起设计、施工的困难，构件中的钢筋可采用并筋的配置形式。直径28mm及以下的钢筋并筋数量不应超过3根；直径32mm及以上的钢筋不应采用并筋。并筋应按单根等效钢筋进行计算，等效钢筋的等效直径应按截面面积相等的原则换算确定。相同直径的二并筋等效直径可取为1.41倍单根钢筋直径；三并筋等效直径可取为1.73倍单根钢筋直径。二并筋可按纵向或横向的方式布置；三并筋宜按品字形布置，并均按并筋的重心作为等效钢筋的重心。

本　章　小　结

1. 我国主要的钢筋种类有普通热轧钢筋、钢绞线、预应力钢丝和预应力螺纹钢筋等。其中普通热轧钢筋常用于钢筋混凝土结构，钢绞线、预应力钢丝和预应力螺纹钢筋主要用于预应力混凝土结构。

2. 钢筋按其受拉时应力应变关系曲线的特点不同，可分为有明显流幅和无明显流幅的钢筋。对有明显流幅的钢筋，取屈服强度作为强度取值的依据；对于无明显流幅的钢筋，则取条件屈服强度$\sigma_{0.2}$作为强度取值的依据。

3. 混凝土单向受力时的强度有立方体抗压强度、轴心抗压强度和轴心抗拉强度，其中立方体抗压强度为混凝土材料性能的基本代表值，以其强度标准值来划分混凝土的强度等级。混凝土在双轴受压和三轴受压时强度提高，而一向受拉而另一向受压时强度降低，双向受拉时抗拉强度基本不变。

4. 混凝土在不变的应力长期作用下，其变形随时间而徐徐增长的现象称为混凝土的徐变。影响混凝土徐变的因素很多，主要有应力大小、材料组成和外部环境，混凝土在空气中结硬时体积缩小的现象称为收缩。当混凝土的收缩受到限制时，将在混凝土中产生拉应力，导致混凝土中产生收缩裂缝。

5. 钢筋与混凝土之间存在的粘结力是二者共同工作的基础。粘结力包括三部分，即化学胶着力、摩擦力和机械咬合力。影响钢筋与混凝土粘结强度的因素很多，主要有混凝土强度、混凝土保护层的厚度及钢筋净距、钢筋外形、横向钢筋、侧向压应力和受力状态等。

6. 钢筋的锚固和搭接是混凝土结构设计的重要内容，其实质是粘结问题。在实际工程中，应通过计算确定钢筋的锚固长度和搭接长度，并满足相应的构造要求。

思　考　题

2-1　建筑结构用钢筋有哪些种类？试分别说明有明显流幅的钢筋和无明显流幅钢筋的

应力—应变曲线的特点。

2-2　在混凝土结构设计中，钢筋的强度如何取值？对钢筋的性能有哪些要求？

2-3　混凝土单轴受力时的强度指标有哪些？混凝土的强度等级是如何确定的？

2-4　什么是混凝土的弹性模量？它是如何确定的？

2-5　混凝土单轴受压时的应力—应变曲线有何特点？

2-6　何为混凝土的徐变？影响混凝土徐变的因素有哪些？徐变对结构有何影响？

2-7　什么是混凝土的收缩？收缩对混凝土结构有何影响？

2-8　什么是粘结应力和粘结强度？钢筋与混凝土之间的粘结应力通常由哪几部分组成？影响粘结强度的主要因素有哪些？

第3章　结构设计的基本原理

3.1　结构可靠度及结构安全等级

3.1.1　结构上的作用、作用效应、结构抗力

1. 结构上的作用

结构上的作用是指施加在结构上的集中力或分布力和引起结构外加变形或约束变形的原因（如地基变形、温度变化、混凝土收缩、焊接变形或地震等）。前者以力的形式作用于结构上，称为直接作用，也称为荷载；后者以变形的形式作用在结构上，称为间接作用。

（1）结构上的作用按随时间的变化分类

1）永久作用。在设计所考虑的时期内始终存在且其量值变化与平均值相比可以忽略不计的作用，或其变化是单调的并趋于某个限值的作用。如结构自重、土压力、预应力等。

2）可变作用。在设计使用年限内其量值随时间变化，且其变化与平均值相比不可忽略不计的作用。如楼面活荷载、风荷载、雪荷载、吊车荷载等。

3）偶然作用。在设计使用年限内不一定出现，而一旦出现其量值很大，且持续时间很短的作用。如爆炸、撞击、罕遇地震等。

所谓设计使用年限，是指设计规定的结构或结构构件不需进行大修即可按预定目的使用的年限，即结构在规定的条件下所应达到的使用年限，它不等同于结构的实际寿命或耐久年限。当结构的使用年限超过设计使用年限后，并不意味该结构立即报废不能使用了，而是说它的失效概率可能较设计预期值增大，但仍可继续使用或经必要的加固处理后，仍可继续使用。结构的设计使用年限，对临时性建筑结构为5年，易于替换的结构构件为25年，普通房屋和构筑物为50年，标志性建筑和特别重要的建筑结构为100年。

（2）按随空间的变化分类

1）固定作用。在结构上具有固定分布的作用。当固定作用在结构某点上的大小和方向确定后，该作用在整个结构上的作用即得以确定。例如，房屋建筑楼面上位置固定的设备荷载、屋面上的水箱等。

2）自由作用。在结构上给定的范围内具有任意空间分布的作用。例如，楼面的人员荷载等。

（3）按结构的反应特点分类

1）静态作用。使结构产生的加速度可以忽略不计的作用。

2）动态作用。使结构产生的加速度不可忽略不计的作用。

静态作用与动态作用划分的原则，不在于作用本身是否具有动力特性，而主要在于它是否使结构产生不可忽略的加速度。例如民用建筑楼面上的活荷载应属于静态作用。

2. 作用效应

直接作用或间接作用作用在结构或结构构件上，由此引起的内力（如轴力、剪力、弯矩、扭矩）、变形（如挠度、转角）和裂缝等，称为作用效应。当作用为直接作用（即荷载）

时，其效应也称为荷载效应，通常用 S 表示。荷载与荷载效应之间一般呈线性关系，二者均为不确定的随机变量或随机过程。

3. 抗力

抗力是指结构或结构构件承受作用效应（即内力、变形和裂缝）的能力，如构件的承载能力、刚度等。由于影响抗力的主要因素，如材料性能（强度、变形模量等）、几何参数（构件尺寸等）和计算模式的精确性（抗力计算所采用的基本假设和计算公式不够精确等）都是不确定的随机变量，因此由这些因素综合而成的抗力 R 也是随机变量。

3.1.2　结构的预定功能

结构在规定的设计使用年限内应满足下列功能要求：

1）能承受在施工和使用期间可能出现的各种作用；

2）保持良好的使用性能；

3）具有足够的耐久性能；

4）当火灾发生时，在规定的时间内可保持足够的承载力；

5）当发生爆炸、撞击、人为错误等偶然事件时，结构能保持必需的整体稳固性，不出现与起因不相称的破坏后果，防止出现结构的连续倒塌。

在上述 5 项功能中，第 1）、4）、5）项是对结构安全性的要求，第 2）项是对结构适用性的要求，第 3）项是对结构耐久性的要求，安全性、适用性、耐久性三者可概括为对结构可靠性的要求。

所谓足够的耐久性能，是指结构在规定的工作环境中，在预定时期内，其材料性能的劣化不致导致结构出现不可接受的失效概率。从工程概念上讲，足够的耐久性能就是指在正常维护条件下结构能够正常使用到规定的设计使用年限。

3.1.3　结构可靠度和安全等级

结构可靠性是指结构在规定的时间内，在规定的条件下，完成预定功能的能力。

所谓“规定的时间”，是指“设计使用年限”。“规定的条件”，是指正常设计、正常施工和正常使用的条件，即不考虑人为过失的影响。人为过失应通过其他措施予以避免。

结构可靠度是指结构在规定的时间内，在规定的条件下，完成预定功能的概率，即结构可靠度是结构可靠性的概率度量和定量描述。

结构可靠度设计的基本原则是使设计符合技术先进、经济合理、安全适用、确保质量的要求。

建筑结构设计时，应根据结构破坏可能产生的后果（危及人的生命、造成经济损失、对社会或环境产生影响等）的严重性，采用不同的安全等级。建筑结构安全等级的划分应符合表 3-1 的要求。

表 3-1　　建筑结构的安全等级

安全等级	破坏后果	建筑物类型	安全等级	破坏后果	建筑物类型
一级	很严重	重要的结构	三级	不严重	次要的结构
二级	严重	一般的结构			

建筑结构中各类结构构件的安全等级，宜与结构的安全等级相同，对其中部分结构构件的安全等级可进行调整，但不得低于三级。

3.2 荷载和材料强度的标准值

3.2.1 荷载标准值

1. 荷载的统计特性

我国对建筑结构的各种恒荷载、几种主要民用房屋（包括办公楼、住宅、商店等）的楼面活荷载、风荷载和雪荷载等进行了大量的调查和实测工作，将所取得的资料和数据进行统计后，得到了这些荷载的概率分布和统计参数。

(1) 永久荷载

建筑结构中的屋面、楼面、墙体、梁、柱等构件以及找平层、保温层、防水层等的自重都是永久荷载，通常称为恒荷载。其值不随时间变化或变化很小。统计分析表明，永久荷载这一随机变量符合正态分布。

(2) 可变荷载

建筑结构的楼面活荷载、风荷载、雪荷载以及吊车荷载等均为可变荷载。其数值在设计基准期内随时间而变化，且其变化与平均值相比不可忽略不计。可变荷载随时间的变异可统一用随机过程来描述。对可变荷载随机过程的样本函数经处理后，可得到各种可变荷载在任意时点的概率分布和在设计基准期内最大值的概率分布。根据实测资料的统计分析，其概率分布一般符合极值Ⅰ型分布。

所谓设计基准期，是指为确定可变作用等的取值而选用的时间参数，它不等同于结构的设计使用年限。《工程结构可靠性设计统一标准》（GB 50153）规定，房屋建筑结构的设计基准期为 50 年。

2. 荷载标准值

荷载标准值是荷载的主要代表值，可根据对观测数据的统计、荷载的自然界限或工程经验确定。

永久荷载标准值可按结构设计规定的尺寸和材料容重平均值确定。对于自重变异不大的材料和构件，一般取其概率分布的平均值作为荷载标准值。对于某些自重变异较大的材料或结构构件（如现场制作的保温材料、混凝土薄壁构件等），其自重的标准值应根据荷载对结构的不利状态，取上限值或下限值。

根据统计资料，可变荷载标准值，例如我国办公楼、住宅楼面均布活荷载标准值取为 2.0kN/mm^2，对于办公楼楼面活荷载相当于设计基准期最大荷载平均值加 3.16 倍标准差，对于住宅楼面活荷载相当于设计基准期最大荷载平均值加 2.38 倍标准差。风荷载标准值是由建筑物所在地的基本风压乘以风压高度变化系数、风荷载体型系数和风振系数确定的，其中基本风压是以当地比较空旷、平坦地面上离地 10m 高处统计得到的 50 年一遇 10min 平均最大风速 v_0(m/s) 为标准，按 $v_0^2/1600$ 确定的。雪荷载标准值是由建筑物所在地的基本雪压乘以屋面积雪分布系数确定的。而基本雪压是以当地一般空旷、平坦地面上统计得到的 50 年一遇最大雪压确定的。

荷载标准值可由我国《建筑结构荷载规范》（GB 50009）查得。

3.2.2 材料强度标准值

1. 材料强度的变异性及其统计特性

材料强度的变异性，主要是指材质以及工艺、加载、尺寸等因素引起的材料强度的不确定性。例如，按同一标准生产的钢材或混凝土，各批次的强度常发生变化，即使是同一炉钢轧成的钢筋或同一次搅拌而得的混凝土试件，按照统一方法测得的强度也不完全相同。统计资料表明，钢筋强度和混凝土强度的概率分布均基本符合正态分布。

2. 材料强度标准值

材料强度的标准值是按极限状态设计时采用的材料强度的基本代表值，一般应根据其概率分布的某一分位值确定，即具有一定的保证率。

《混凝土结构设计规范》（GB 50010）规定，钢筋强度的标准值应具有不小于 95%的保证率，其取值如下：

1）对有明显屈服点的普通钢筋，采用屈服强度作为强度标准值 f_{yk}。在结构抗倒塌设计中，还应考虑钢筋极限强度标准值 f_{stk}。

2）对无明显屈服点的各类预应力筋（预应力钢丝、钢绞线、预应力螺纹钢筋），一般采用抗拉强度 σ_b 作为极限强度标准值 f_{ptk}。在钢筋标准中一般取 0.002 残余应变所对应的应力 $\sigma_{p0.2}$ 作为条件屈服强度标准值 f_{pyk}。

混凝土强度标准值为具有 95%保证率的强度值，它等于混凝土强度的平均值减去 1.645 倍标准差。

材料强度的标准值可由我国《混凝土结构设计规范》（GB 50010）查得。

3.3 概率极限状态设计法

3.3.1 结构的极限状态

整个结构或结构的一部分超过某一特定状态就不能满足设计规定的某一功能要求，此特定状态为该功能的极限状态。极限状态可分为以下两类：

1. 承载能力极限状态

这种极限状态对应于结构或结构构件达到最大承载力或不适于继续承载的变形的状态。当结构或结构构件出现下列状态之一时，应认为超过了承载能力极限状态：

1）结构构件或连接因超过材料强度而破坏，或因过度变形而不适于继续承载；

2）整个结构或其一部分作为刚体失去平衡（如倾覆等）；

3）结构转变为机动体系；

4）结构或结构构件丧失稳定（如压屈等）；

5）结构因局部破坏而发生连续倒塌；

6）地基丧失承载能力而破坏（如失稳等）；

7）结构或结构构件的疲劳破坏。

2. 正常使用极限状态

这种极限状态对应于结构或结构构件达到正常使用或耐久性能的某项规定限值的状态。当结构或结构构件出现下列状态之一时，应认为超过了正常使用极限状态：

1）影响正常使用或外观的变形，如吊车梁变形过大导致吊车不能正常行驶、梁挠度过大影响外观等。

2）影响正常使用或耐久性能的局部损坏，如水池开裂漏水不能正常使用、梁裂缝过宽导致钢筋锈蚀等。

3）影响正常使用的振动，如由于机器振动而导致结构的振幅超过按正常使用要求所规定的限值等。

4）影响正常使用的其他特定状态，如相对沉降量过大等。

3.3.2 结构的设计状况

建筑结构设计时，应根据结构在施工和使用中的环境条件和影响，区分下列 4 种设计状况。

1. 持久设计状况

在结构使用过程中一定出现，且持续期很长的涉及状况。其持续期一般与设计使用年限为同一数量级。适用于结构使用时的正常情况，如房屋结构承受家具和正常人员荷载的状况。

2. 短暂设计状况

在结构施工和使用过程中出现概率较大，而与设计使用年限相比，其持续期很短的设计状况。适用于结构出现的临时情况，包括结构施工和维修时的情况，如结构施工时承受堆料荷载的状况。

3. 偶然设计状况

在结构使用过程中出现概率很小，且持续期很短的设计状况。适用于结构出现的异常情况，如结构遭受火灾、爆炸、撞击等作用的状况。

4. 地震设计状况

结构遭受地震时的设计情况，在抗震设防地区必须考虑地震设计状况。

对以上 4 种设计状况，均应进行承载能力极限状态设计，以确保结构的安全性。对持久设计状况，尚应进行正常使用极限状态设计，以保证结构的适用性和耐久性。对短暂设计状况和地震设计状况，可根据需要进行正常使用极限状态设计；对偶然设计状况，可不进行正常使用极限状态设计。

3.3.3 结构的功能函数和极限状态方程

影响结构可靠度的各种作用、材料性能、几何参数、计算公式精确性等一般均具有随机性，称为基本变量，记为 $X_i(i=1, 2, \cdots, n)$。结构和构件所处的状态如何，是否能达到设计所要求的预定功能，这可用包括各有关基本变量 X_i 在内的结构的功能函数来表达，即

$$Z = g(X_1, X_2, \cdots, X_n) \tag{3-1}$$

当

$$Z = g(X_1, X_2, \cdots, X_n) = 0 \tag{3-2}$$

时，称为极限状态方程。

当仅有作用效应 S 和结构抗力 R 两个基本变量时，结构的功能函数可写为

$$Z = g(R, S) = R - S \tag{3-3}$$

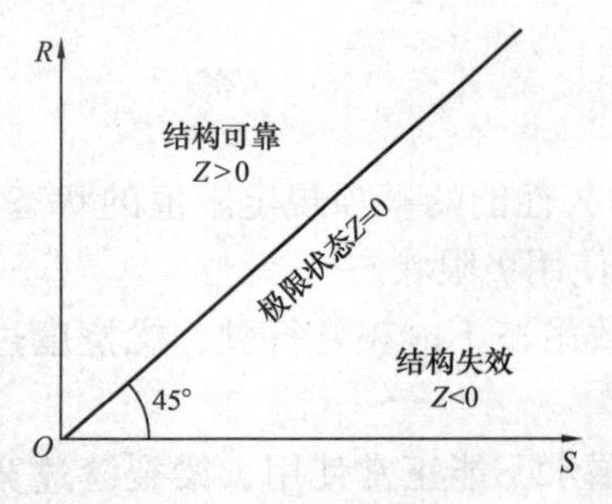

图 3-1 结构所处的状态

通过功能函数 Z 可以判断结构所处的状态：

当 $Z>0$ 时，结构处于可靠状态；

当 $Z<0$ 时，结构处于失效状态；

当 $Z=0$ 时，结构处于极限状态。即当基本变量满足极限状态方程

$$Z = R - S = 0 \tag{3-4}$$

时，结构达到极限状态，如图 3-1 所示。

3.3.4　结构可靠度的计算

1. 结构的失效概率

基本变量 R 与 S 都为随机变量，因此如果要绝对地保证 R 总大于 S 是不可能的。当结构不能完成预定功能，即功能函数 $Z=R-S<0$ 时，相应的概率即为失效概率，用 p_f 表示。

若基本变量 R 与 S 相互独立，均服从正态分布，其概率密度函数如图 3-2 所示。则功能函数 $Z=R-S$ 也是随机变量且服从正态分布，如图 3-3 所示，其平均值 $\mu_z=\mu_R-\mu_S$，标准差 $\sigma_z=\sqrt{\sigma_R^2+\sigma_S^2}$。其中 μ_R、μ_S 分别为结构抗力和荷载效应的平均值，σ_R、σ_S 分别为结构抗力和荷载效应的标准差。结构的失效概率 p_f 可表示为

$$p_f=P(Z<0)=\int_{-\infty}^{0}f(Z)\mathrm{d}Z=\int_{-\infty}^{0}\frac{1}{\sigma_z\sqrt{2\pi}}\exp\left[-\frac{1}{2}\left(\frac{Z-\mu_z}{\sigma_z}\right)^2\right]\mathrm{d}Z \tag{3-5}$$

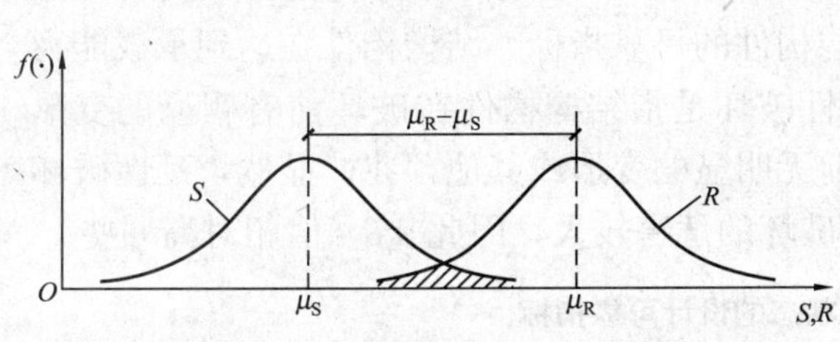

图 3-2　R 和 S 的概率密度函数

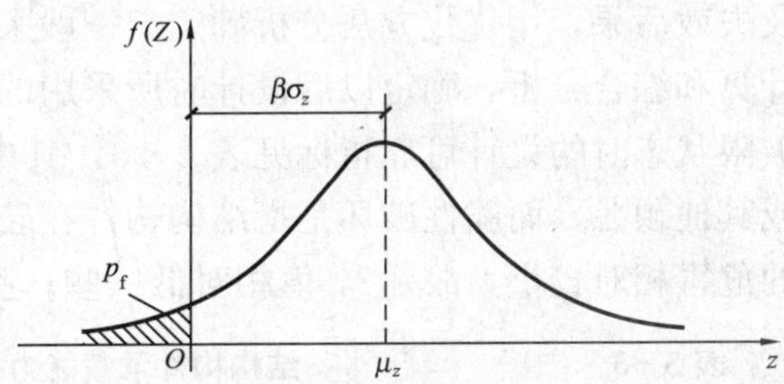

图 3-3　功能函数的概率密度函数

为便于查表，将 $N(\mu_z,\sigma_z)$ 化成标准正态分布 $N(0,1)$。引入标准化变量 t

$$t=\frac{Z-\mu_z}{\sigma_z} \tag{3-6}$$

则 $\mathrm{d}Z=\sigma_z\mathrm{d}t$，$Z=\mu_z+t\sigma_z<0$ 相应于 $t<-\frac{\mu_z}{\sigma_z}$。因此，式（3-5）可改写为

$$p_f=P\left(t<-\frac{\mu_z}{\sigma_z}\right)=\int_{-\infty}^{-\frac{\mu_z}{\sigma_z}}\frac{1}{\sqrt{2\pi}}\exp\left(-\frac{t^2}{2}\right)\mathrm{d}t=\Phi\left(-\frac{\mu_z}{\sigma_z}\right) \tag{3-7}$$

式中，$\Phi(\cdot)$ 为标准正态分布函数，可由数学手册中查表求得，且有

$$\Phi\left(-\frac{\mu_z}{\sigma_z}\right)=1-\Phi\left(\frac{\mu_z}{\sigma_z}\right) \tag{3-8}$$

2. 可靠指标

令

$$\beta=\frac{\mu_z}{\sigma_z}=\frac{\mu_R-\mu_S}{\sqrt{\sigma_R^2+\sigma_S^2}} \tag{3-9}$$

则式（3-7）可写为

$$p_f=\Phi\left(-\frac{\mu_z}{\sigma_z}\right)=\Phi(-\beta) \tag{3-10}$$

由式（3-10）可以看出，β 与 p_f 具有数值上的对应关系（见表 3-2）。β 越大，p_f 就越小，即结构越可靠。因此 β 和 p_f 一样，也可作为衡量结构可靠性的一个指标，故称 β 为结构的可靠指标。

表 3-2 可靠指标 β 与失效概率 p_f 的对应关系

β	2.7	3.2	3.7	4.2
p_f	3.5×10^{-3}	6.9×10^{-4}	1.1×10^{-4}	1.3×10^{-5}

用失效概率 p_f 来衡量结构可靠度，不但合理而且物理意义明确，但 p_f 的计算相对复杂。所以我国规范采用可靠指标 β 来衡量结构的可靠度。β 可根据统计资料所得有关荷载效应 S 和结构抗力 R 的概率分布及相关统计参数（平均值、标准差）求得。

3. 设计可靠指标

设计规范规定的、作为设计结构或结构构件时所应达到的可靠指标，称为设计可靠指标 $[\beta]$，它是根据可靠度要求确定的，又称目标可靠指标，在理论上应根据各种结构构件的重要性（结构若发生破坏，对生命财产的危害程度以及社会影响）、破坏性质（延性、脆性）及失效后果，用优化方法分析确定。一般采用“校准法”，即通过对原有规范可靠度的反演计算和综合分析，确定以后设计时所采用的结构构件的可靠指标。结构构件在达到承载能力极限状态时的设计可靠指标见表 3-3，其中延性破坏是指结构构件在破坏前有明显的变形或其他预兆，而脆性破坏是指结构构件在破坏前无明显的变形或其他预兆。显然，延性破坏的危害相对较小，故 $[\beta]$ 值相对低一些；脆性破坏的危害较大，因此 $[\beta]$ 值相对高一些。

表 3-3 结构构件承载能力极限状态的设计可靠指标

破坏类型	安全等级		
	一级	二级	三级
延性破坏	3.7	3.2	2.7
脆性破坏	4.2	3.7	3.2

结构构件正常使用极限状态的设计可靠指标，根据其作用效应的可逆程度宜取 0～1.5。

3.4 极限状态设计表达式

长期以来，工程技术人员已习惯采用以基本变量标准值（如荷载标准值、材料强度标准值等）和分项系数（如荷载分项系数、材料分项系数等）表达的实用设计表达式。考虑到这一习惯及应用上的方便，规范没有直接根据设计可靠指标 $[\beta]$ 进行结构设计，而采用的是以基本变量标准值和分项系数形式表达的极限状态设计表达式，其中各分项系数是根据结构构件基本变量的统计特性，以结构可靠度的概率分析为基础经优选确定的，它们起着相当于设计可靠指标 $[\beta]$ 的作用。

3.4.1 承载能力极限状态设计表达式

1. 设计表达式

1）对持久设计状况、短暂设计状况和地震设计状况，当用内力的形式表达时，混凝土结构构件应采用下列承载能力极限状态设计表达式

$$\gamma_0 S \leqslant R \tag{3-11}$$

$$R = R(f_c, f_s, a_k \cdots)/\gamma_{Rd} \tag{3-12}$$

式中 γ_0——结构重要性系数，在持久设计状况和短暂设计状况下，对安全等级为一级的结

构构件不应小于 1.1，对安全等级为二级的结构构件不应小于 1.0，对安全等级为三级的结构构件不应小于 0.9；对偶然设计状况和地震设计状况应取 1.0。

S——承载能力极限状态下作用组合的效应设计值：对持久设计状况和短暂设计状况应按作用的基本组合计算；对地震设计状况应按作用的地震组合计算。

R——结构构件的抗力设计值。

$R(\cdot)$——结构构件的抗力函数。

f_c、f_s——混凝土、钢筋的强度设计值。

a_k——几何参数的标准值，当几何参数的变异性对结构性能有明显的不利影响时，应增减一个附加值。

γ_{Rd}——结构构件的抗力模型不定性系数；静力设计取 1.0，对不确定性较大的结构构件根据具体情况取大于 1.0 的数值；抗震设计应用承载力抗震调整系数 γ_{RE} 代替 γ_{Rd}。

2）对二维、三维混凝土结构构件，当按弹性或弹塑性方法分析并以应力形式表达时，可将混凝土应力按区域等代成内力设计值，按式（3-11）和式（3-12）进行计算；也可直接采用多轴强度准则进行设计验算。

3）对偶然作用下的结构进行承载能力极限状态设计时，式（3-11）中的作用效应设计值 S 按偶然组合计算，结构重要性系数 γ_0 取不小于 1.0 的数值；式（3-12）中混凝土、钢筋的强度设计值 f_c、f_s 改用强度标准值 f_{ck}、f_{yk}（或 f_{pyk}）。

当进行结构防连续倒塌验算时，混凝土强度取强度标准值 f_{ck}；普通钢筋强度取极限强度标准值 f_{stk}，预应力筋强度取极限强度标准值 f_{ptk} 并考虑锚具的影响。宜考虑偶然作用下结构倒塌对结构几何参数的影响。必要时尚应考虑材料性能在动力作用下的强化和脆性，并取相应的强度特征值。

2. 作用组合的效应设计值 S

在结构设计时，对不同的设计状况应采用不同的作用组合。

对持久设计状况和短暂设计状况，应采用作用的基本组合。当作用与作用效应按线性关系考虑时，作用组合的效应设计值 S 应从下列组合中取最不利值确定

$$S=\sum_{i\geqslant 1}\gamma_{Gi}S_{Gik}+\gamma_P S_P+\gamma_{Q1}\gamma_{L1}S_{Q1k}+\sum_{j>1}\gamma_{Qj}\psi_{cj}\gamma_{Lj}S_{Qjk} \tag{3-13}$$

$$S=\sum_{i\geqslant 1}\gamma_{Gi}S_{Gik}+\gamma_P S_P+\gamma_L\sum_{j\geqslant 1}\gamma_{Qj}\psi_{cj}S_{Qjk} \tag{3-14}$$

式中　S_{Gik}——第 i 个永久作用标准值的效应；

S_P——预应力作用有关代表值的效应；

S_{Q1k}——第 1 个可变作用（主导可变作用）标准值的效应；

S_{Qjk}——第 j 个可变作用标准值的效应；

γ_{Gi}——第 i 个永久作用的分项系数；

γ_P——预应力作用的分项系数；

γ_{Q1}——第 1 个可变作用（主导可变作用）的分项系数；

γ_{Qj}——第 j 个可变作用的分项系数；

γ_{L1}，γ_{Lj}——第 1 个和第 j 个考虑结构设计使用年限的荷载调整系数，应按表 3-5 采用，对设计使用年限与设计基准期相同的结构，应取 $\gamma_L=1.0$；

ψ_{cj}——第 j 个可变作用的组合值系数。

系数 γ_{Gi}、γ_P、γ_{Q1} 和 γ_{Qj} 应按表 3-4 的规定采用。

表 3-4　房屋建筑结构作用的分项系数

适用情况 / 作用分项系数	当作用效应对承载力不利时		当作用效应对承载力有利时
	对式（3-13）	对式（3-14）	
γ_G	1.2	1.35	≤1.0
γ_P	1.2		1.0
γ_Q	1.4		0

表 3-5　房屋建筑考虑结构设计使用年限的荷载调整系数 γ_L

结构的设计使用年限（年）	γ_L	结构的设计使用年限（年）	γ_L
5	0.9	100	1.1
50	1.0		

注　对设计使用年限为 25 年的结构构件，γ_L 应按各种材料结构设计规范的规定采用。

对偶然设计状况，应采用作用的偶然组合。当作用与作用效应按线性关系考虑时，作用组合的效应设计值可按下式计算

$$S=\sum_{i\geqslant 1}S_{Gik}+S_P+S_{Ad}+(\psi_{f1}\text{ 或 }\psi_{q1})S_{Q1k}+\sum_{j>1}\psi_{qj}S_{Qjk} \tag{3-15}$$

式中　S_{Ad}——偶然作用设计值的效应；

ψ_{f1}——第 1 个可变作用的频遇值系数；

ψ_{q1}，ψ_{qj}——第 1 个和第 j 个可变作用的准永久值系数。

3. 荷载分项系数

（1）永久荷载分项系数和可变荷载分项系数

在结构设计中，如按荷载标准值进行设计，会造成结构可靠度的严重差异和不足，因而引入荷载分项系数予以调整。荷载分项系数有两种，即永久荷载分项系数 γ_G 和可变荷载分项系数 γ_Q，它主要考虑了各类荷载的变异性不同，具体取值见表 3-4。可变荷载分项系数 γ_Q，一般情况下应取 1.4；对工业建筑楼面结构，当可变荷载标准值大于 4kN/mm^2 时，取 1.3。

（2）荷载设计值

荷载设计值为荷载标准值与荷载分项系数的乘积。

（3）荷载的组合值系数 ψ_c，可变荷载的组合值 $\psi_c Q_k$

结构上有时会作用几个可变荷载，如楼面活荷载、风荷载、雪荷载等。由概率分析可知，各可变荷载同时达到其最大值的概率很小，在设计中若采用各荷载效应设计值叠加，则可能造成结构可靠度不一致，因而引入荷载的组合值系数 ψ_c 予以调整，$\psi_c Q_k$ 称为可变荷载的组合值。

《荷载规范》规定，当按式（3-13）或式（3-14）计算荷载效应组合值时，除风荷载取 $\psi_c=0.6$ 外，大部分可变荷载取 $\psi_c=0.7$，个别可变荷载取 0.9～0.95（如对于书库、贮藏室的楼面活荷载，取 $\psi_c=0.9$）。

4. 材料分项系数

结构构件的抗力设计值 R 按构件截面尺寸以及材料的强度等进行计算。为充分考虑材

料的离散性和施工中不可避免的偏差带来的不利影响，结构按承载能力极限状态设计时，将材料强度的标准值除以一个大于 1 的系数，即得材料强度设计值，相应的系数称为材料分项系数，即

$$f_c=\frac{f_{ck}}{\gamma_c},\ f_s=\frac{f_{sk}}{\gamma_s} \tag{3-16}$$

式中　f_c、f_s——混凝土、钢筋的强度设计值。

f_{ck}、f_{sk}——混凝土、钢筋的强度标准值。

γ_c、γ_s——混凝土、钢筋的材料分项系数。对混凝土，取 $\gamma_c=1.40$；对热轧钢筋（包括 HPB300，HRB335，HRBF335，HRB400、HRBF400 级钢筋），取 $\gamma_s=1.10$；但对 500MPa 级钢筋（包括 HRB500、HRBF500 级钢筋），取 $\gamma_s=1.15$；对预应力筋（包括预应力钢丝、钢绞线、预应力螺纹钢筋），γ_s一般取不小于 1.20。

3.4.2　正常使用极限状态设计表达式

1. 可变荷载的频遇值和准永久值

在设计基准期内被超越的总时间占设计基准期的比率较小的荷载值；或被超越的频率限制在规定频率内的荷载值，称为频遇值。可通过频遇值系数（$\psi_f\leqslant 1$）对荷载标准值的折减来表示。它主要用于正常使用极限状态的频遇组合中。

在设计基准期内被超越的总时间占设计基准期的比率较大的荷载值，称为准永久值。可通过准永久值系数（$\psi_q\leqslant 1$）对荷载标准值的折减来表示。荷载准永久值主要用于正常使用极限状态的准永久组合和频遇组合中。准永久值反映了可变荷载的一种状态，在结构设计时，准永久值主要用于考虑荷载长期效应的影响。

2. 正常使用极限状态设计表达式

按正常使用极限状态设计时，应验算结构构件的变形、裂缝宽度和自振频率等。由于正常使用极限状态要求的设计可靠指标较小（[β] 在 0～1.5 之间取值），因此设计时均应采用相应的荷载代表值，对材料强度取标准值。同时，由于荷载短期作用和长期作用对于结构构件正常使用性能的影响不同，因此在进行正常使用极限状态设计时，可根据不同情况采用荷载效应的标准组合、频遇组合或准永久组合，或按荷载的准永久组合并考虑长期作用的影响，或标准组合并考虑长期作用影响，按下列极限状态设计表达式进行验算

$$S\leqslant C \tag{3-17}$$

式中　S——正常使用极限状态荷载组合的效应设计值；

C——结构构件达到正常使用要求所规定的变形、应力、裂缝宽度和自振频率等的限值。

当荷载与荷载效应按线性关系考虑时，正常使用极限状态荷载组合的效应设计值 S 应符合下列规定：

（1）标准组合

$$S=\sum_{i\geqslant 1}S_{Gik}+S_P+S_{Q1k}+\sum_{j>1}\psi_{cj}S_{Qjk} \tag{3-18}$$

（2）频遇组合

$$S=\sum_{i\geqslant 1}S_{Gik}+S_P+\psi_{f1}S_{Q1k}+\sum_{j>1}\psi_{qj}S_{Qjk} \tag{3-19}$$

（3）准永久组合

$$S=\sum_{i\geqslant 1}S_{Gik}+S_{P}+\sum_{j\geqslant 1}\psi_{qj}S_{Qjk} \tag{3-20}$$

标准组合宜用于不可逆正常使用极限状态；频遇组合宜用于可逆正常使用极限状态；准永久组合宜用在当长期效应是决定性因素时的正常使用极限状态。

混凝土结构构件正常使用极限状态的验算应包括以下内容：

（1）对需要控制变形的构件，应进行变形验算

钢筋混凝土受弯构件的最大挠度应按荷载的准永久组合，预应力混凝土受弯构件的最大挠度应按荷载的标准组合，并均应考虑荷载长期作用影响进行计算，其计算值不应超过规范规定的挠度限值。

（2）对不允许出现裂缝的构件，应进行混凝土拉应力验算

严格要求不出现裂缝的构件，按荷载标准组合计算时，构件受拉边缘混凝土不应产生拉应力。一般要求不出现裂缝的构件，按荷载标准组合计算时，构件受拉边缘混凝土拉应力不应大于混凝土抗拉强度的标准值。

（3）对允许出现裂缝的构件，应进行受力裂缝宽度验算

对钢筋混凝土构件，按荷载准永久组合并考虑长期作用影响计算时，构件的最大裂缝宽度不应超过规范规定的最大裂缝宽度限值。对预应力混凝土构件，按荷载标准组合并考虑长期作用影响计算时，构件的最大裂缝宽度不应超过规范规定的最大裂缝宽度限值；对二 a 类环境的预应力混凝土构件，尚应按荷载准永久组合计算，且构件受拉边缘混凝土的拉应力不应大于混凝土的抗拉强度标准值。

（4）对舒适度有要求的楼盖结构，应进行竖向自振频率验算

对混凝土楼盖结构，应根据使用功能的要求进行竖向自振频率验算，并宜符合下列要求：住宅和公寓不宜低于 5Hz；办公楼和旅馆不宜低于 4Hz；大跨度公共建筑不宜低于 3Hz。

本 章 小 结

1. 结构设计的本质就是要科学地解决好结构物的可靠与经济之间的矛盾。结构可靠度是结构可靠性（安全性、适用性、耐久性）的概率度量。设计基准期是为确定可变作用等的取值而选用的时间参数。设计使用年限是设计规定的结构或结构构件不需进行大修即可按预定的目的使用的年限。设计基准期与设计使用年限是两个不同的概念，且均不等同于结构的实际寿命或耐久年限。

2. 作用于结构上的荷载可以分为永久荷载、可变荷载和偶然荷载。荷载的代表值，包括荷载标准值、组合值、频遇值和准永久值。其中标准值是荷载的主要代表值，其他代表值都可在标准值的基础上乘以相应的系数后得到。永久荷载应采用标准值作为代表值；可变荷载应采用标准值、组合值、频遇值或准永久值作为代表值。

3. 极限状态分为承载能力极限状态和正常使用极限状态。在极限状态设计法中，以结构的失效概率或可靠指标来度量结构的可靠度，并且建立结构可靠度与结构极限状态之间的数学关系，这就是概率极限状态设计法。我国目前采用以概率理论为基础的极限状态设计表

达式来进行工程设计。

4. 承载能力极限状态的荷载组合，应采用基本组合（对持久设计状况和短暂设计状况）、偶然组合（对偶然设计状况）或地震组合（对地震设计状况）。对正常使用极限状态的荷载组合，按荷载的持久性和不同的设计要求采用三种组合，即标准组合、频遇组合和准永久组合。

5. 钢筋和混凝土强度的概率分布基本符合正态分布，钢筋强度标准值应具有不小于95%保证率，混凝土强度标准值具有95%保证率。钢筋和混凝土的强度设计值是用各自材料的强度标准值除以大于1的材料分项系数而得到。

思 考 题

3-1 什么是结构的预定功能？什么是结构可靠度？

3-2 什么是设计基准期？什么是设计使用年限？

3-3 什么是结构的极限状态？极限状态分为哪两类？

3-4 什么是结构上的作用和作用效应？

3-5 结构的功能函数是如何表达的？当功能函数 $Z>0$、$Z<0$ 以及 $Z=0$ 时，各表示什么状态？

3-6 何谓荷载标准值？何谓可变荷载的准永久值？

3-7 什么是材料强度的标准值？从概率意义上讲，它们是如何取值的？

3-8 可靠指标 β 与失效概率 p_f 之间的关系是怎样的？

3-9 如结构的安全等级为二级，则延性破坏结构的设计可靠指标 $[\beta]$=？脆性破坏结构的设计可靠指标 $[\beta]$=？它们的失效概率各为多少？

3-10 可变荷载的荷载分项系数一般是如何取值的？

3-11 钢筋和混凝土的强度标准值与强度设计值之间的关系是怎样的？

第4章　受弯构件正截面承载力计算

4.1　概　　述

受弯构件通常是指截面上作用有弯矩和剪力的构件。板和梁是典型的受弯构件。他们是土木工程中应用最为普通的一类构件。板常见的有实心板，空心板（圆形或矩形孔），槽形板和T形板等，梁的截面形式一般有矩形，T形，I形和箱形等，如图4-1所示。

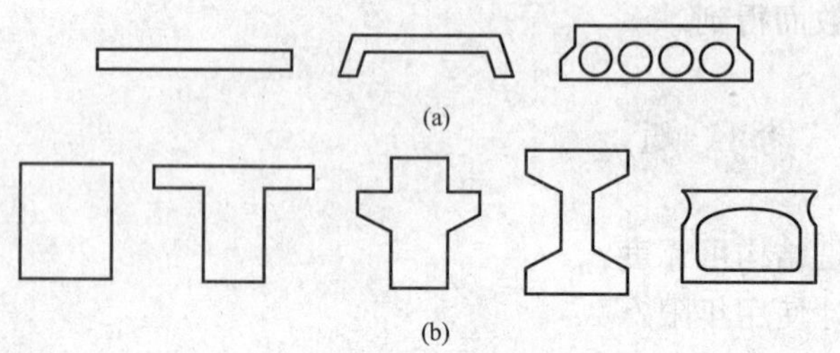

图4-1　板、梁常用的截面形式
(a) 板截面；(b) 梁截面

与构件的计算轴线相垂直的截面称为正截面。受弯构件正截面在弯矩作用下发生破坏，即达到了截面的受弯承载能力极限状态。这时应满足关系式

$$\gamma_0 M \leqslant M_u \tag{4-1}$$

式中　M——受弯构件的弯矩设计值，属于作用效应；

M_u——受弯构件正截面受弯承载力设计值，即截面抗力。

本章将以钢筋混凝土梁的受弯性能试验研究结果为依据，阐述各受力阶段梁的应力、应变分布和构件的破坏特征，从而建立其正截面承载力的计算方法。

4.2　正截面受弯性能试验研究

4.2.1　试验设计

图4-2为一配筋适当的矩形截面钢筋混凝土梁，其截面宽度为b，高度为h，截面受拉区配置了面积为A_s的受拉钢筋。

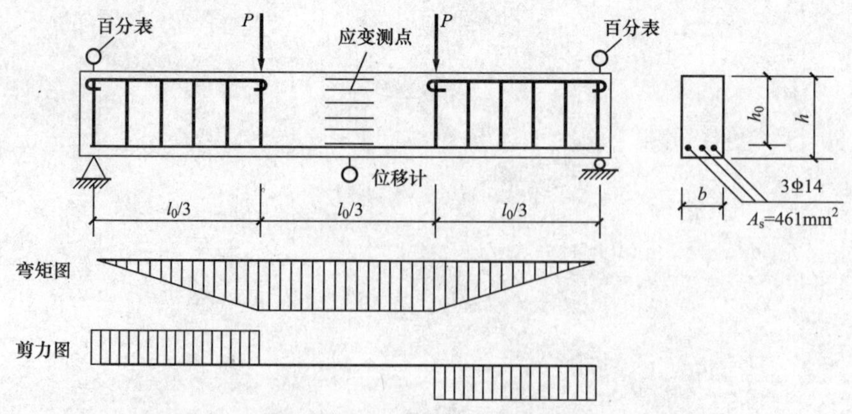

图4-2　矩形截面钢筋混凝土梁正截面受弯性能试验

对试验梁采用两点对称加载，忽略梁自重的影响，在两个对称集中荷载之间的区段称为纯弯段，纯弯段之外的两个区段为弯剪段。在梁的纯弯段内，沿截面高度布置若干应变传感器或电阻应变片，以量测混凝土和钢筋的纵向应变沿截面高度的分布规律，以及混凝土受压破坏时的极限压应变。此外，在梁跨中的下部设置位移计，以量测梁跨中的挠度，同时在支座处安装百分表或千分表，以考虑支座沉陷变形对梁实际挠度的影响。图 4-3 给出了试验梁的跨中挠度 f 随截面弯矩增加而变化的关系。图 4-4 为各级荷载作用下所测得的量测标距范围内混凝土和钢筋的平均应变沿截面高度的分布情况。

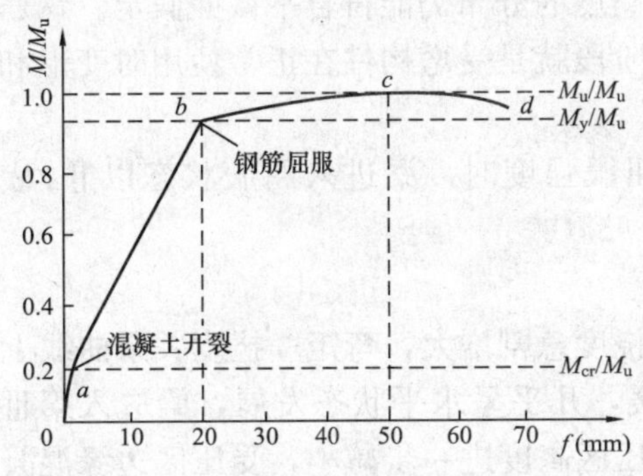

图 4-3　弯矩 M/M_u—挠度 f 关系曲线

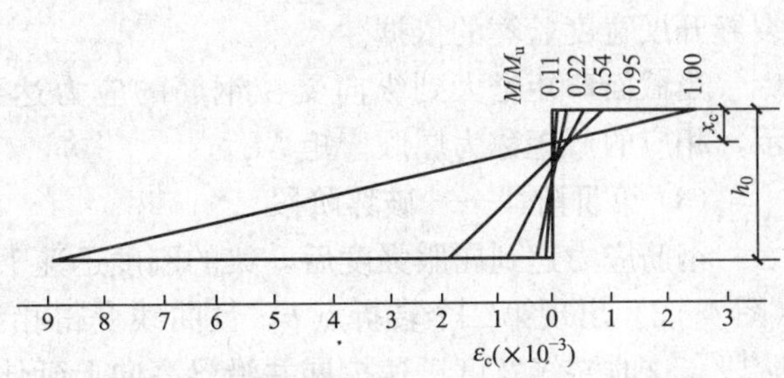

图 4-4　截面平均应变分布图

4.2.2　适筋梁正截面受力的三个阶段

试验表明，适筋梁的正截面从开始加载到受弯破坏的全过程可分为三个阶段（图 4-3），各阶段截面的应变及应力分布如图 4-5 所示。

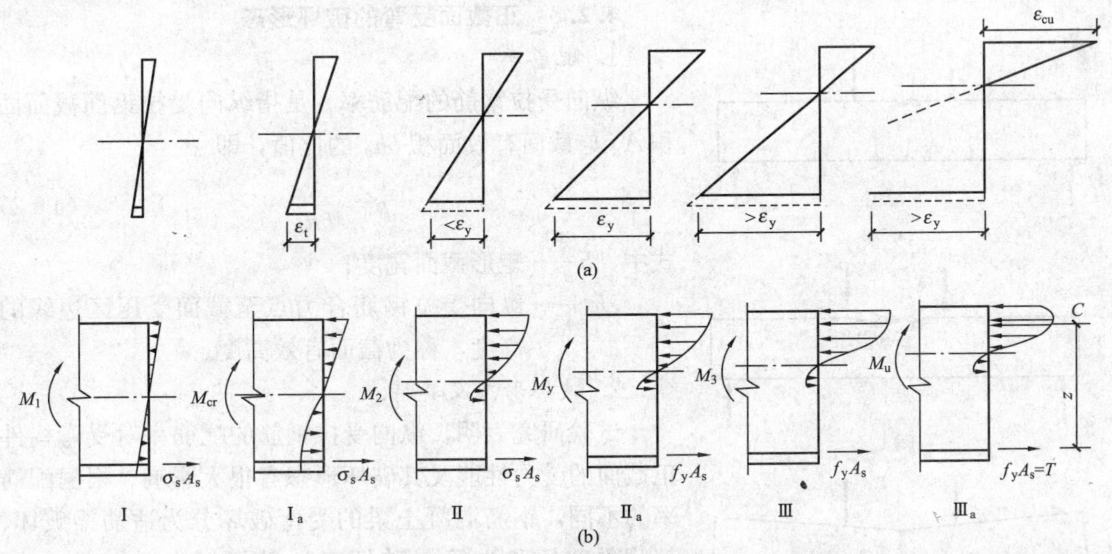

图 4-5　适筋梁各阶段截面的应变及应力分布图

（1）第Ⅰ阶段——未开裂阶段

在加载初期，由于弯矩较小，梁处于弹性工作阶段，混凝土未开裂，应变沿梁截面高度呈直线变化，即截面应变符合平截面假定。当受拉区边缘混凝土的应变达到其极限拉应变时，在纯弯段某薄弱截面即将出现裂缝，此状态以Ⅰ$_a$来表示，Ⅰ$_a$状态是受弯构件抗裂计算的依据。

（2）第Ⅱ阶段——带裂缝工作阶段

梁达到其开裂状态，出现第一条垂直于梁轴线的竖向裂缝而进入第Ⅱ阶段—带裂缝工作阶段。这时梁的弯矩—挠度曲线上（图4-3）出现了第一个转折点a。此后，随着荷载的增加，梁受拉区不断出现一些新的裂缝，原有裂缝的宽度也有所增加并向上延伸，受拉区混凝土逐渐退出工作，钢筋的应力增长速度明显加快，梁截面的抗弯刚度降低。此时，当应变量测标距较大时，跨越几条裂缝测得的平均应变沿截面高度的分布仍能符合平截面假定。钢筋混凝土梁在正常使用时一般处于第Ⅱ阶段，因此这一阶段就是受弯构件在正常使用时变形和裂缝开展宽度验算的依据。

当截面弯矩增大到纵向受拉钢筋的应力达到其屈服强度时，梁进入屈服状态以Ⅱ$_a$表示，相应的弯矩称为屈服弯矩M_y。

（3）第Ⅲ阶段——破坏阶段

钢筋应力达到屈服强度后，梁的刚度迅速下降，挠度急剧增大，弯矩—挠度关系曲线上（图4-3）出现第二个转折点b，且曲线变得相当平缓，几乎呈水平状态发展，梁进入第Ⅲ阶段。这时裂缝宽度迅速扩展并沿梁高向上延伸，受压区高度进一步减小，受压区边缘混凝土压应变迅速增大。当截面弯矩增加至梁受压区边缘混凝土达到极限压应变ε_{cu}时，混凝土被压碎，梁达到承载能力极限状态，以Ⅲ$_a$来表示。此时梁所承受的弯矩为极限弯矩M_u。因此Ⅲ$_a$状态是受弯构件正截面承载力计算的依据。之后梁虽仍可继续变形，但承担的弯矩有所下降，如图4-3中cd段。试验表明，从开始加载到构件破坏的整个受力过程中，截面的平均应变基本符合平截面假定。

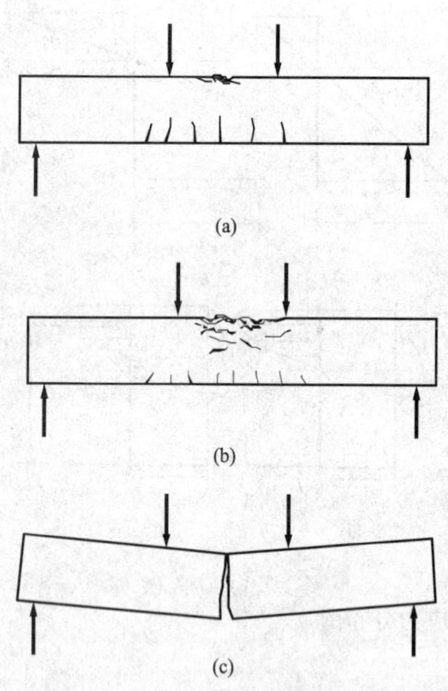

图4-6 梁的三种受弯破坏形态

（a）适筋梁；（b）超筋梁；（c）少筋梁

4.2.3 正截面受弯的破坏形态

1. 配筋率

纵向受拉钢筋的配筋率ρ是指纵向受拉钢筋截面面积A_s与截面有效面积bh_0的比值，即

$$\rho=\frac{A_s}{bh_0} \tag{4-2}$$

式中 b——矩形截面宽度；

h_0——纵向受拉钢筋合力点至截面受压区边缘的高度，称为截面有效高度。

2. 破坏形态及其特点

试验研究表明，纵向受拉钢筋的配筋率对受弯构件正截面的受力性能及其破坏形态有很大影响。根据配筋率的不同，钢筋混凝土梁的受弯破坏分为适筋梁破坏、超筋梁破坏和少筋梁破坏三种破坏形态，如图4-6所示。

（1）适筋梁破坏

当截面纵向受拉钢筋的配筋率适当时发生适筋梁破坏。

适筋梁破坏的特点是纵向受拉钢筋首先达到屈服，然后受压区混凝土被压碎，这种梁在破坏以前，由于发生了较大的塑性变形，而且裂缝急剧开展，破坏时有明显的预兆，属于塑性破坏。破坏时受拉钢筋和混凝土两种材料的强度都能得到充分利用。因此适筋梁的破坏是设计的依据。

（2）超筋梁破坏

当截面纵向受拉钢筋的配筋率过大时发生超筋梁破坏。

超筋梁的破坏特点是受压区混凝土被压碎，梁即告破坏，这时受拉区纵向钢筋达不到屈服，梁的挠度和受拉区裂缝的开展均不大，破坏前没有明显的预兆，属于脆性破坏。破坏时受拉钢筋的强度没有得到充分的利用，造成浪费。因此设计中应当避免。

（3）少筋梁破坏

当截面纵向受拉钢筋的配筋率过小时发生少筋梁破坏。

少筋梁破坏的特点是受拉区混凝土一旦开裂，裂缝就急剧开展，裂缝截面处的拉力全部由受拉钢筋承受。由于受拉钢筋配置过少，不但承载能力很低，而且受拉钢筋会很快屈服并进入强化阶段，甚至被拉断。其破坏与素混凝土梁类似，属于脆性破坏。破坏时受压区混凝土的抗压强度也未能充分利用，因此实际工程中不允许采用少筋梁。

4.3　正截面受弯承载力分析

4.3.1　基本假定

如前所述，受弯构件正截面受弯承载能力计算是以适筋梁Ⅲ$_a$受力状态为依据的。计算时采用以下基本假定：

1）截面应变符合平截面假定，即截面上应变沿截面高度为线性分布。

2）不考虑受拉区混凝土的抗拉作用，截面上的拉力全部由受拉钢筋承担。这是由于在裂缝截面处，受拉区混凝土已大部分退出工作，只有靠近中和轴附近仍有一小部分混凝土承担着拉应力。但由于混凝土的抗拉强度较小，且这部分拉力的内力臂也不大，因此对截面受弯承载力的影响也很小。

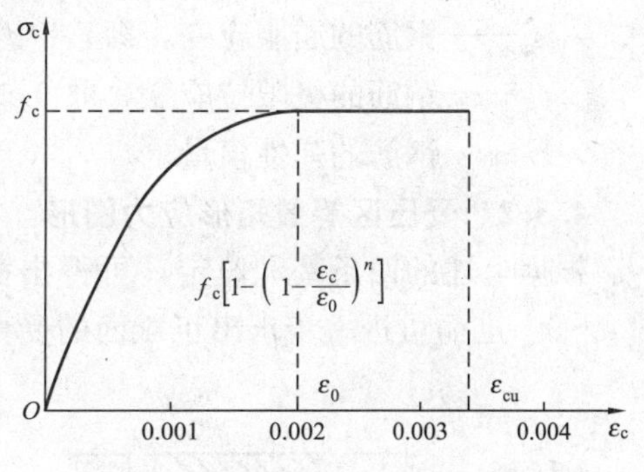

图 4-7　混凝土应力—应变曲线

3）混凝土受压的应力—应变曲线如图 4-7 所示，其表达式为

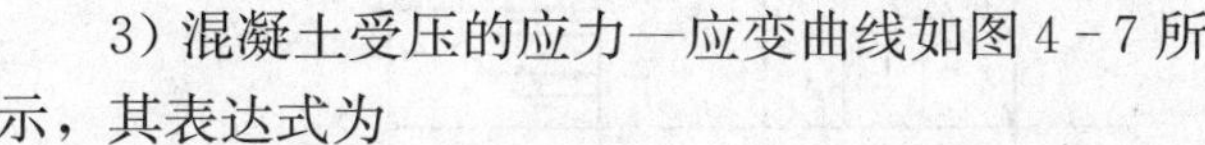

当 $\varepsilon_c \leqslant \varepsilon_0$ 时（上升段）

$$\sigma_c = f_c\left[1-\left(1-\frac{\varepsilon_c}{\varepsilon_0}\right)^n\right] \tag{4-3}$$

当 $\varepsilon_0 < \varepsilon_c \leqslant \varepsilon_{cu}$ 时（水平段）

$$\sigma_c = f_c \tag{4-4}$$

$$n = 2-\frac{1}{60}(f_{cu,k}-50) \tag{4-5}$$

$$\varepsilon_0 = 0.002 + 0.5(f_{cu,k} - 50) \times 10^{-5} \tag{4-6}$$

$$\varepsilon_{cu} = 0.0033 - (f_{cu,k} - 50) \times 10^{-5} \tag{4-7}$$

式中 σ_c——混凝土压应变为 ε_c 时的混凝土压应力；

f_c——混凝土轴心抗压强度设计值；

ε_0——混凝土压应力刚好达到 f_c 时的混凝土压应变，当按式（4-6）计算的 ε_0 值小于 0.002 时，取为 0.002；

ε_{cu}——正截面的混凝土极限压应变，当处于非均匀受压时，按式（4-7）计算，如计算的 ε_{cu} 值大于 0.0033 时，取为 0.0033；

$f_{cu,k}$——混凝土立方体抗压强度标准值；

n——系数，当按式（4-5）计算的 n 值大于 2.0 时，取为 2.0。

4）纵向钢筋应力取钢筋的应变与其弹性模量的乘积，但其绝对值不应大于其相应的强度设计值。纵向钢筋的极限拉应变取为 0.01。

这一假定说明钢筋的应力—应变关系可采用理想弹塑性模型，如图 4-8 所示。其表达式为

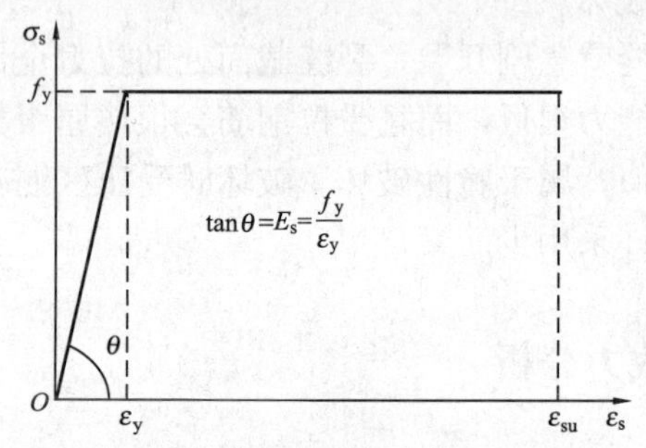

图 4-8 钢筋应力—应变曲线

当 $\varepsilon_s \leqslant \varepsilon_y$ 时（上升段）

$$\sigma_s = \varepsilon_s E_s \tag{4-8}$$

当 $\varepsilon_y < \varepsilon_s \leqslant \varepsilon_{su}$ 时（水平段）

$$\sigma_s = f_y \tag{4-9}$$

式中 f_y——钢筋的屈服强度设计值；

σ_s——对应于钢筋应变为 ε_s 时的钢筋应力值；

ε_y——钢筋的屈服应变，即 $\varepsilon_y = f_y / E_s$；

ε_{su}——钢筋的极限拉应变，取 0.01；

E_s——钢筋的弹性模量。

4.3.2 受压区等效矩形应力图形

根据上述的四条基本假定，可得出截面在承载能力极限状态下的应变和应力分布，见图 4-9。进而可进一步求出正截面的受弯承载力。但是由于受压区混凝土压应力的曲线分

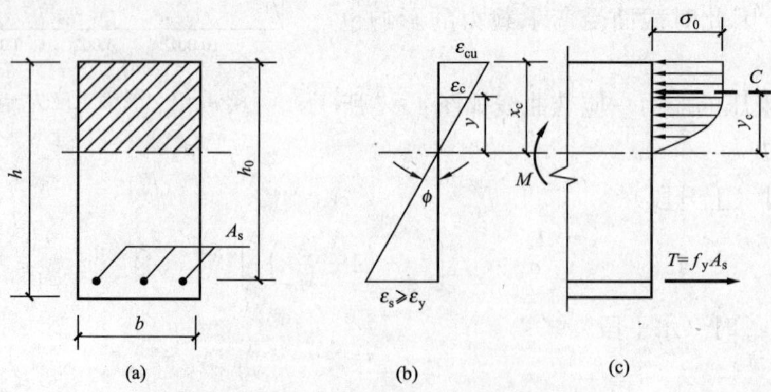

图 4-9 矩形截面应变及应力分布

(a) 单筋矩形截面；(b) 截面应变分布；(c) 截面应力分布

布图形使计算过于复杂。因此，为简化计算，可将受压区混凝土实际的曲线型应力分布图形用一个等效矩形应力图形来代替，如图 4－10 所示。等效的原则有两个：

1）保证受压区混凝土压应力合力 C 的大小相等；

2）保证受压区混凝土压应力合力 C 的作用点位置不变。

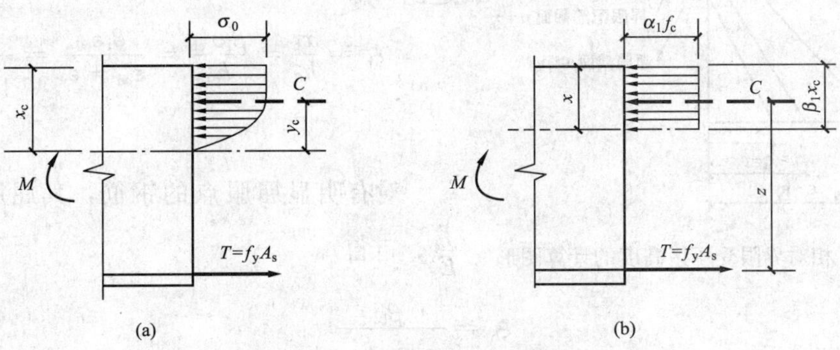

图 4－10　受压区等效矩形应力图形

(a) 截面应力图；(b) 截面等效矩形应力图

截面实际受压区高度为 x_c，最大压应力为 σ_0。等效矩形应力图形的应力值为 $\alpha_1 f_c$，受压区高度 $x=\beta_1 x_c$，其中 α_1 为等效矩形应力图的应力值与混凝土轴心抗压强度设计值的比值；β_1 为等效矩形应力图形高度与实际受压区高度的比值。α_1、β_1 的取值见表 4－1。

表 4－1　混凝土受压区等效矩形应力图形系数

	≤C50	C55	C60	C65	C70	C75	C80
α_1	1.00	0.99	0.98	0.97	0.96	0.95	0.94
β_1	0.80	0.79	0.78	0.77	0.76	0.75	0.74

4.3.3　界限受压区高度与最小配筋率

1. 界限受压区高度

(1) 界限破坏

当纵向受拉钢筋的应力达到屈服强度的同时，受压区边缘混凝土的应变刚好达到其极限压应变 ε_{cu}，这种破坏称为“界限破坏”，是适筋梁和超筋梁破坏时的界限状态。此时的配筋率即为适筋梁配筋率的上限，称为最大配筋率或界限配筋率。

(2) 相对界限受压区高度

设界限破坏时截面实际受压区高度为 x_{cb}，等效矩形应力图形的高度为 x_b。将由等效矩形应力图形计算得出的受压区高度 x 与截面有效高度 h_0 的比值定义为相对受压区高度，即

$$\xi=\frac{x}{h_0} \tag{4-10}$$

则可写出 ξ 与中和轴高度 x_c 之间的关系，即

$$\xi=\frac{x}{h_0}=\frac{\beta_1 x_c}{h_0} \tag{4-11}$$

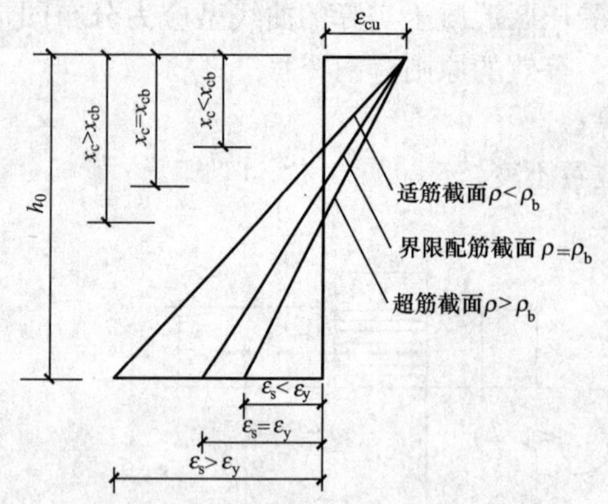

图 4-11 相对界限受压区高度的计算图形

由图 4-11 中简单的几何关系可得

$$\frac{x_{cb}}{h_0}=\frac{\varepsilon_{cu}}{\varepsilon_{cu}+\varepsilon_y} \tag{4-12}$$

则相对界限受压区高度 ξ_b 为 x_b 与截面有效高度 h_0 之比，即

$$\xi_b=\frac{x_b}{h_0}=\frac{\beta_1 x_{cb}}{h_0}=\frac{\beta_1\varepsilon_{cu}}{\varepsilon_{cu}+\varepsilon_y}=\frac{\beta_1}{1+\dfrac{\varepsilon_y}{\varepsilon_{cu}}} \tag{4-13}$$

对有明显屈服点的钢筋，其屈服应变 $\varepsilon_y=\dfrac{f_y}{E_s}$，可得

$$\xi_b=\frac{\beta_1}{1+\dfrac{f_y}{\varepsilon_{cu}E_s}} \tag{4-14}$$

式中 f_y——纵向钢筋的抗拉强度设计值；

E_s——纵向受拉钢筋的弹性模量。

由式（4-14）算得的 ξ_b 值列于表 4-2。

表 4-2 采用普通钢筋时的 ξ_b 值

钢筋级别 \ 混凝土强度等级	≤C50	C55	C60	C65	C70	C75	C80
HPB300	0.576	0.566	0.556	0.547	0.537	0.528	0.518
HRB335、HRBF335	0.550	0.541	0.531	0.522	0.512	0.503	0.493
HRB400、HRBF400、RRB400	0.518	0.508	0.499	0.490	0.481	0.472	0.463
HRB500、HRBF500	0.482	0.473	0.464	0.455	0.447	0.438	0.429

对于无明显屈服点的钢筋，其强度设计值取条件屈服点对应的应力 $\sigma_{0.2}$，则相对界限受压区高度为

$$\xi_b=\frac{\beta_1}{1+\dfrac{0.002}{\varepsilon_{cu}}+\dfrac{f_y}{\varepsilon_{cu}E_s}} \tag{4-15}$$

由图 4-11 可知，根据相对受压区高度 ξ 的大小可以进行受弯构件正截面破坏形态的判别。即当 $\xi>\xi_b$ 时，梁发生超筋破坏；当 $\xi<\xi_b$ 时，梁为适筋破坏；当 $\xi=\xi_b$ 时，梁发生的是界限破坏。

2. 最大配筋率

如前所述，最大配筋率 ρ_{max} 是适筋梁配筋的上限，当纵向受拉钢筋的配筋率 $\rho>\rho_{max}$ 时，截面发生超筋梁破坏。

由图 4-10 可以建立力平衡方程式

$$\alpha_1 f_c bx=f_y A_s \tag{4-16}$$

代入式（4-2）得

$$\rho = \frac{A_s}{bh_0} = \frac{x}{h_0}\frac{\alpha_1 f_c}{f_y} = \xi\frac{\alpha_1 f_c}{f_y} \tag{4-17}$$

当 $\xi=\xi_b$ 时，对应的配筋率即为最大的配筋率，即

$$\rho_{max} = \xi_b\frac{\alpha_1 f_c}{f_y} \tag{4-18}$$

因此，为避免超筋梁破坏，应满足

$$\rho \leqslant \rho_{max} \tag{4-19}$$

3. 最小配筋率

最小配筋率 ρ_{min} 是少筋梁与适筋梁的界限。理论上讲，最小配筋率应根据破坏时所能承受的极限弯矩 M_u 与同条件下素混凝土梁所能承受的开裂弯矩 M_{cr} 相等的原则确定。再考虑混凝土抗拉强度的离散性，混凝土收缩和温度应力等不利影响，《混凝土结构设计规范》规定的纵向受拉钢筋的最小的配筋率取 0.2%和 $0.45f_t/f_y$ 中的较大值，即

$$\rho_{min} = \max\left\{0.2\%,\ 0.45\frac{f_t}{f_y}\right\} \tag{4-20}$$

为防止发生少筋梁破坏，对矩形或 T 形截面，其受拉钢筋面积应满足

$$A_s \geqslant A_{s,min} = \rho_{min}bh \tag{4-21}$$

式中，b、h 分别为腹板宽度和截面高度。

4.4　单筋矩形截面受弯承载力计算

只在截面受拉区配有纵向受力钢筋的矩形截面，称为单筋矩形截面。由于构造上的原因（如为了形成钢筋骨架），在截面的受压区也需配置纵向钢筋，称为架立钢筋，其受压作用较小可略去不计，这种截面也属于单筋截面。

4.4.1　基本公式及适用条件

1. 基本公式

单筋矩形截面在达到承载力极限状态时，其正截面计算简图如图 4-12 所示，根据力的平衡条件可得

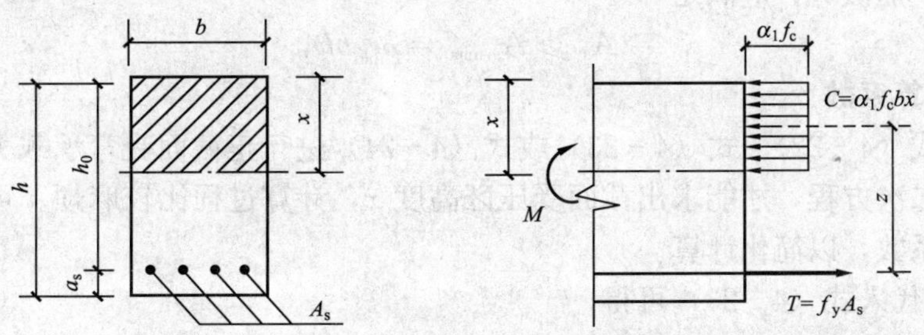

图 4-12　单筋矩形截面受弯构件正截面受弯承载力计算图形

$$\alpha_1 f_c bx = f_y A_s \tag{4-22}$$

根据力矩平衡条件可得

$$M \leqslant M_u = \alpha_1 f_c bx\left(h_0 - \frac{x}{2}\right) \tag{4-23}$$

或

$$M \leqslant M_u = f_y A_s \left(h_0 - \frac{x}{2}\right) \tag{4-24}$$

$$h_0 = h - a_s \tag{4-25}$$

式中 M——弯矩设计值；

M_u——正截面受弯承载力设计值；

f_c——混凝土轴心抗压强度设计值；

f_y——钢筋的抗拉强度设计值；

b——截面宽度；

A_s——受拉区纵向钢筋的截面面积；

x——混凝土受压区高度或受压区计算高度；

h_0——截面的有效高度；

h——截面高度；

a_s——受拉钢筋合力点至截面受拉区边缘的距离。

当截面设计时，如果环境类别为一类，a_s 一般可按下列数值采用：

梁的受拉钢筋为一排布置 a_s＝40mm

梁的受拉钢筋为两排布置 a_s＝65mm

板 a_s＝20mm

当混凝土强度等级不大于 C25 时，应再增加 5mm。

2. 适用条件

为了防止超筋破坏，应满足

$$\xi \leqslant \xi_b \tag{4-26}$$

或

$$x \leqslant \xi_b h_0 \tag{4-27}$$

或

$$\rho = \frac{A_s}{bh_0} \leqslant \rho_{max} = \xi_b \frac{\alpha_1 f_c}{f_y} \tag{4-28}$$

为了防止少筋破坏，应满足

$$A_s \geqslant A_{s,min} = \rho_{min} bh \tag{4-29}$$

4.4.2 计算系数

利用基本式（4-22）、式（4-23）或式（4-24）进行正截面受弯承载力计算时，有时需要求解一元二次方程，才能求出截面受压区高度 x，计算过程比较麻烦。可根据基本公式采用一些计算系数，以简化计算。

将 $x=\xi h_0$ 代入式（4-23）可得

$$M \leqslant M_u = \alpha_1 f_c bx \left(h_0 - \frac{x}{2}\right) = \alpha_1 f_c bh_0^2 \xi(1 - 0.5\xi) = \alpha_s \alpha_1 f_c bh_0^2 \tag{4-30}$$

式中

$$\alpha_s = \xi(1 - 0.5\xi) \tag{4-31}$$

将 $x=\xi h_0$ 代入式（4-24），可得

$$M \leqslant M_u = f_y A_s h_0 (1 - 0.5\xi) = \gamma_s f_y A_s h_0 \tag{4-32}$$

$$\gamma_s = 1 - 0.5\xi \tag{4-33}$$

式中　α_s——截面抵抗矩系数；

γ_s——截面内力臂系数。

由式（4－31）、式（4－33）可知 α_s，γ_s 和 ξ 三者之间存在着一一对应关系，当已知系数 α_s 时，ξ 和 γ_s 可由下式求出

$$\xi = 1 - \sqrt{1 - 2\alpha_s} \tag{4-34}$$

$$\gamma_s = \frac{1 + \sqrt{1 - 2\alpha_s}}{2} \tag{4-35}$$

当 $\xi = \xi_b$ 时，$\alpha_s = \alpha_{sb} = \xi_b(1 - 0.5\xi_b)$，其中 α_{sb} 为截面抵抗矩系数最大值，在截面设计中也可采用 $\alpha_s \leqslant \alpha_{sb}$ 作为防止超筋破坏的界限条件。

4.4.3　基本公式的应用

在工程设计计算中，受弯构件正截面受弯承载力的计算通常有两类情况，即截面设计和截面复核。

1. 截面设计

截面设计时，通常已知截面的弯矩设计值 M，混凝土的强度等级及钢筋级别，截面尺寸 b 和 h，求所需的受拉钢筋的截面面积 A_s。

为经济起见，首先令截面弯矩设计值 M 与受弯承载力设计值 M_u 相等，即 $M = M_u$，然后按照下列步骤计算：

1）根据混凝土强度等级及钢筋级别，查出其强度设计值 f_y，f_c，f_t 及系数 α_1，ξ_b，ρ_{min} 等。

2）计算截面有效高度 $h_0 = h - a_s$。

3）按式（4－31）和式（4－33）计算 α_s 和 ξ，即

$$\alpha_s = \frac{M}{\alpha_1 f_c b h_0^2}$$

$$\xi = 1 - \sqrt{1 - 2\alpha_s}$$

4）验算适用条件 $\xi \leqslant \xi_b$，如不满足，则需加大截面尺寸或提高混凝土强度等级重新计算。

5）计算所需受拉钢筋截面面积 A_s

$$A_s = \frac{\alpha_1 f_c b h_0 \xi}{f_y}$$

或采用公式

$$A_s = \frac{M}{\gamma_s h_0 f_y}$$

其中

$$\gamma_s = \frac{1 + \sqrt{1 - 2\alpha_s}}{2}$$

6）验算是否满足最小配筋条件，即

$$A_s \geqslant A_{s,min} = \rho_{min} bh$$

7）按 A_s 值选配钢筋，确定钢筋直径及根数（或间距）。

【例 4－1】　矩形截面钢筋混凝土梁，截面尺寸 $b \times h = 250\text{mm} \times 500\text{mm}$，混凝土强度等

级为 C30（$f_c=14.3\text{N/mm}^2$，$f_t=1.43\text{N/mm}^2$），纵向钢筋采用 HRB400 级（$f_y=f'_y=360\text{N/mm}^2$），一类使用环境（混凝土保护层最小厚度为 20mm）。该梁承受的弯矩设计值为 $M=150\text{kN}\cdot\text{m}$。试确定梁内纵向受拉钢筋的数量。

解 由于纵向受拉钢筋数量未知，故属于截面设计问题。

取 $a_s=40\text{mm}$，则 $h_0=h-a_s=500-40=460\text{mm}$

$$\rho_{\min}=\max\left\{0.45\frac{f_t}{f_y},\ 0.2\%\right\}=0.2\%,\ A_{s,\min}=\rho_{\min}bh=0.002\times250\times500=250\text{mm}^2$$

按单筋截面计算。

$$\alpha_s=\frac{M}{\alpha_1 f_c bh_0^2}=\frac{150\times10^6}{1\times14.3\times250\times460^2}=0.198$$

$$\xi=1-\sqrt{1-2\alpha_s}=1-\sqrt{1-2\times0.198}=0.223<\xi_b=0.518$$

$$A_s=\frac{\alpha_1 f_c\xi bh_0}{f_y}=\frac{1.0\times14.3\times0.223\times250\times460}{360}=1018.7\text{mm}^2>A_{s,\min}=250\text{mm}^2$$

选用 3⌀22（$A_s=1140\text{mm}^2$）。

2. *截面复核*

截面复核时，通常已知截面的弯矩设计值 M、混凝土的强度等级、钢筋级别、截面尺寸 b 和 h，以及纵向受拉钢筋截面面积 A_s，求该截面的受弯承载力 M_u，并判断其是否安全，主要计算步骤如下：

1）验算是否满足最小配筋条件，即

$$A_s\geqslant A_{s,\min}=\rho_{\min}bh$$

2）根据已知条件，查得 α_1，f_c，f_y 等。

3）计算截面有效高度 $h_0=h-a_s$。

4）按式（4-22）计算受压区高度 x，即

$$x=\frac{f_y A_s}{\alpha_1 f_c b}$$

5）验算适用条件 $x\leqslant\xi_b h_0$，如果满足，则截面的受弯承载力

$$M_u=\alpha_1 f_c bx\left(h_0-\frac{x}{2}\right)$$

如不满足，即 $x>\xi_b h_0$，则取 $x=\xi_b h_0$，代入式（4-30），得

$$M_u=\alpha_1 f_c bh_0^2\xi_b(1-0.5\xi_b)$$

6）比较弯矩设计值 M 和极限弯矩值 M_u，如果满足 $M\leqslant M_u$，则截面是安全的，否则不安全。

【例 4-2】 其他条件同［例 4-1］，配置纵向受拉钢筋 4⌀20（$A_s=1256\text{mm}^2$）。求梁截面所能承受的极限弯矩 M_u。若该梁为计算跨度 $l=6\text{m}$ 的简支梁，求梁上所能承受的均布荷载设计值（包括梁自重）。

解 属于单筋截面梁的复核问题。

假定箍筋直径为 8mm，则 $a_s=c+\frac{d}{2}=20+8+\frac{20}{2}=38\text{mm}$

$$h_0=h-a_s=500-38=462\text{mm},\ \rho_{\min}=\max\left\{0.45\frac{f_t}{f_y},\ 0.2\%\right\}=0.2\%$$

$$A_s = 1256\text{mm}^2 > A_{s,\min} = \rho_{\min}bh = 0.002 \times 250 \times 500 = 250\text{mm}^2$$

$$\xi = \frac{f_y A_s}{\alpha_1 f_c b h_0} = \frac{360 \times 1256}{1 \times 14.3 \times 250 \times 462} = 0.274 < \xi_b = 0.518$$

$$\begin{aligned} M_u &= \xi(1-0.5\xi)\alpha_1 f_c b h_0^2 \\ &= 0.274 \times (1-0.5 \times 0.274) \times 1 \times 14.3 \times 250 \times 462^2 \\ &= 180.4 \times 10^6 \text{N} \cdot \text{mm} = 180.4\text{kN} \cdot \text{m} \end{aligned}$$

$M_u = \frac{1}{8}pl^2$，梁上所能承受的均布荷载设计值为

$$p = \frac{8M_u}{l^2} = \frac{8 \times 180.4}{6^2} = 40.1\text{kN/m}$$

【例 4-3】 其他条件同［例 4-1］，纵向受拉钢筋 4⌀28（$A_s = 2463\text{mm}^2$）。求梁截面所能承受的极限弯矩 M_u。若该梁为计算跨度 $l = 7.2$m 的简支梁，求梁上所能承受的均布荷载设计值（不包括梁自重）。

解　属于单筋截面梁的复核问题。

$$a_s = 20 + 8 + \frac{28}{2} = 42\text{mm},\ h_0 = h - a_s = 500 - 42 = 458\text{mm}$$

$$\rho_{\min} = \max\left\{0.45\frac{f_t}{f_y},\ 0.2\%\right\} = 0.2\%,$$

$$A_s = 1256\text{mm}^2 > A_{s,\min} = \rho_{\min}bh = 0.002 \times 250 \times 500 = 250\text{mm}^2$$

$$\xi = \frac{f_y A_s}{\alpha_1 f_c b h_0} = \frac{360 \times 2463}{1 \times 14.3 \times 250 \times 458} = 0.542 > \xi_b = 0.518\text{，为超筋梁}$$

$$\begin{aligned} M_u &= \xi_b(1-0.5\xi_b)\alpha_1 f_c b h_0^2 \\ &= 0.518 \times (1-0.5 \times 0.518) \times 1 \times 14.3 \times 250 \times 458^2 \\ &= 287.8 \times 10^6 \text{N} \cdot \text{mm} = 287.8\text{kN} \cdot \text{m} \end{aligned}$$

$M_u = \frac{1}{8}pl^2$，梁上所能承受的均布荷载设计值（包括自重）为

$$p = \frac{8M_u}{l^2} = \frac{8 \times 287.8}{7.2^2} = 44.4\text{kN/m}$$

扣除自重得

$$p' = p - 1.2 \times 25 \times bh = 44.4 - 1.2 \times 25 \times 0.25 \times 0.5 = 40.6\text{kN/m}$$

4.5　双筋矩形截面受弯承载力计算

4.5.1　概述

双筋截面是指在截面的受拉区和受压区同时配置受力钢筋的截面。截面上的压应力由混凝土和受压钢筋共同承担，拉力由受拉钢筋承担。一般来讲，采用受压钢筋来承担压力是不经济的，通常在下列情况下采用双筋截面。

1）当截面上作用的弯矩很大，按单筋截面计算出现 $\xi > \xi_b$ 的情况，而截面尺寸受到限制，混凝土强度等级又不能提高时。

2）在不同的荷载组合情况下，构件的同一截面承受异号弯矩作用时。

3）由于某种原因，在截面的受压区已配置一定数量的受力钢筋时，如连续梁的某些支

座截面。

4.5.2 受压钢筋的应力

由图 4-13 可知，当截面受压区边缘混凝土的极限压应变为 ε_{cu}时，根据平截面假定，可求得受压钢筋合力点处的压应变为

$$\varepsilon'_s = \frac{x_c - a'_s}{x_c}\varepsilon_{cu} = \left(1 - \frac{\beta_1 a'_s}{x}\right)\varepsilon_{cu} \tag{4-36}$$

式中 a'_s——受压钢筋合力点至截面受压区边缘的距离。

如果取 $x=2a'_s$，$\varepsilon_{cu}=0.0033$，$\beta_1=0.8$，则受压钢筋的应变为

$$\varepsilon'_s = 0.0033 \times \left(1 - \frac{0.8a'_s}{2a'_s}\right) = 0.002$$

一般受压钢筋的弹性模量 $E'_s=(2.0\sim2.1)\times10^5\text{N/mm}^2$，则相应受压钢筋的应力为

$$\sigma'_s = E'_s\varepsilon'_s = (2.0 \sim 2.1) \times 10^5 \times 0.002 = (400 \sim 420)\text{MPa}$$

此时，对于常用的 300MPa、335MPa、400MPa 和 500MPa 级钢筋，其应力均已达到强度设计值。因此，受压钢筋应力达到屈服强度的充分条件是

$$x \geqslant 2a'_s \tag{4-37}$$

此外，如果在计算中考虑受压钢筋作用时，箍筋应做成封闭式，其间距不应大于 $15d$（d 为受压钢筋最小直径）且不应大于 400mm，否则会导致混凝土保护层过早剥落并可能使纵向受压钢筋压屈鼓出。

4.5.3 基本公式及适用条件

1. 基本公式

双筋矩形截面受弯承载力计算简图如图 4-13 所示。

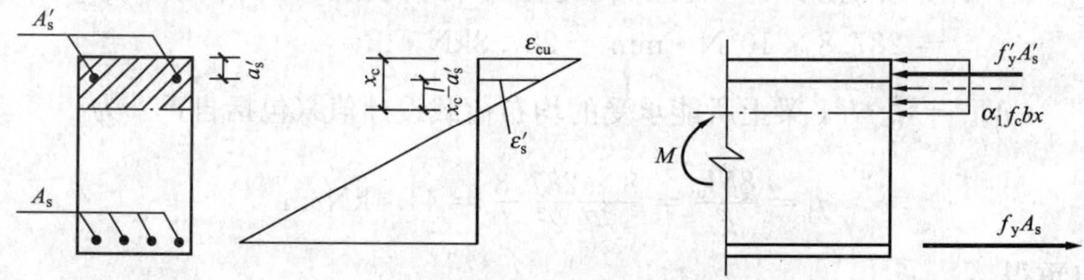

图 4-13 双筋矩形截面受弯承载力计算简图

由力的平衡条件可得

$$\alpha_1 f_c bx + f'_y A'_s = f_y A_s \tag{4-38}$$

由力矩平衡条件可得

$$M \leqslant M_u = \alpha_1 f_c bx\left(h_0 - \frac{x}{2}\right) + f'_y A'_s(h_0 - a'_s) \tag{4-39}$$

将 $x=\xi h_0$代入上述基本公式，可得

$$\alpha_1 f_c b\xi h_0 + f'_y A'_s = f_y A_s \tag{4-40}$$

$$M \leqslant M_u = \alpha_s \alpha_1 f_c bh_0^2 + f'_y A'_s(h_0 - a'_s) \tag{4-41}$$

式中 f'_y——钢筋的抗压强度设计值；

A'_s——受压钢筋的截面面积；

a'_s——受压钢筋合力点至截面受压区边缘的距离。

2. 适用条件

为防止发生超筋破坏，应满足

$$x \leqslant \xi_b h_0 \tag{4-42}$$

或

$$\xi \leqslant \xi_b \tag{4-43}$$

为保证受压钢筋应力能达到屈服强度，应满足

$$x \geqslant 2a_s' \tag{4-44}$$

或

$$\xi \geqslant 2a_s'/h_0 \tag{4-45}$$

双筋截面中的纵向受拉钢筋一般配置较多，因此不需验算最小配筋率。

4.5.4　基本公式的应用

1. 截面设计

双筋截面的设计计算，可能会遇到以下两类问题：

1）已知：弯矩设计值 M，截面尺寸 b 和 h，混凝土强度等级和钢筋级别，求受压钢筋截面面积 A_s'和受拉钢筋截面面积 A_s。

按双筋截面计算 A_s和 A_s'时，基本公式只有两个，但未知数却有三个，即 x，A_s和 A_s'，因此需要补充一个条件才能求解。通常利用经济条件使钢筋截面面积（A_s+A_s'）为最小。这时的相对受压区高度为

$$\xi_e = 0.5(1 + a_s'/h_0) \leqslant \xi_b \tag{4-46}$$

或近似写成

$$\xi_e = 0.5h/h_0 \leqslant \xi_b \tag{4-47}$$

实用上为简化计算，也可直接取 $\xi_e=\xi_b$。

则设计步骤如下：

① 令 $\xi=\xi_b$，由式（4-41）得受压钢筋截面面积

$$A_s' = \frac{M - \alpha_{sb}\alpha_1 f_c b h_0^2}{f_y'(h_0 - a_s')} = \frac{M - \alpha_1 f_c b h_0^2 \xi_b (1 - 0.5\xi_b)}{f_y'(h_0 - a_s')}$$

② 由式（4-40），得受拉钢筋截面面积

$$A_s = \frac{\alpha_1 f_c b h_0 \xi_b + f_y' A_s'}{f_y}$$

③ 按 A_s和 A_s'值选用钢筋直径及根数。

2）已知：弯矩设计值 M，截面尺寸 b 和 h，混凝土强度等级和钢筋级别，在受压区配置的纵向受压钢筋 A_s'，求受拉钢筋截面面积 A_s。

由于 A_s'为已知，这时基本公式中只有两个未知数 x 及 A_s，故可直接联立求解。计算步骤如下：

① 计算受压区高度 x。

由式（4-41），得

$$\alpha_s = \frac{M - f_y' A_s'(h_0 - a_s')}{\alpha_1 f_c b h_0^2}$$

$$\xi = 1-\sqrt{1-2\alpha_s}$$
$$x = \xi h_0$$

② 计算受拉钢筋截面面积 A_s。

如果 $2a_s' \leqslant x \leqslant \xi_b h_0$，则满足基本公式适用条件，可得

$$A_s = \frac{\alpha_1 f_c bx + f_y' A_s'}{f_y}$$

如果 $x < 2a_s'$，则表明受压钢筋 A_s'在破坏时不能达到屈服强度，这时可近似取 $x=2a_s'$，然后对受压钢筋合力点取矩，得

$$M \leqslant M_u = f_y A_s (h_0 - a_s') \tag{4-48}$$

进而求得
$$A_s = \frac{M}{f_y (h_0 - a_s')}$$

如果 $\xi < \xi_b$，则表明给定的受压钢筋 A_s'数量不足，仍会出现超筋现象，此时按 A_s和A_s'均未知的情况计算。

③ 根据计算所得的 A_s选用钢筋直径及根数。

【例 4-4】 其他条件同［例 4-1］，但梁承受的弯矩设计值 M=300kN·m。试确定梁内纵向钢筋的数量。

解 属于截面设计问题。

纵向受拉钢筋按一排布置，取 a_s=40mm，则 $h_0=h-a_s=500-40=460$mm

先按单筋截面计算。

$$\alpha_s = \frac{M}{\alpha_1 f_c b h_0^2} = \frac{300\times 10^6}{1\times 14.3\times 250\times 460^2} = 0.396$$

$$\xi = 1-\sqrt{1-2\alpha_s} = 1-\sqrt{1-2\times 0.396} = 0.545 > \xi_b = 0.518$$

单筋截面不行，可改用双筋截面。

取 a_s'=40mm，且 $\xi=\xi_b=0.518$，则由基本计算公式得

$$A_s' = \frac{M-\xi_b(1-0.5\xi_b)\alpha_1 f_c b h_0^2}{f'_y (h_0 - a_s')}$$
$$= \frac{300\times 10^6 - 0.518\times(1-0.5\times 0.518)\times 1.0\times 14.3\times 250\times 460^2}{360\times(460-40)} = 64\text{mm}^2$$

$$A_s = \frac{\alpha_1 f_c \xi_b b h_0 + f_y' A_s'}{f_y} = \frac{1\times 14.3\times 0.518\times 250\times 460 + 360\times 64}{360} = 2430\text{mm}^2$$

选用受拉钢筋 4Φ28（A_s=2463mm^2），受压钢筋 2Φ14（A_s'=308mm^2）。

【例 4-5】 其他条件同［例 4-1］，但梁承受的弯矩设计值 M=300kN·m，且配有受压钢筋 3Φ22（A_s'=1140mm^2）。试确定梁内纵向受拉钢筋的数量。

解 属于截面设计问题。

取 $a_s'=a_s$=40mm，$h_0=h-a_s=500-40=460$mm

则由基本计算公式得

$$\alpha_s = \frac{M - f_y' A_s' (h_0 - a_s')}{\alpha_1 f_c b h_0^2} = \frac{300\times 10^6 - 1140\times 360\times(460-40)}{1\times 14.3\times 250\times 460^2} = 0.169$$

$$\xi = 1-\sqrt{1-2\alpha_s} = 1-\sqrt{1-2\times 0.169} = 0.186 > \frac{2a'_s}{h_0} = 0.174$$

$$< \xi_b = 0.518$$

$$A_s = \frac{\alpha_1 f_c \xi b h_0 + f'_y A'_s}{f_y} = \frac{1\times 14.3\times 0.186\times 250\times 460+360\times 1140}{360} = 1990\text{mm}^2$$

选用受拉钢筋 2⌀25+2⌀28（A_s=2214mm²）。

【例 4-6】 其他条件同［例 4-1］，但梁承受的弯矩设计值 M=320kN·m，已有受压钢筋 2⌀14（A'_s=308mm²）。试确定梁内纵向受拉钢筋的数量。

解　属于截面设计问题。

由于截面弯矩较大，纵向受拉钢筋按两排布置，取 a_s=65mm，a'_s=40mm，则

$$h_0 = h - a_s = 500 - 65 = 435\text{mm}$$

则由基本计算公式得

$$\alpha_s = \frac{M - f'_y A'_s (h_0 - a'_s)}{\alpha_1 f_c b h_0^2} = \frac{320\times 10^6 - 360\times 308\times (435-40)}{1\times 14.3\times 250\times 435^2} = 0.408$$

$$\xi = 1-\sqrt{1-2\alpha_s} = 1-\sqrt{1-2\times 0.408} = 0.572 > \xi_b = 0.518$$

说明已有受压钢筋数量不足，应按 A'_s 未知重新计算受压、受拉钢筋的数量。

取 $\xi=\xi_b=0.518$，则由基本计算公式得

$$A'_s = \frac{M - \xi_b(1-0.5\xi_b)\alpha_1 f_c b h_0^2}{f'_y(h_0 - a'_s)}$$

$$= \frac{320\times 10^6 - 0.518\times(1-0.5\times 0.518)\times 1.0\times 14.3\times 250\times 435^2}{360\times(435-40)} = 424\text{mm}^2$$

$$A_s = \frac{\alpha_1 f_c \xi_b b h_0 + f'_y A'_s}{f_y} = \frac{1\times 14.3\times 0.518\times 250\times 435 + 360\times 424}{360} = 2662\text{mm}^2$$

选用受拉钢筋 5⌀28（A_s=3079mm²），受压钢筋 3⌀14（A'_s=462mm²）。

【例 4-7】 其他条件同［例 4-1］，但梁承受的弯矩设计值 M=300kN·m，已有受压钢筋 4⌀22（A'_s=1520mm²）。试确定梁内纵向受拉钢筋的数量。

解　属于截面设计问题。

纵向受拉钢筋按单排布筋考虑，取 $a'_s=a_s$=40mm，$h_0=h-a_s$=500－40=460mm

则由基本计算公式得

$$\alpha_s = \frac{M - f'_y A'_s (h_0 - a'_s)}{\alpha_1 f_c b h_0^2} = \frac{300\times 10^6 - 360\times 1520\times (460-40)}{1\times 14.3\times 250\times 460^2} = 0.093$$

$$\xi = 1-\sqrt{1-2\alpha_s} = 1-\sqrt{1-2\times 0.093} = 0.098 < \frac{2a'_s}{h_0} = \frac{2\times 40}{460} = 0.174$$

说明受压钢筋 A'_s 数量过多，破坏时其应力达不到屈服强度 f'_y。

对受压钢筋合力作用点取矩，可得

$$A_s = \frac{M}{f_y(h_0 - a'_s)} = \frac{300\times 10^6}{360\times(460-40)} = 1984\text{mm}^2$$

选用受拉钢筋 2⌀25+2⌀28（A_s=2214mm²）。

2. 截面复核

截面复核问题，一般已知弯矩设计值 M，截面尺寸 b 和 h，钢筋级别和混凝土强度等

级，受压钢筋和受拉钢筋截面面积A'_s和A_s。求截面的受弯承载力M_u，并与弯矩设计值M比较，判断截面是否安全。

这时基本公式中只有两个未知数x及M_u，故可直接联立求解。计算步骤如下：

（1）求受压区高度x

由基本式（4－38），得

$$x=\frac{f_yA_s-f'_yA'_s}{\alpha_1 f_c b}$$

（2）求截面受弯承载力M_u

如果$2a'_s\leqslant x\leqslant\xi_b h_0$，则由基本式（4－39），得

$$M_u=\alpha_1 f_c bx\left(h_0-\frac{x}{2}\right)+f'_yA'_s(h_0-a'_s)$$

如果$x<2a'_s$，则由式（4－48）得

$$M_u=f_yA_s(h_0-a'_s)$$

如果$x>\xi_b h_0$，则取$x=\xi_b h_0$，代入基本式（4－41），得

$$M_u=\alpha_1 f_c bh_0^2\xi_b(1-0.5\xi_b)+f'_yA'_s(h_0-a'_s)$$

（3）比较截面极限弯矩M_u与弯矩设计值M，判断截面是否安全。

【例4－8】 矩形截面钢筋混凝土梁，截面尺寸$b\times h=300\text{mm}\times600\text{mm}$，混凝土采用C30（$f_c=14.3\text{N/mm}^2$，$f_t=1.43\text{N/mm}^2$），纵向钢筋采用HRB500级（$f_y=435\text{N/mm}^2$，$f'_y=410\text{N/mm}^2$），环境类别为二a（混凝土保护层最小厚度$c=25\text{mm}$）。配置受压钢筋2Φ16（$A'_s=402\text{mm}^2$），受拉钢筋为4Φ22（$A_s=1520\text{mm}^2$）。求梁截面的受弯承载力$M_u$。

解 属于双筋截面梁的复核问题。

假设箍筋直径为8mm，则$a_s=25+8+\frac{22}{2}=44\text{mm}$

$$a'_s=25+8+\frac{16}{2}=41\text{mm},\ h_0=h-a_s=600-44=556\text{mm}$$

$$\xi=\frac{f_yA_s-f'_yA'_s}{\alpha_1 f_c bh_0}=\frac{435\times1520-410\times402}{1\times14.3\times300\times556}=0.208>\frac{2a'_s}{h_0}=\frac{2\times41}{556}=0.147$$
$$<\xi_b=0.482$$

满足适用条件。

$$\begin{aligned}M_u&=\xi(1-0.5\xi)\alpha_1 f_c bh_0^2+f'_yA'_s(h_0-a'_s)\\&=0.208\times(1-0.5\times0.208)\times1\times14.3\times300\times556^2+410\times402\times(556-41)\\&=332\times10^6\text{N}\cdot\text{mm}=332\text{kN}\cdot\text{m}\end{aligned}$$

【例4－9】 其他条件同［例4－8］，但受压钢筋为3Φ16（$A'_s=603\text{mm}^2$），受拉钢筋为4Φ20（$A_s=1256\text{mm}^2$）。求梁截面的受弯承载力M_u。

解 $a_s=25+8+\frac{20}{2}=43\text{mm}$，$a'_s=25+8+\frac{16}{2}=41\text{mm}$

$$h_0=h-a_s=600-43=557\text{mm}$$

$$\xi=\frac{f_yA_s-f'_yA'_s}{\alpha_1 f_c bh_0}=\frac{435\times1256-410\times603}{1\times14.3\times300\times557}=0.125<\frac{2a'_s}{h_0}=\frac{2\times41}{557}=0.147$$

说明受压钢筋A'_s配置过多，破坏时其应力达不到屈服强度f'_y。

对受压钢筋合力作用点取矩，得

$$
\begin{aligned}
M_u &= f_y A_s (h_0 - a_s') \\
&= 435 \times 1256 \times (557 - 41) \\
&= 281.9 \times 10^6 \text{N} \cdot \text{mm} = 281.9 \text{kN} \cdot \text{m}
\end{aligned}
$$

【例 4-10】 其他条件同［例 4-8］，但配置的受压钢筋为 2Φ16（$A_s'=402\text{mm}^2$），受拉钢筋为 8Φ25（$A_s=3927\text{mm}^2$）。求梁截面的受弯承载力 M_u。

解 受拉钢筋数量较多，按两排布置。根据构造要求，上、下排钢筋之间的净距取 25mm。则

$$a_s = c + d += 25 + 8 + 25 + \frac{25}{2} = 70.5\text{mm},\ a_s' = 25 + 8 + \frac{16}{2} = 41\text{mm}$$

$$h_0 = h - a_s = 600 - 70.5 = 529.5\text{mm}$$

$$\xi = \frac{f_y A_s - f_y' A_s'}{\alpha_1 f_c b h_0} = \frac{435 \times 3927 - 410 \times 402}{1 \times 14.3 \times 300 \times 529.5} = 0.679 > \xi_b = 0.482$$

说明受拉钢筋 A_s 配置过多，破坏时其应力达不到屈服强度 f_y。

取 $\xi=\xi_b$，并对受拉钢筋合力作用点取矩，得

$$
\begin{aligned}
M_u &= \xi_b (1 - 0.5\xi_b) \alpha_1 f_c b h_0^2 + f_y' A_s' (h_0 - a_s') \\
&= 0.482 \times (1 - 0.5 \times 0.482) \times 1 \times 14.3 \times 300 \times 529.5^2 + 410 \times 402 \times (529.5 - 41) \\
&= 520.5 \times 10^6 \text{N} \cdot \text{mm} = 520.5 \text{kN} \cdot \text{m}
\end{aligned}
$$

4.6 T 形截面受弯承载力计算

4.6.1 概述

矩形截面受弯构件在破坏时，大部分受拉区混凝土开裂后退出工作，故可将矩形截面的受拉区混凝土挖去一部分，并将受拉钢筋集中布置，这样就成为 T 形截面。它和原来的矩形截面相比，不但受弯承载力相同，而且节省了混凝土，减轻了构件自重（图 4-14），取得较好的经济效果。

T 形截面梁在实际工程中的应用极为广泛，如房屋建筑中的现浇整体式肋形楼盖，梁与楼板浇注在一起形成 T 形截面梁。另外，吊车梁、槽形板、空心板等都可按 T 形截面设计。

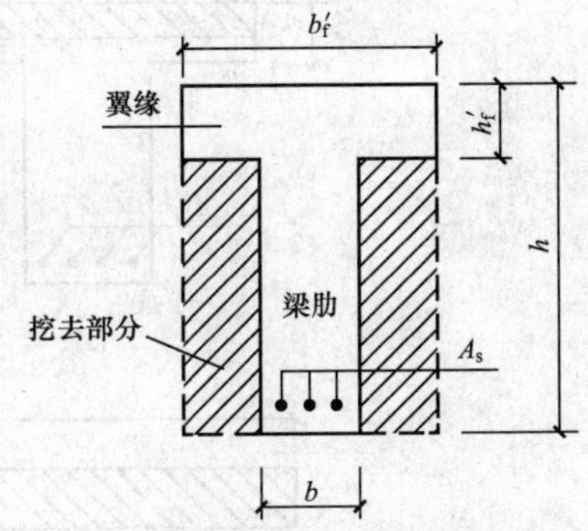

图 4-14　T 形截面的形成

4.6.2 T 形截面翼缘的计算宽度

试验和理论分析表明，T 形截面受压翼缘上的纵向压应力分布是不均匀的（图 4-15），靠近梁肋处的翼缘中压应力较高，而离梁肋越远则翼缘中的压应力越小，因此实际上与梁肋共同工作的翼缘宽度是有限的。为简化计算，在设计时可采用翼缘的有效宽度 b_f'，即认为在 b_f'宽度范围内翼缘全部参与工作，并假定其压应力为均匀分布，b_f'宽度范围以外的翼缘则不考虑其参与受力。翼缘有效宽度 b_f'也称为翼缘计算宽度。b_f'与梁的跨度 l_0、翼缘高度 h_f'、受力条件（独立梁、现浇肋形楼盖梁）等因素有关，其值取表 4-3 中有关各项的最小值。

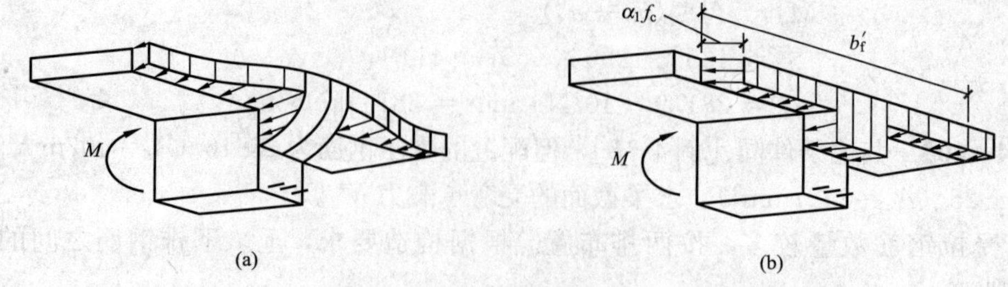

图 4-15　T 形截面梁受压区实际应力分布与翼缘计算宽度
(a) 受压区实际应力分布；(b) 翼缘计算宽度

表 4-3　　T 形、I 形及倒 L 形截面受弯构件翼缘的计算宽度 b'_f

情　况			T 型、I 形截面		倒 L 形截面
			肋形梁、肋形板	独立梁	肋形梁、肋形板
1	按计算跨度 l_0 考虑		$l_0/3$	$l_0/3$	$l_0/6$
2	按梁（纵肋）净距 s_n 考虑		$b+s_n$	—	$b+s_n/2$
3	按翼缘高度 h'_f 考虑	$h'_f/h_0 \geqslant 0.1$	—	$b+12h'_f$	—
		$0.1>h'_f/h_0 \geqslant 0.05$	$b+12h'_f$	$b+6h'_f$	$b+5h'_f$
		$h'_f/h_0<0.05$	$b+12h'_f$	b	$b+5h'_f$

4.6.3　基本公式及适用条件

1. 两类 T 形截面及其判别

根据中和轴位置的不同，可将 T 形截面分为两种类型：

(1) 第一类 T 形截面

中和轴位于翼缘内，即 $x \leqslant h'_f$，这时受压区为矩形［图 4-16 (a)］；

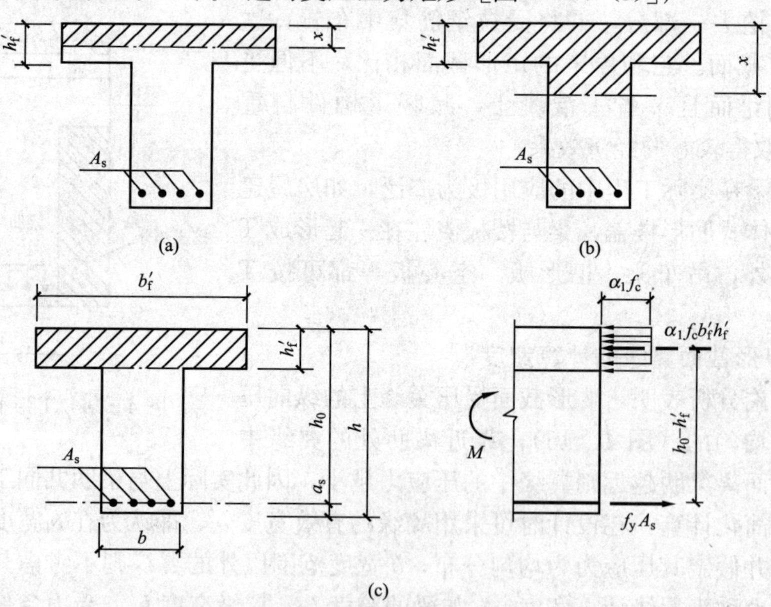

图 4-16　T 形截面的分类
(a) 第一类 T 形截面；(b) 第二类 T 形截面；(c) 两类 T 形截面的分界情况

(2) 第二类 T 形截面

中和轴位于梁肋内，即 $x>h'_f$，这时受压区为 T 形［图 4-16 (b)］。

当截面中和轴刚好通过翼缘的下边缘，即 $x=h'_f$时［图 4-16 (c)］，为两类 T 形截面的界限情况。此时，根据截面平衡条件可得

$$\alpha_1 f_c b'_f h'_f = f_y A_s \tag{4-49}$$

$$M_u = \alpha_1 f_c b'_f h'_f \left(h_0 - \frac{h'_f}{2}\right) \tag{4-50}$$

式中，b'_f、h'_f分别为 T 形或 I 形截面受压区的翼缘宽度和翼缘高度。

当满足

$$f_y A_s \leqslant \alpha_1 f_c b'_f h'_f \tag{4-51}$$

或

$$M \leqslant \alpha_1 f_c b'_f h'_f \left(h_0 - \frac{h'_f}{2}\right) \tag{4-52}$$

时为第一类 T 形截面，因为此时受压区高度在翼缘高度范围内，即 $x\leqslant h'_f$。

当满足

$$f_y A_s > \alpha_1 f_c b'_f h'_f \tag{4-53}$$

或

$$M > \alpha_1 f_c b'_f h'_f \left(h_0 - \frac{h'_f}{2}\right) \tag{4-54}$$

时为第二类 T 形截面，因为此时受压区高度已超过翼缘高度，即 $x>h'_f$。

2. 基本公式及适用条件

(1) 第一类 T 形截面的基本公式及适用条件

第一类 T 形截面的中和轴在受压翼缘内，即 $x\leqslant h'_f$，受压区形状为矩形（图 4-17），则其受弯承载力可按宽度为 b'_f的矩形截面进行计算。根据截面的平衡条件，得

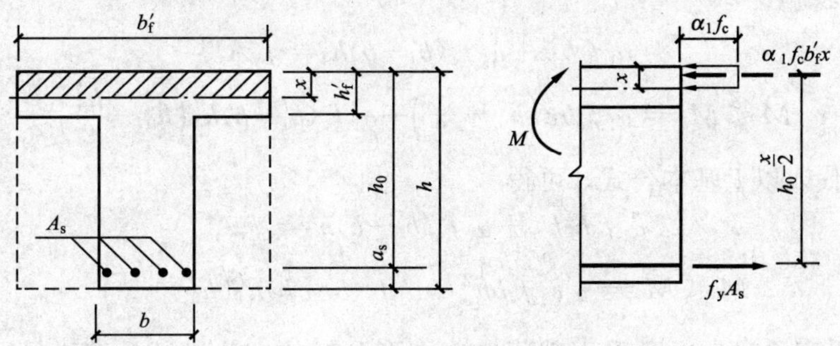

图 4-17　第一类 T 形截面计算简图

$$\alpha_1 f_c b'_f x = f_y A_s \tag{4-55}$$

$$M \leqslant M_u = \alpha_1 f_c b'_f x \left(h_0 - \frac{x}{2}\right) = \alpha_s \alpha_1 f_c b'_f h_0^2 \tag{4-56}$$

为防止发生超筋破坏，应满足

$$x \leqslant \xi_b h_0 \tag{4-57}$$

由于第一类 T 形截面 $x\leqslant h'_f$，受压区高度较小，故适用条件式（4-57）通常都能满足，

可不必进行验算。

为防止发生少筋破坏，应满足

$$A_s \geqslant A_{s,min} = \rho_{min} bh \tag{4-58}$$

其中 b，h 分别为梁肋的宽度和截面高度。

(2) 第二类 T 形截面的基本公式及适用条件

第二类 T 形截面的中和轴在梁肋内，即 $x > h_f'$，受压区形状为 T 形，如图 4-18 所示。根据截面的平衡条件，可得

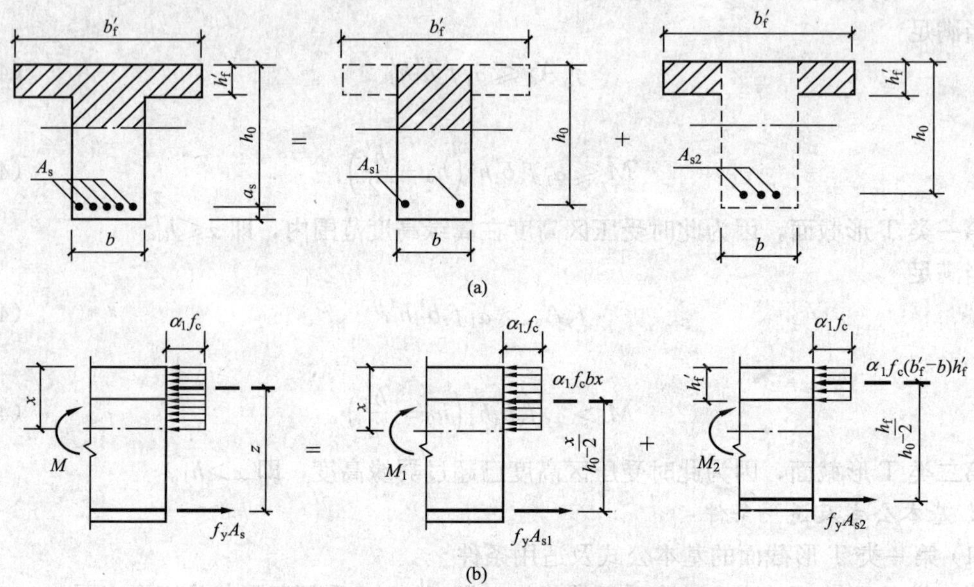

图 4-18　第二类 T 形截面计算简图

(a) 截面分解示意图；(b) 截面应力分解示意图

$$\alpha_1 f_c bx + \alpha_1 f_c (b_f' - b) h_f' = f_y A_s \tag{4-59}$$

$$M \leqslant M_u = \alpha_1 f_c bx \left(h_0 - \frac{x}{2}\right) + \alpha_1 f_c (b_f' - b) h_f' \left(h_0 - \frac{h_f'}{2}\right) \tag{4-60}$$

将 $x = \xi h_0$ 代入以上基本公式，可得

$$\alpha_1 f_c b \xi h_0 + \alpha_1 f_c (b_f' - b) h_f' = f_y A_s \tag{4-61}$$

$$M \leqslant M_u = \alpha_s \alpha_1 f_c b h_0^2 + \alpha_1 f_c (b_f' - b) h_f' \left(h_0 - \frac{h_f'}{2}\right) \tag{4-62}$$

T 形截面受弯承载力也可采用截面应力图形分解的方法进行计算，见图 4-18，其中 $A_s = A_{s1} + A_{s2}$，$M = M_1 + M_2$。

为防止发生超筋破坏，应满足

$$\xi \leqslant \xi_b \tag{4-63}$$

或

$$x \leqslant \xi_b h_0 \tag{4-64}$$

为防止发生少筋破坏，应满足

$$A_s \geqslant A_{s,min} = \rho_{min} bh \tag{4-65}$$

由于第二类 T 形截面的受压区高度 x 较大，故所需的受拉钢筋面积亦较大，式（4-65）一般都能满足，可不必进行验算。

4.6.4　基本公式的应用

1. 截面设计

已知：弯矩设计值 M、截面尺寸、钢筋级别和混凝土强度等级，求所需的受拉钢筋截面面积 A_s，设计步骤如下：

(1) 判别 T 形截面类型

如果 $M \leqslant \alpha_1 f_c b_f' h_f' \left(h_0 - \frac{h_f'}{2}\right)$，为第一类 T 形截面；

如果 $M > \alpha_1 f_c b_f' h_f' \left(h_0 - \frac{h_f'}{2}\right)$，为第二类 T 形截面。

(2) 如为第一类 T 形截面，则应按截面宽度为 b_f' 的矩形进行截面计算。

由基本公式（4-56），得

$$\alpha_s = \frac{M}{\alpha_1 f_c b_f' h_0^2}$$

根据 α_s 值计算 ξ

$$\xi = 1 - \sqrt{1 - 2\alpha_s}$$

将 ξ 代入基本公式（4-55），得

$$A_s = \frac{\alpha_1 f_c b_f' \xi h_0}{f_y}$$

验算适用条件 $A_s \geqslant A_{s,\min} = \rho_{\min} bh$。

根据 A_s 值选取钢筋直径及根数。

(3) 如为第二类 T 形截面，则由基本公式（4-60），得

$$\alpha_s = \frac{M - \alpha_1 f_c (b_f' - b) h_f' \left(h_0 - \frac{h_f'}{2}\right)}{\alpha_1 f_c b h_0^2}$$

$$\xi = 1 - \sqrt{1 - 2\alpha_s}$$

若 $\xi \leqslant \xi_b$，将 ξ 代入基本公式（4-59），得

$$A_s = \frac{\alpha_1 f_c b \xi h_0 + \alpha_1 f_c (b_f' - b) h_f'}{f_y}$$

若 $\xi > \xi_b$，说明截面超筋，这时采取增加梁高或提高混凝土强度等级等措施。

【例 4-11】 已知某现浇肋形楼盖的次梁，计算跨度 $l_0 = 6.0\text{m}$，间距为 2.3m，截面尺寸如图 4-19 所示。跨中最大正弯矩设计值 $M = 135\text{kN·m}$，混凝土强度等级为 C35（$f_c = 16.7\text{N/mm}^2$，$f_t = 1.57\text{N/mm}^2$），钢筋采用 HRB400 级（$f_y = 360\text{N/mm}^2$），$a_s = 40\text{mm}$。试计算该次梁所需的纵向受拉钢筋的截面面积 A_s。

解　根据已知条件可知，$\alpha_1 = 1.0$，$\xi_b = 0.518$。

(1) 确定翼缘的计算宽度 b_f'

查表 4-3：按次梁计算跨度 l_0 考虑，$b_f' = l_0/3 = 6000/3 = 2000\text{mm}$；按次梁净距 s_n 考虑，$b_f' = b + s_n = 200 + 2100 = 2300\text{mm}$；按次梁翼缘高度 h_f' 考虑，$h_0 = 450 - 40 = 410\text{mm}$，$h_f' = 80\text{mm}$，由于 $h_f'/h_0 = 80/410 = 0.195 > 0.1$，故 b_f' 不受此项限制。b_f' 应取上述三者中的最

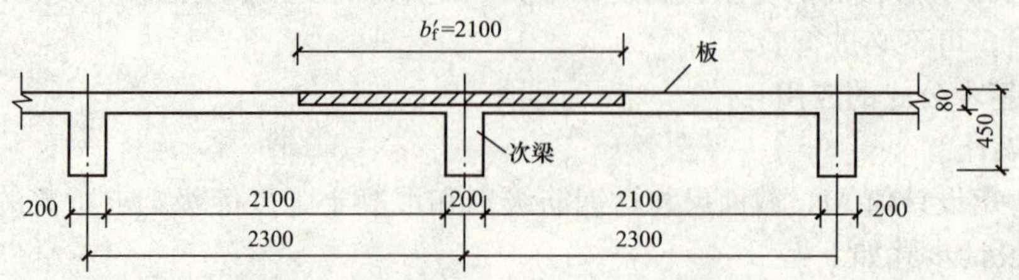

图 4－19　现浇肋形楼盖次梁截面尺寸图

小值，即取 b'_f＝2000mm。

（2）判别 T 形截面类型

$$\alpha_1 f_c b'_f h'_f\left(h_0-\frac{h'_f}{2}\right)=1.0\times16.7\times2000\times80\times\left(410-\frac{80}{2}\right)=988.6\times10^6\text{N}\cdot\text{mm}$$

$$=988.6\text{kN}\cdot\text{m}>135\text{kN}\cdot\text{m}$$

故属于第一类 T 形截面。

（3）计算受拉钢筋截面面积 A_s

$$\alpha_s=\frac{M}{\alpha_1 f_c b'_f h_0^2}=\frac{135\times10^6}{1.0\times16.7\times2000\times410^2}=0.024$$

$$\xi=1-\sqrt{1-2\alpha_s}=1-\sqrt{1-2\times0.024}=0.024<\xi_b=0.518$$

$$A_s=\frac{\alpha_1 f_c b'_f \xi h_0}{f_y}=\frac{1.0\times16.7\times2000\times0.024\times410}{360}=913\text{mm}^2$$

选用 3⌀20（A_s＝942mm²）。

（4）验算适用条件

由于 $0.45\dfrac{f_t}{f_y}=0.45\times\dfrac{1.57}{360}=0.196\%<0.2\%$，故取 $\rho_{min}=0.2\%$

$$A_{s,min}=\rho_{min}bh=0.002\times200\times450=180\text{mm}^2<A_s=942\text{mm}^2$$

满足适用条件。

【例 4－12】 已知 T 形截面梁的截面尺寸 b＝250mm，h＝600mm，b'_f＝650mm，h'_f＝100mm，承受的弯矩设计值 M＝500kN·m。混凝土强度等级为 C30（f_c＝14.3N/mm²，f_t＝1.43N/mm²），钢筋采用 HRB500 级（f_y＝435N/mm²），环境类别为一类。求所需的纵向受拉钢筋截面面积 A_s。

解　根据已知条件可知，α_1＝1.0，ξ_b＝0.482。

（1）判别 T 形截面类型

设受拉钢筋排成两排，a_s＝65mm，则 h_0＝600－65＝535mm。

$$\alpha_1 f_c b'_f h'_f\left(h_0-\frac{h'_f}{2}\right)=1.0\times14.3\times650\times100\times\left(535-\frac{100}{2}\right)=450.8\times10^6\text{N}\cdot\text{mm}$$

$$=450.8\text{kN}\cdot\text{m}<500\text{kN}\cdot\text{m}$$

故属于第二类 T 形截面。

（2）计算受拉钢筋截面面积 A_s

$$\alpha_s=\frac{M-\alpha_1 f_c(b_f'-b)h_f'\left(h_0-\dfrac{h_f'}{2}\right)}{\alpha_1 f_c b h_0^2}$$

$$=\frac{500\times10^6-1.0\times14.3\times(650-250)\times100\times\left(535-\dfrac{100}{2}\right)}{1.0\times14.3\times250\times535^2}$$

$$=0.218$$

$$\xi=1-\sqrt{1-2\alpha_s}=1-\sqrt{1-2\times0.218}=0.248<\xi_b=0.482$$

满足适用条件。

$$A_s=\frac{\alpha_1 f_c(b_f'-b)h_f'+\alpha_1 f_c b\xi h_0}{f_y}$$

$$=\frac{1.0\times14.3\times(650-250)\times100+1.0\times14.3\times250\times0.248\times535}{435}$$

$$=2405\text{mm}^2$$

选用 5Φ25（A_s=2454mm²）

2. 截面复核

已知：弯矩设计值 M、截面尺寸、钢筋级别和混凝土强度等级、受拉钢筋截面面积 A_s，求截面的受弯承载力 M_u，并将 M_u 与弯矩设计值 M 比较，以验算截面是否安全。计算步骤如下：

(1) 判别 T 形截面类型

如果 $f_yA_s\leqslant\alpha_1 f_c b_f'h_f'$，为第一类 T 形截面；

如果 $f_yA_s>\alpha_1 f_c b_f'h_f'$，为第二类 T 形截面。

(2) 如为第一类 T 形截面，则按截面宽度为 b_f' 的矩形截面计算。

(3) 如为第二类 T 形截面，则由基本公式（4-61），得

$$\xi=\frac{f_yA_s-\alpha_1 f_c(b_f'-b)h_f'}{\alpha_1 f_c b h_0}$$

若 $\xi\leqslant\xi_b$，则由式（4-62）计算截面的受弯承载力，即

$$M_u=\alpha_1 f_c b h_0^2\xi(1-0.5\xi)+\alpha_1 f_c(b_f'-b)h_f'\left(h_0-\frac{h_f'}{2}\right)$$

若 $\xi>\xi_b$，则属超筋截面，这时取 $\xi=\xi_b$，按下式计算截面的受弯承载力，即

$$M_u=\alpha_1 f_c b h_0^2\xi_b(1-0.5\xi_b)+\alpha_1 f_c(b_f'-b)h_f'\left(h_0-\frac{h_f'}{2}\right)$$

(4) 将计算的正截面受弯承载力 M_u 与弯矩设计值 M 比较，判断截面是否安全。

【例 4-13】 已知一 T 形截面梁的截面尺寸 b=300mm，h=700mm，b_f'=600*mm*，h_f'=120mm，截面配有受拉钢筋 7Φ25（A_s=3436mm²，f_y=360N/mm²）。梁的混凝土强度等级为 C30（f_c=14.3N/mm²，f_t=1.43N/mm²），所处环境类别为一类。梁截面承受的弯矩设计值 M=650kN·m。试验算该截面是否安全。

解　根据已知条件可知，α_1=1.0，ξ_b=0.518。

设受拉钢筋排成两排，取 a_s=65mm，则 h_0=700−65=635mm。

(1) 判别 T 形截面类型

$$\alpha_1 f_c b_f'h_f'=1.0\times14.3\times600\times120=1029.6\times10^3\text{N}<f_yA_s=360\times3436=1236.96\times10^3\text{N}$$

故属于第二类T形截面。

（2）计算截面受压区高度并验算适用条件

$$\xi=\frac{f_yA_s-\alpha_1f_c(b_f'-b)h_f'}{\alpha_1f_cbh_0}$$

$$=\frac{360\times3436-1.0\times14.3\times(600-300)\times120}{1.0\times14.3\times300\times635}$$

$$=0.265<\xi_b=0.518$$

（3）计算截面受弯承载力

$$M_u=\alpha_1f_c(b_f'-b)h_f'\left(h_0-\frac{h_f'}{2}\right)+\alpha_1f_cbh_0^2\xi(1-0.5\xi)$$

$$=1.0\times14.3\times(600-300)\times120\times\left(635-\frac{120}{2}\right)+1.0\times14.3\times300\times635^2\times0.265\times(1-0.5\times0.265)$$

$$=693.7\times10^6\text{N}\cdot\text{mm}=693.7\text{kN}\cdot\text{m}>650\text{kN}\cdot\text{m}$$

该T形截面安全。

4.7 受弯构件的一般构造要求

进行钢筋混凝土受弯构件的设计时，除了符合正截面受弯承载力的计算外，还应满足相关的构造要求。

4.7.1 板的构造要求

1. 板的厚度及混凝土强度等级

现浇钢筋混凝土板的厚度除应满足承载力和各项功能要求外，还不应小于表4-4所规定的数值。

表4-4 现浇钢筋混凝土板的最小厚度 mm

板的类别		最小厚度
单向板	屋面板	60
	民用建筑楼板	60
	工业建筑楼板	70
	行车道下的楼板	80
双向板		80
密肋楼盖	面板	50
	肋高	250
悬臂板（根部）	悬臂长度不大于500mm	60
	悬臂长度大于1200mm	100
无梁楼板		150
现浇空心楼盖		200

板常用的混凝土强度等级为C20、C25、C30、C35等。

2. 板的受力钢筋

板内受力钢筋常采用 HPB300 级、HRB335 级、HRBF335 级、HRB400 级、HRBF400 级和 RRB400 级钢筋，直径通常采用 6mm、8mm、10mm、12mm 和 14mm。为便于浇筑混凝土，保证钢筋周围混凝土的密实性，也为了使板内钢筋能够正常地分担内力，钢筋间距不宜过密，也不宜过稀。板内受力钢筋间距一般为 70～200mm。当板厚不大于 150mm 时不宜大于 200mm；当板厚大于 150mm 时不宜大于板厚的 1.5 倍，且不宜大于 250mm。

3. 板的分布钢筋

当按单向板设计时，应在垂直于受力的方向布置分布钢筋。分布钢筋是一种构造钢筋，其作用是将板面上的荷载更均匀地分布给受力钢筋；与受力钢筋绑扎或焊接在一起，形成钢筋网片，保证施工时受力钢筋位置准确；同时还能承受由于温度变化、混凝土收缩等在板内引起的拉应力。

分布钢筋宜采用 HPB300 级、HRB335 级和 HRBF335 级钢筋，常用直径为 6mm 和 8mm。单位长度上分布钢筋的配筋不宜小于单位宽度上受力钢筋的 15%，且配筋率不宜小于 0.15%；分布钢筋的间距不宜大于 250mm，直径不宜小于 6mm；当集中荷载较大时，分布钢筋的配筋面积尚应增加，且间距不宜大于 200mm。

钢筋混凝土板中一般不配置箍筋。

4. 板的保护层厚度

混凝土保护层厚度是指钢筋外边缘到截面边缘的垂直距离，用符号 c 表示。受力钢筋的保护层厚度不应小于钢筋的公称直径。为保证板内钢筋与混凝土之间良好的粘性性能，并满足耐久性和防火性要求，对设计使用年限为 50 年的混凝土结构，最外层钢筋的保护层厚度应符合附表 13 的规定；对设计使用年限为 100 年的混凝土结构，最外层钢筋的保护层厚度不应小于附表 13 中数值的 1.4 倍；当有充分依据并采取下列措施时，混凝土保护层厚度可适当减小：构件表面有可靠的防护层；采用工厂化生产的预制构件；在混凝土中掺加阻锈剂或采用阴极保护处理等防锈措施；当对地下室墙体采取可靠的建筑防水做法或防护措施时，与土层接触一侧钢筋的保护层厚度可适当减少，但不应小于 25mm。

4.7.2　梁的构造要求

1. 梁的截面尺寸及混凝土强度等级

梁的截面高度一般取 $h=(1/16\sim1/8)l_0$，其中，l_0 为梁的计算跨度；截面宽度对矩形截面一般取 $b=(1/3\sim1/2)h$，对 T 形截面一般取 $b=(1/4\sim1/2.5)h$。为便于施工，统一模板尺寸，梁的截面宽度 b 常取为 120mm，150mm，180mm，200mm，220mm，250mm，300mm，350mm 等尺寸，截面高度 h 取为 250mm，300mm，350mm，…，750mm，800mm，900mm，1000mm 等尺寸。

梁常用的混凝土强度等级为 C20、C25、C30、C35 和 C40 等。

2. 纵向受力钢筋

梁中纵向受力钢筋应采用 HRB400 级、HRBF400 级、HRB500 级和 HRBF500 级，常用直径为 12～28mm；当梁截面高度 $h\geqslant300$mm 时，直径不应小于 10mm，根数不应少于 2 根；当梁截面高度 $h<300$mm 时，直径不应小于 8mm。若采用两种不同直径的钢筋，则钢筋直径相差至少 2mm，以便于施工中能用肉眼识别。在梁的配筋密集区域，宜采用并筋（钢筋束）的配筋方式。

为了便于浇筑混凝土，保证钢筋周围混凝土的密实性以及钢筋与混凝土之间良好的粘结性能，纵向受力钢筋的保护层厚度、净间距应满足图 4－20 所示的构造要求。如纵向受力钢筋为双排布置，则上、下钢筋应对齐。当梁下部钢筋配置多于 2 排时，2 排以上钢筋水平方向的中距应比下面 2 排的中距增大一倍。各排钢筋之间的净间距不应小于 25mm 和纵向钢筋的最大直径 d。当纵向受力钢筋的保护层厚度大于 50mm 时，宜对保护层采取有效的构造措施。当在保护层内配置防裂、防剥落的钢筋网片时，网片钢筋的保护层厚度不应小于 25mm。

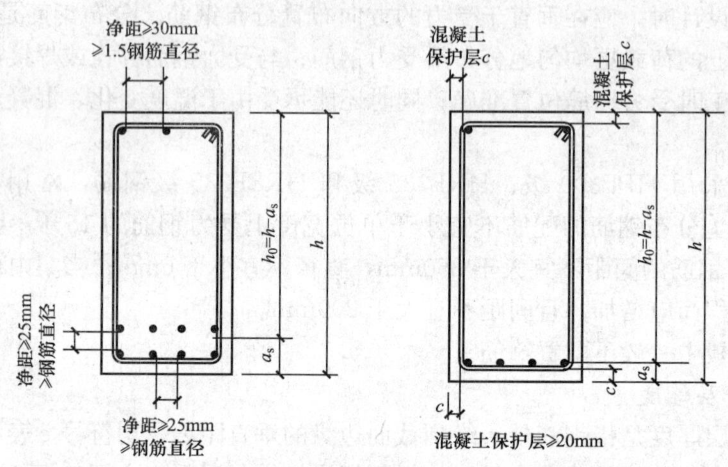

图 4－20　保护层厚度和钢筋净间距

3．架立钢筋

架立钢筋设置在梁截面的受压区内，其作用是固定箍筋并与纵向受拉钢筋形成钢筋骨架，同时还能承受由于混凝土收缩及温度变化等所引起的拉应力。架立钢筋的直径应满足以下要求：当梁的跨度小于 4m 时，不宜小于 8mm；当梁的跨度为 4～6m 时，不宜小于 10mm；当梁的跨度大于 6m 时，不宜小于 12mm。

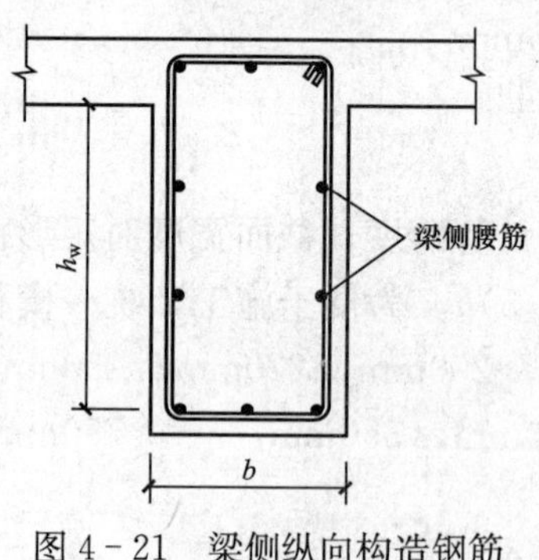

图 4－21　梁侧纵向构造钢筋

4．梁侧纵向构造钢筋

梁侧纵向构造钢筋又称腰筋，见图 4－21。其作用是承受梁侧面温度变化及混凝土收缩引起的应力，并抑制混凝土裂缝的开展。当梁的腹板高度 $h_w \geqslant 450$mm 时，在梁的两个侧面应沿高度配置纵向构造钢筋，每侧纵向构造钢筋的截面面积不应小于腹板截面面积 bh_w 的 0.1%，且其间距不宜大于 200mm。此处，h_w 为腹板高度，对矩形截面，取有效高度；对 T 形截面，取有效高度减去翼缘高度；对 I 形截面，取腹板净高。

本　章　小　结

1．纵向受拉钢筋配筋率对混凝土受弯构件正截面破坏形态的影响很大。根据配筋率的不同，可将受弯构件正截面的破坏形态分为三种，即适筋破坏，超筋破坏和少筋破坏。适筋梁在受压区混凝土压碎之前受拉钢筋已经达到屈服，破坏前有明显的预兆，属于塑性破坏。而超筋梁和少筋梁破坏时没有明显预兆，属于脆性破坏，而且材料的强度没有得到充分利用，设计时应当避免。

2. 钢筋混凝土适筋梁从开始加荷直至破坏经历了三个阶段，即未开裂阶段、带裂缝工作阶段和破坏阶段。其中Ⅰ$_a$状态为受弯构件抗裂计算的依据，第Ⅱ阶段为受弯构件使用阶段变形和裂缝宽度验算的依据，Ⅲ$_a$状态是受弯构件正截面承载力计算的依据。

3. 为简化计算，可将受压区混凝土实际的曲线型应力分布图形等效为矩形应力图形。等效的原则为受压区混凝土压应力的合力大小相等，合力作用点的位置不变。

4. 受弯构件正截面承载力计算包括单筋矩形截面、双筋矩形截面和 T 形截面计算等方面的内容，分为截面设计和截面复核两类问题，应掌握基本公式及其适用条件。

思　考　题

4-1　适筋梁从开始加荷直至受弯破坏经历了哪几个阶段？各阶段的主要受力特征是什么？截面的开裂弯矩、正常使用阶段变形和裂缝宽度验算以及正截面受弯承载力计算各以哪个阶段或状态为依据？

4-2　什么是纵向受力钢筋的配筋率？试述适筋梁、超筋梁和少筋梁破坏特征。在设计中如何防止超筋破坏和少筋破坏？

4-3　受弯构件正截面承载力计算时的基本假定是什么？

4-4　在受弯构件正截面承载力计算时，可将受压区混凝土实际的曲线型应力分布图形等效为矩形应力图形，其等效的原则是什么？

4-5　什么是界限破坏？相对界限受压区高度 ξ_b 是如何确定的？ξ_b 与最大配筋率 ρ_{max} 有什么关系？

4-6　单筋矩形截面受弯承载力计算公式是如何建立的？其适用条件是什么？

4-7　在什么情况下采用双筋梁？在双筋截面中受压钢筋起什么作用？

4-8　在双筋截面承载力计算时，为什么要求 $x \leqslant \xi_b h_0$ 以及 $x > 2a_s'$？当 $x < 2a_s'$ 时应当如何计算？

4-9　T 形截面可以分为哪两种类型？其中和轴位置如何？在截面设计和截面复核时，应分别怎样判别两类 T 形截面的类型？

习　　题

4-1　一矩形截面简支梁 $b \times h = 200\text{mm} \times 500\text{mm}$，梁截面弯矩设计值 $M = 120\text{kN} \cdot \text{m}$，混凝土强度等级为 C30，纵向钢筋采用 HRB400，环境类别为一类。试进行截面配筋设计。

4-2　一矩形截面简支梁 $b \times h = 200\text{mm} \times 500\text{mm}$，计算跨度 $l = 6\text{m}$，承受均布活荷载标准值 $q_k = 14\text{kN/m}$，均布恒荷载标准值 $g_k = 10\text{kN/m}$（不含自重），结构安全等级为二级，环境类别为一类。采用 C30 等级混凝土，HRB400 级钢筋。试进行截面配筋设计。

4-3　一矩形截面简支梁承受弯矩设计值 $M = 240\text{kN} \cdot \text{m}$，采用 C25 级混凝土，HRB400 级钢筋，环境类别为一类。试确定截面尺寸及配筋。

4-4　已知一单跨简支板，板厚120mm，板上有30mm厚水泥砂浆找平层，板的计算跨度为4.2m，板上活荷载标准值$q_k=2kN/m^2$，混凝土强度等级为C30，钢筋采用HPB300级，环境类别为一类。试进行截面配筋计算。

4-5　已知一双筋矩形截面梁，梁的截面尺寸$b\times h=200mm\times 500mm$，采用的混凝土强度等级为C25，钢筋为HRB400，截面弯矩设计值$M=210kN\cdot m$，环境类别为二a类。试确定纵向受拉钢筋和受压钢筋的截面面积。

4-6　已知矩形截面梁$b\times h=200mm\times 500mm$，承受弯矩设计值$M=280kN\cdot m$，混凝土采用C30，钢筋采用HRB400级，环境类别为一类。试进行截面配筋设计。

4-7　已知一肋形楼盖的次梁，弯矩设计值$M=410kN\cdot m$，梁的截面尺寸为$b\times h=200mm\times 600mm$，$b_f'=1000mm$，$h_f'=90mm$；混凝土强度等级为C25，钢筋采用HRB400级，环境类别为一类。试求受拉钢筋的截面面积。

4-8　已知某T形梁的截面尺寸为$b\times h=300mm\times 700mm$，$b_f'=600mm$，$h_f'=120mm$；弯矩设计值$M=650kN\cdot m$，混凝土等级为C30，钢筋采用HRB500，环境类别为一类。试求受拉钢筋的截面面积。

4-9　已知一T形截面梁，$b\times h=200mm\times 600mm$，$b_f'=400mm$，$h_f'=100mm$，采用C25级混凝土，HRB400级钢筋，试计算下列情况时该梁的配筋（取$a_s=65mm$）。

（1）承受弯矩设计值$M=150kN\cdot m$；

（2）承受弯矩设计值$M=280kN\cdot m$；

（3）承受弯矩设计值$M=360kN\cdot m$。

第5章　受弯构件斜截面承载力计算

5.1　概　　述

受弯构件截面上除了作用有弯矩 M 外，一般还同时作用有剪力 V。试验研究表明，受弯构件在弯矩和剪力共同作用的区段，常常会出现斜裂缝，并有可能沿斜截面发生破坏。斜截面的破坏往往带有脆性破坏性质，没有明显的预兆，在工程设计中应当避免。因此在设计时必须进行斜截面承载力计算。

斜截面承载力包括斜截面受剪承载力和斜截面受弯承载力两个方面，其中，斜截面受剪承载力是通过计算来保证，而斜截面受弯承载力则通常由满足构造要求来保证。

为了防止构件发生斜截面的受剪破坏，应使构件具有合适的截面尺寸及混凝土强度等级，并配置必要的箍筋。箍筋不仅能提高构件的斜截面受剪承载力，而且还能与梁中的纵筋（包括架立钢筋）绑扎或焊接在一起，形成具有一定刚性的钢筋骨架，从而使各种钢筋在施工时保持正确的位置。当构件上作用的剪力较大时，还可设置斜钢筋。斜钢筋一般是由梁内部分纵向钢筋弯起而形成，称为弯起钢筋。箍筋和弯起钢筋统称为腹筋（图5-1）。

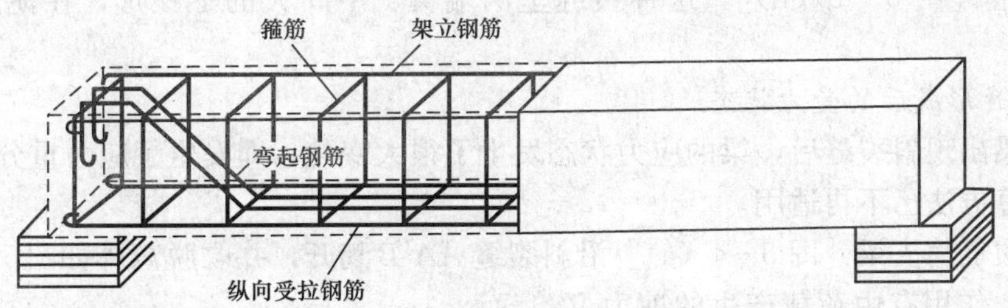

图5-1　梁内钢筋

5.2　受弯构件受剪性能的试验研究

5.2.1　无腹筋简支梁的受剪性能

在实际工程中，钢筋混凝土受弯构件内一般均需配置腹筋。但为了了解构件斜裂缝出现的原因及其开展过程，先研究无腹筋梁的受剪性能。

1. 斜裂缝出现前的应力状态

图5-2为一矩形截面的钢筋混凝土简支梁，承受两个对称集中荷载作用的情况。其中 BC 段只有弯矩作用，称为纯弯段。AB、CD 段同时有弯矩和剪力作用，称为弯剪段。

当荷载较小、梁内尚未出现斜裂缝之前，可将混凝土梁视为匀质弹性体，按材料力学公式分析其截面应力及分布。梁的主应力迹线如图5-2（a）所示，图中实线表示主拉应力，虚线表示主压应力。随着荷载的增加，梁内各点的主应力也有所增大。当主拉应力超过混凝土在拉压复合受力时的抗拉强度时，将出现斜裂缝。试验研究表明，在集中荷载作用下，无腹筋简支梁的斜裂缝形成主要有两种形态：一种是在梁底由于弯矩的作用首先出现竖向裂

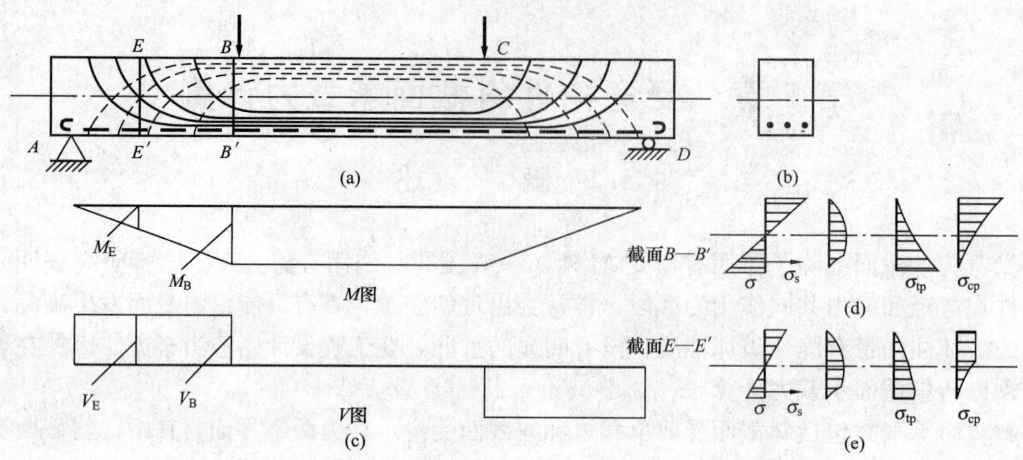

图 5－2　无腹筋梁斜裂缝出现前的应力状态

缝，随荷载的增大，这些竖向裂缝逐渐向上发展，并随主拉应力方向的改变而发生倾斜，向集中荷载作用点延伸，形成弯剪斜裂缝［图 5－3（a)］，它的开展宽度在裂缝底部最大，呈上细下宽的形状，常见于一般梁中。另一种是在梁中和轴附近首先出现大致与中和轴成 45°倾角的斜裂缝，随荷载的增大，裂缝沿主压应力方向分别向支座和集中荷载作用点延伸，称为腹剪斜裂缝［图 5－3（b)］，这种裂缝呈两端尖、中间大的枣核形，在薄腹梁中更易发生。

2. 斜裂缝形成后的受力状态

无腹筋梁出现斜裂缝后，梁的应力状态发生了很大变化，即发生了应力重分布，这时材料力学的计算方法已不再适用。

将一无腹筋简支梁［图 5－4（a)］沿斜裂缝 $AA'B$ 切开，并取脱离体如图 5－4（b)。在该脱离体上，作用有由荷载产生的剪力 V_A，而斜截面 $AA'B$ 上的抗力有以下几部分：斜裂缝上混凝土残余面 AA' 承受的剪力 V_c 和压力 D_c，纵向钢筋的拉力 T_s，斜裂缝两边由于上、下相对错动而使纵向钢筋传递的剪力（称为销栓作用）V_d，

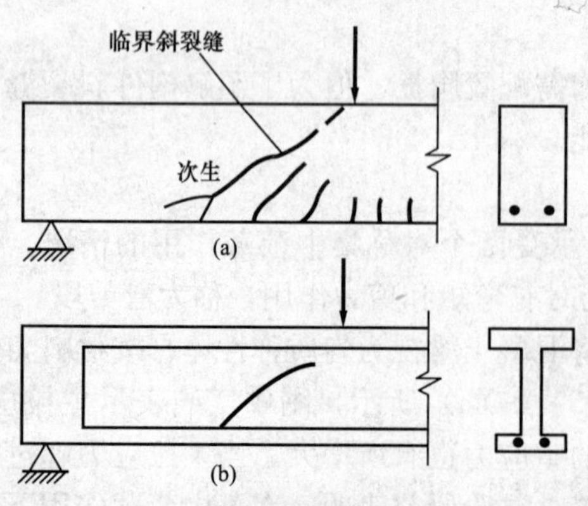

图 5－3　斜裂缝的类型

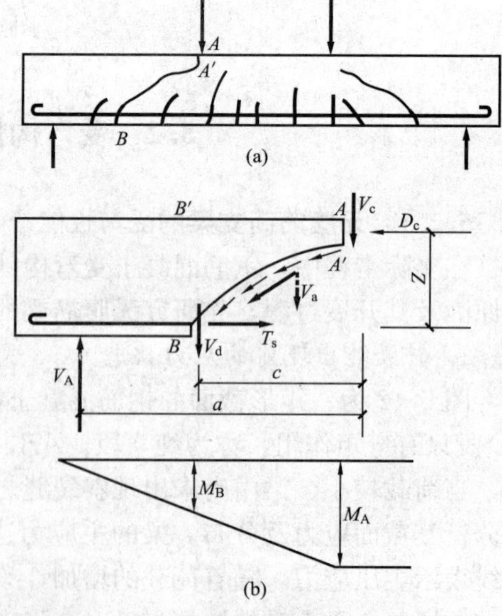

图 5－4　斜裂缝形成后的受力状态

以及斜裂缝交界面上混凝土骨料的咬合与摩擦作用传递的竖向剪力 V_a。由于纵向钢筋外侧混凝土保护层厚度不大，在销栓力的作用下，产生了沿纵筋的劈裂裂缝，使销栓作用大大降低。而且随斜裂缝的增大，骨料的咬合力和摩擦力 V_a 也逐渐减小以至消失。因此为了简化分析，在受剪承载力极限状态下，V_d 和 V_a 都不予考虑。故该脱离体的平衡条件为

$$\sum X = 0,\ D_c = T_s$$
$$\sum Y = 0,\ V_c = V_A$$
$$\sum M = 0,\ V_A a = T_s z \tag{5-1}$$

这样，在斜裂缝出现前后，梁内的应力状态发生了以下变化：

1）在斜裂缝出现前，剪力 V_A 由梁全截面承受。但在斜裂缝形成后，剪力 V_A 则主要由斜裂缝上端混凝土截面承担。同时，由 V_A 和 V_c 所组成的力偶须由纵筋的拉力 T_s 和混凝土的压力 D_c 组成的力偶来平衡。即由于剪力 V_A 的作用，使斜裂缝上端的混凝土截面既受剪又受压，称为剪压区。由于剪压区的面积远小于全截面面积，因而斜裂缝出现后，剪压区的剪应力 τ 和压应力 σ 都显著增大。

2）在斜裂缝出现前，截面 BB' 处纵向钢筋的拉应力由该截面的弯矩 M_B 所决定。但在斜裂缝形成后，截面 BB' 处纵向钢筋的拉应力则由截面 AA' 处的弯矩 M_A 所决定。由于 $M_A > M_B$，故整个斜裂缝形成后，穿过斜裂缝处纵筋的拉应力将增大很多。

随着荷载的增加，剪压区混凝土在剪力和压力的共同作用下，达到剪压复合受力状态下的极限强度时，梁失去承载能力，由于这种破坏是沿斜裂缝发生的，故称为斜截面破坏。

5.2.2 有腹筋简支梁的受剪性能

1. 剪跨比

试验研究表明，梁的受剪性能与梁截面上弯矩 M 和剪力 V 的相对大小有很大关系。对矩形截面梁，弯曲正应力 σ 和剪应力 τ 可分别按下式计算

$$\sigma = \alpha_1 \frac{M}{bh_0^2}$$
$$\tau = \alpha_2 \frac{V}{bh_0} \tag{5-2}$$

式中　α_1，α_2——计算系数；

b，h_0——梁截面宽度和有效高度。

σ 和 τ 的比值为

$$\frac{\sigma}{\tau} = \frac{\alpha_1}{\alpha_2}\frac{M}{Vh_0} \tag{5-3}$$

由于$\frac{\alpha_1}{\alpha_2}$为一常数，因此$\frac{\sigma}{\tau}$实际上仅与$\frac{M}{Vh_0}$有关。如果定义

$$\lambda = \frac{M}{Vh_0} \tag{5-4}$$

则 λ 称为广义剪跨比，简称剪跨比，它实质上反映了截面上正应力和剪应力的相对关系，影响梁的剪切破坏形态和斜截面受剪承载力。

对集中荷载作用下的简支梁（图 5-5），式（5-4）还可以进一步简化。如计算截面 1—1 和 2—2 的剪跨比分别为

$$\lambda_1 = \frac{M_1}{V_1 h_0} = \frac{V_A a_1}{V_A h_0} = \frac{a_1}{h_0}$$

$$\lambda_2 = \frac{M_2}{V_2 h_0} = \frac{V_B a_2}{V_B h_0} = \frac{a_2}{h_0}$$

式中　a_1，a_2——集中荷载 P_1，P_2 作用点至相邻支座的距离，称为剪跨。

剪跨 a 与截面有效高度的比值，称为计算剪跨比，即

$$\lambda = \frac{a}{h_0} \tag{5-5}$$

应当注意，式（5-4）可以用于承担分布荷载或其他任意荷载作用下的梁，是一个普遍适用的剪跨比计算公式，故称为广义剪跨比。如图 5-5 所示梁的 3—3 截面和图 5-6 中的 1—1 截面，式（5-5）不适用，只能采用式（5-4）计算其剪跨比。

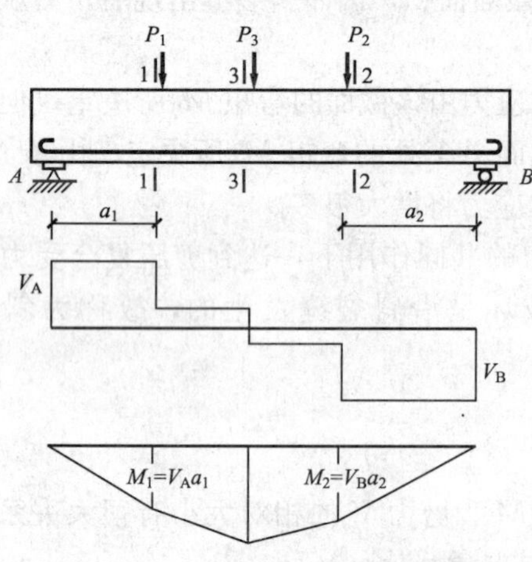

图 5-5　集中荷载作用下的简支梁

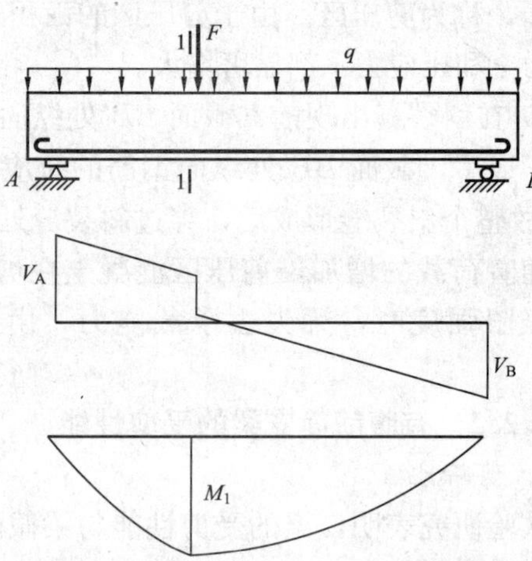

图 5-6　均布和集中荷载作用下的简支梁

2. 斜截面破坏的主要形态

试验研究表明，受弯构件出现斜裂缝后，根据剪跨比和腹筋数量不同，沿斜截面的破坏形态主要有以下三种：

（1）斜压破坏

当剪跨比较小（$\lambda<1$），或剪跨比适当（$1<\lambda<3$）但其截面尺寸过小而腹筋数量过多时，常发生斜压破坏。对于腹板很薄的薄腹梁，即使剪跨比较大，也会发生斜压破坏。这种破坏是首先在梁腹部出现若干条大致平行的斜裂缝，随着荷载的增加，斜裂缝一端朝支座一端朝荷载作用点发展，梁腹部被这些斜裂缝分割成若干个斜向的受压柱体，梁最后由于斜压柱体被压碎而破坏，故称为斜压破坏［图 5-7（a）］。发生斜压破坏时，与斜裂缝相交的箍筋应力达不到屈服强度，其受剪承载力主要取决于混凝土斜压柱体的抗压强度。

（2）剪压破坏

当剪跨比适当（$1<\lambda<3$）且梁中腹筋数量不过多，或剪跨比较大（$\lambda>3$）但腹筋数量

不过少时，常发生剪压破坏。这种破坏是首先在剪跨区段的下边缘出现数条短的竖向裂缝。随着荷载的增加，这些竖向裂缝大体向集中荷载作用点延伸，在几条斜裂缝中将形成一条延伸最长、开展较宽的主要斜裂缝，称为临界斜裂缝。临界斜裂缝形成后，梁仍然能继续承受荷载。最后，与临界斜裂缝相交的腹筋应力达到屈服强度，斜裂缝上端的残余截面减小，剪压区混凝土在剪压复合应力状态下达到混凝土的复合受力强度而破坏，梁丧失受剪承载力。这种破坏形态称为剪压破坏［图 5－7（b）］。

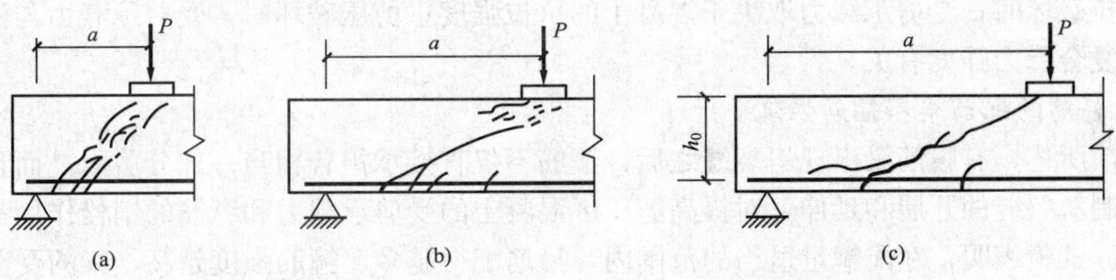

图 5－7　梁沿斜截面的剪切破坏形态

（a）斜压破坏；（b）剪压破坏；（c）斜拉破坏

（3）斜拉破坏

当剪跨比较大（λ＞3）且梁内配置的腹筋数量过少时，将发生斜拉破坏。在荷载作用下，首先在梁的下边缘出现竖向的弯曲裂缝，然后其中一条竖向裂缝很快沿垂直于主拉应力方向斜向发展到梁顶的集中荷载作用点处，形成临界斜裂缝。因腹筋数量过少，故腹筋应力很快达到屈服强度，变形剧增，梁斜向被拉裂成两部分而突然破坏［图 5－7（c）］，由于这种破坏是混凝土在正应力和剪应力共同作用下发生的主拉应力破坏，故称为斜拉破坏。有时在斜裂缝的下端还会出现沿纵向钢筋的撕裂裂缝。发生斜拉破坏的梁，其斜截面受剪承载力主要取决于混凝土的抗拉强度。

根据上面三种主要剪切破坏所测得的梁的剪力—跨中挠度关系曲线如图 5－8 所示。由图可见，斜压破坏时梁的受剪承载力大而变形很小，破坏突然，曲线形状较陡；剪压破坏时，梁的受剪承载力较小而变形稍大，曲线形状较为平缓；斜拉破坏时，受剪承载力最小，破坏非常突然。因此，这三种破坏均为脆性破坏，其中斜拉破坏脆性最为严重，斜压破坏次之，剪压破坏稍好。

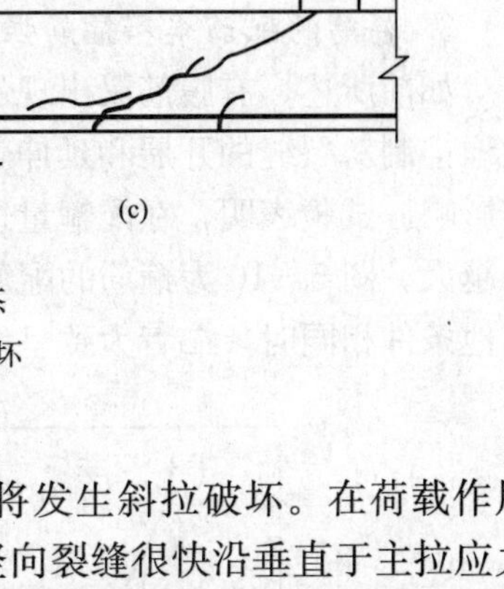

除了以上三种主要破坏形态外，也有可能出现其他一些破坏情况，如集中荷载离支座很近时可能发生纯剪破坏，在荷载作用点及支座处可能发生局部承压破坏，以及纵向钢筋的锚固破坏等。

V
斜压破坏
剪压破坏
斜拉破坏
O
f

图 5－8　剪切破坏时梁的剪力—挠度曲线

5.2.3　影响斜截面受剪承载力的主要因素

试验研究表明，影响受弯构件斜截面受剪承载力的因素很多，主要有剪跨比、混凝土强度、箍筋的配筋率和箍筋强度，以及纵向钢筋的配筋率等。

1．剪跨比

如前所述，剪跨比 λ 实质上反映了截面上正应力和剪应力的相对关系，是影响梁破坏形态和受剪承载力的主要因素之一。图 5-9 为我国进行的几组集中荷载作用下简支梁的试验结果，它表明，随着剪跨比 λ 的增加，梁的受剪承载力降低。但当 $\lambda>3$ 时，剪跨比的影响将不明显。

2. 混凝土强度

梁发生斜截面受剪破坏时混凝土达到了相应受力状态下的极限强度，因此混凝土强度对斜截面受剪承载力的影响很大。梁发生斜压破坏时，受剪承载力主要取决于混凝土的抗压强度；斜拉破坏时，受剪承载力取决于混凝土的抗拉强度；剪压破坏时，受剪承载力与混凝土的压剪复合受力强度有关。

3. 箍筋的配筋率和箍筋强度

如前所述，有腹筋梁出现斜裂缝之后，箍筋不仅直接承担着相当一部分剪力，而且能有效地抑制斜裂缝的开展和延伸，对提高剪压区混凝土的受剪承载力和纵筋的销栓作用都有一定影响。试验表明，在配箍量适当的范围内，箍筋配得越多、箍筋强度越高，梁的受剪承载力越大。图 5-10 为箍筋的配筋率 ρ_{sv} 与箍筋强度 f_{yv} 的乘积对梁受剪承载力的影响，可见当其他条件相同时，二者大致呈线性关系。其中，箍筋的配筋率 ρ_{sv} 按下式计算

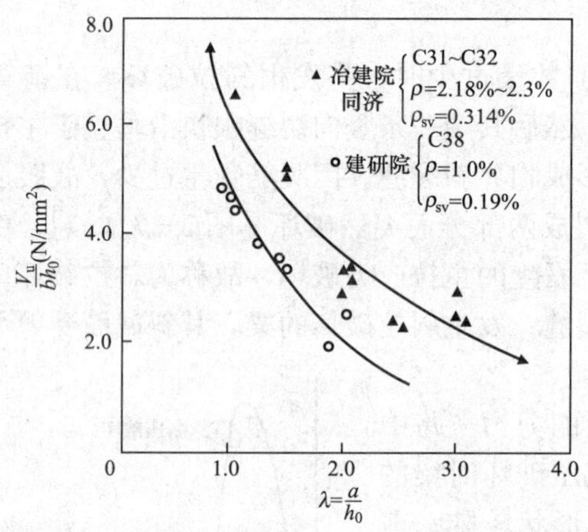

图 5-9 剪跨比对有腹筋梁受剪承载力影响

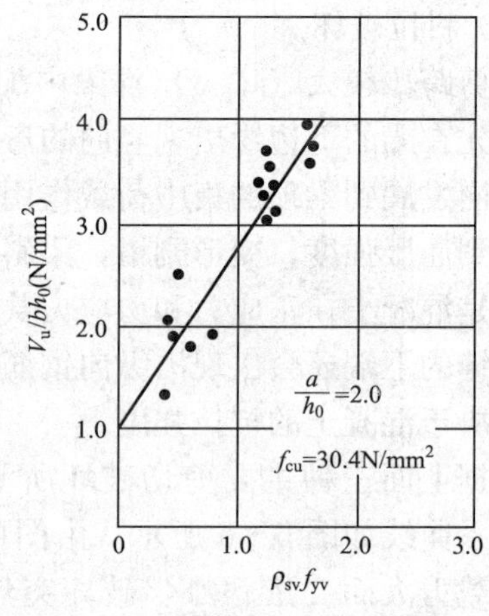

图 5-10 箍筋配筋率及箍筋强度对梁受剪承载力的影响

$$\left.\begin{aligned}\rho_{sv}&=\frac{A_{sv}}{bs}\\A_{sv}&=nA_{sv1}\end{aligned}\right\}\tag{5-6}$$

式中 b——构件截面的肋宽；

s——沿构件长度方向箍筋的间距；

A_{sv}——配置在同一截面内箍筋各肢的全部截面面积；

n——在同一截面内箍筋的肢数；

A_{sv1}——单肢箍筋的截面面积。

4. 纵向钢筋的配筋率

纵向钢筋能抑制斜裂缝的开展，使斜裂缝上端剪压区混凝土的面积增大，从而提高了混凝土的受剪承载力。同时，纵向钢筋能通过销栓作用承担一定的剪力，因此，纵向钢筋的配

筋量增大，受剪承载力有一定的提高。

5.3　斜截面受剪承载力计算

5.3.1　计算原则

如前所述，有腹筋梁发生斜截面剪切破坏时可能出现三种主要破坏形态。其中，斜压破坏是由于腹筋的数量过多，或构件的截面尺寸过小引起的，可用控制截面尺寸不能过小的方法来防止；斜拉破坏是由于腹筋数量过少而引起的，因此用满足最小箍筋配筋率及构造要求来防止这种形式的破坏。对于剪压破坏，则通过受剪承载力的计算予以保证。我国《混凝土结构设计规范》(GB 50010) 中给出的受剪承载力计算公式就是根据剪压破坏形态建立的。

对于配有箍筋和弯起钢筋的简支梁，发生剪压破坏时，取出如图 5-11 中被斜裂缝分割的一段梁为脱离体，该脱离体上作用的外力为 V，斜截面上的抗力有混凝土剪压区承担的剪力和压力，箍筋和弯起钢筋的抗力，纵筋的拉力和销栓力，以及骨料之间的咬合力等。斜截面的受剪承载力可以写为

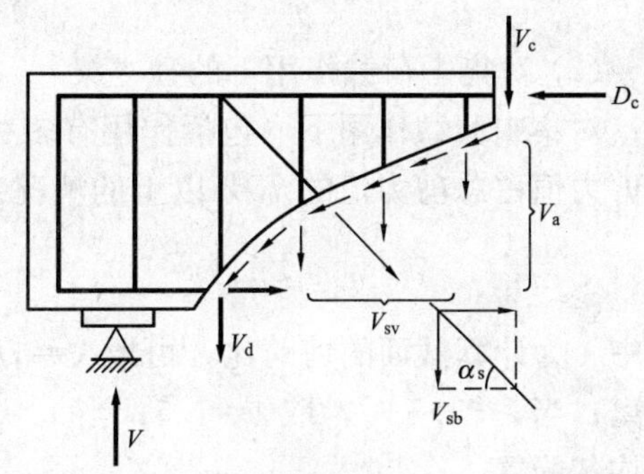

图 5-11　斜截面受剪承载力计算简图

$$V_u = V_c + V_{sv} + V_{sb} + V_d + V_a \tag{5-7}$$

式中　V_u——斜截面受剪承载力；

V_c——剪压区混凝土承担的剪力；

V_{sv}——与斜裂缝相交的箍筋承担的剪力；

V_{sb}——与斜裂缝相交的弯起钢筋所承担的拉力沿竖向的分力；

V_d——纵筋的销栓力；

V_a——斜裂缝截面混凝土骨料的咬合力沿竖向的分力。

斜裂缝处混凝土骨料的咬合力和纵筋的销栓力，在无腹筋梁中的作用较大，但在有腹筋梁中，由于箍筋的存在，其抗剪作用变得不很显著。因此为了计算简便，可将其忽略或合并到其他抗力项中考虑。于是，上述表达式可以简化为

$$V_u = V_{cs} + V_{sb} \tag{5-8}$$

$$V_{cs} = V_c + V_{sv} \tag{5-9}$$

式中　V_{cs}——仅配箍筋梁的斜截面受剪承载力。

5.3.2　仅配有箍筋梁的斜截面受剪承载力计算

对于矩形、T 形和 I 形截面受弯构件，当仅配有箍筋时，其斜截面受剪承载力应按下列公式计算

$$V \leqslant V_u = V_{cs} = \alpha_{cv} f_t b h_0 + f_{yv} \frac{A_{sv}}{s} h_0 \tag{5-10}$$

式中　V——构件斜截面上的最大剪力设计值；

b——矩形截面的宽度、T 形截面或 I 形截面的腹板宽度；

h_0——截面的有效高度；

s——沿构件长度方向箍筋的间距；

A_{sv}——配置在同一截面内箍筋各肢的全部截面面积；

f_t——混凝土的轴心抗拉强度设计值；

f_{yv}——箍筋的抗拉强度设计值；当 $f_{yv}>360\text{N/mm}^2$ 时，取 $f_{yv}=360\text{N/mm}^2$；

α_{cv}——斜截面混凝土受剪承载力系数。

斜截面混凝土受剪承载力系数 α_{cv}，按下列规定采用：

（1）对一般受弯构件

对一般受弯构件，取

$$\alpha_{cv}=0.7 \tag{5-11}$$

（2）对集中荷载作用下的独立梁

对集中荷载作用下（包括作用有多种荷载，其中集中荷载对支座截面或节点边缘所产生的剪力值占总剪力值的75%以上的情况）的独立梁，取

$$\alpha_{cv}=\frac{1.75}{\lambda+1} \tag{5-12}$$

其中 λ 为计算截面的剪跨比，可取 $\lambda=a/h_0$，a 为集中荷载作用点至支座截面或节点边缘的距离；当 $\lambda<1.5$ 时，取 $\lambda=1.5$；当 $\lambda>3$ 时，取 $\lambda=3$；集中荷载作用点至支座之间的箍筋，应均匀配置。

当剪跨比 λ 值在1.5～3.0之间时，由式（5-12）计算所得的 α_{cv} 值在0.7～0.44之间变化。由此可见，承受集中荷载作用时的斜截面受剪承载力比承受均布荷载的一般受弯构件要低。

所谓独立梁，是指不与楼板整体浇筑的梁。还应指出，按式（5-10）～式（5-12）求得的 V_u 均为受剪承载力试验结果的偏下限值，这样偏于安全。

5.3.3 配有箍筋和弯起钢筋梁的斜截面受剪承载力计算

当梁中配有箍筋和弯起钢筋时，弯起钢筋所能承担的剪力为弯起钢筋的拉力在垂直梁轴方向的分力（图5-11）。此外，弯起钢筋与斜裂缝相交时，有可能已接近斜裂缝顶端的剪压区，其应力可能达不到屈服强度，计算时应考虑这一不利因素。于是，弯起钢筋的受剪承载力可按下式计算

$$V_{sb}=0.8f_yA_{sb}\sin\alpha_s \tag{5-13}$$

式中 A_{sb}——配置在同一弯起平面内的弯起钢筋的截面面积；

α_s——弯起钢筋与梁纵向轴线的夹角，一般取 $\alpha_s=45°$，当梁截面较高时，可取 $\alpha_s=60°$；

f_y——弯起钢筋的抗拉强度设计值；

0.8——弯起钢筋应力不均匀系数。

因此，对矩形、T形和I形截面受弯构件，当配置箍筋和弯起钢筋时，其斜截面的受剪承载力应按下式计算

$$V\leqslant V_u=V_{cs}+V_{sb}=\alpha_{cv}f_tbh_0+f_{yv}\frac{A_{sv}}{s}h_0+0.8f_yA_{sb}\sin\alpha_s \tag{5-14}$$

式中 V——配置弯起钢筋处的剪力设计值，当计算第一排（对支座而言）弯起钢筋时，取支座边缘处的剪力值；计算以后的每一排弯起钢筋时，取前一排（对支座而言）弯起钢筋弯起点处的剪力值。

5.3.4 公式的适用范围

由于上述梁的斜截面受剪承载力计算公式是根据剪压破坏的试验结果和受力特点建立的，因而具有一定的适用范围，即公式具有上、下限。

1. 公式的上限——截面尺寸限制条件

当梁承受的剪力较大，而截面尺寸较小或腹筋数量较多时，则会发生斜压破坏，此时箍筋应力达不到屈服强度，梁的受剪承载力取决于混凝土的抗压强度和梁的截面尺寸。因此，设计时为避免斜压破坏，同时也为了防止梁在使用阶段斜裂缝过宽，对矩形、T形和I形截面的受弯构件，其受剪截面应符合下列条件

当 $h_w/b \leqslant 4$ 时　　$$V \leqslant 0.25\beta_c f_c b h_0 \tag{5-15}$$

当 $h_w/b \geqslant 6$ 时　　$$V \leqslant 0.2\beta_c f_c b h_0 \tag{5-16}$$

当 $4 \leqslant h_w/b \leqslant 6$ 时，按线性内插法确定。

式中 V——构件斜截面上的最大剪力设计值。

β_c——混凝土强度影响系数：当混凝土强度等级不超过C50时，取 $\beta_c=1.0$；当混凝土强度等级为C80时，取 $\beta_c=0.8$；其间按线性内插法确定。

b——矩形截面的宽度，T形截面或I形截面的腹板宽度。

h_0——截面的有效高度。

h_w——截面的腹板高度：对矩形截面，取有效高度；对T形截面，取有效高度减去翼缘高度；对I形截面，取腹板净高。

2. 公式的下限——最小配箍率和构造配箍条件

如果梁内箍筋配置过少，斜裂缝一旦出现，箍筋应力就会突然增加而达到其屈服强度，甚至被拉断，导致发生脆性很明显的斜拉破坏。为了避免这类破坏，梁箍筋的配筋率 ρ_{sv} 应不小于箍筋的最小配筋率 ρ_{svmin}，即

$$\rho_{sv} = \frac{A_{sv}}{bs} \geqslant \rho_{svmin} = 0.24\frac{f_t}{f_{yv}} \tag{5-17}$$

同时，如果梁内箍筋的间距过大，则可能出现斜裂缝不与箍筋相交的情况，使箍筋无法发挥作用。为此，应对箍筋的最大间距进行限制。根据试验结果和设计经验，梁内的箍筋数量还应满足下列要求：

1）对矩形、T形、I形截面的一般受弯构件，当符合

$$V \leqslant \alpha_{cv} f_t b h_0 \tag{5-18}$$

时，虽按计算不需配置箍筋，但仍应按构造配置箍筋，即箍筋的最大间距和最小直径应满足表5-1的构造要求。

表5-1　梁中箍筋的最大间距和最小直径　mm

梁截面高度 h	最大间距		最小直径
	$V>0.7f_tbh_0$	$V\leqslant 0.7f_tbh_0$	
$150<h\leqslant 300$	150	200	6
$300<h\leqslant 500$	200	300	6
$500<h\leqslant 800$	250	350	6
$h>800$	300	400	8

2）当式（5-18）不满足时，应按式（5-14）计算腹筋数量，箍筋的配筋率应满足式（5-17）的要求，选用的箍筋直径和箍筋间距尚应符合表5-1的构造要求。

5.3.5 板类构件的受剪承载力计算

在高层建筑中，厚度很大的基础底板以及转换层楼板等常有应用。这些板的厚度有时可达1～3m，水工、港工结构中的某些底板甚至达到7～8m厚，此类板称为厚板。对于厚板，除应计算正截面受弯承载力外，还必须计算其斜截面受剪承载力。由于板类构件一般难以配置箍筋，因此其斜截面受剪承载力应按不配箍筋和弯起钢筋的无腹筋板类构件进行计算。

对不配置腹筋的厚板来说，截面的尺寸效应是影响斜截面受剪承载力的重要因素。试验分析表明，随板厚的增加，斜裂缝的宽度会相应地增大，如果混凝土骨料的粒径没有随板厚的增加而增大，就会使裂缝处的骨料咬合作用减弱，传递剪力的能力就相对降低。因此，在计算厚板的受剪承载力时，应考虑板厚的不利影响。

对不配置箍筋和弯起钢筋的一般板类受弯构件，其斜截面的受剪承载力应按下式计算

$$V \leqslant V_u = 0.7\beta_h f_t b h_0 \tag{5-19}$$

$$\beta_h = \left(\frac{800}{h_0}\right)^{\frac{1}{4}} \tag{5-20}$$

式中 V——构件斜截面上的最大剪力设计值。

β_h——截面高度影响系数：当 $h_0 < 800$mm 时，取 $h_0 = 800$mm；当 $h_0 > 2000$mm 时，取 $h_0 = 2000$mm。

f_t——混凝土轴心抗拉强度设计值。

上述公式仅适用于一般板类构件的受剪承载力计算，工程设计中通常不允许将梁设计为无腹筋梁。

5.4 斜截面受剪承载力的设计计算方法

5.4.1 计算截面的确定

对梁斜截面受剪承载力起控制作用的应该是那些剪力设计值较大而受剪承载力又较小，或截面抗力发生变化处的斜截面。据此，设计中一般取下列位置处的截面作为梁受剪承载力的计算截面：

1）支座边缘处的截面（图5-12中的截面1—1）；

2）受拉区弯起钢筋弯起点处的截面（图5-12中的截面2—2、3—3）；

3）箍筋间距或箍筋截面面积改变处的截面（图5-12中的截面4—4）；

4）腹板宽度改变处的截面。

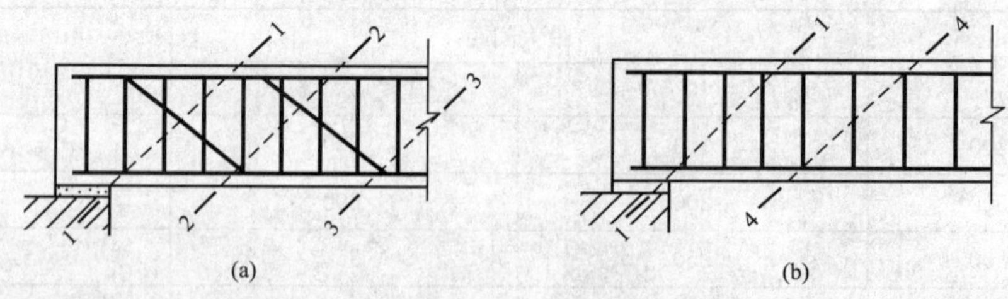

图5-12 梁斜截面受剪承载力的计算截面位置

计算截面处的剪力设计值按下述方法采用：计算支座边缘处的截面时，取该处的剪力设计值；计算箍筋数量（间距或截面面积）改变处的截面时，取箍筋数量开始改变处的剪力设计值；计算第一排（从支座算起）弯起钢筋时，取支座边缘处的剪力设计值，计算以后每一排弯起钢筋时，取前一排弯起钢筋弯起点处的剪力设计值，如图 5－12 所示。

5.4.2　截面设计

已知外荷载或剪力设计值，构件的截面尺寸 b、h_0，材料的强度设计值 f_t、f_c和 f_{yv}等，要求确定箍筋和弯起钢筋的数量。

对于这类问题，一般可按下列步骤进行计算：

1）确定计算截面及其剪力设计值，必要时作剪力图。

2）验算构件的截面尺寸是否满足要求。

构件的截面以及纵向钢筋通常已由正截面受弯承载力计算初步选定，在进行受剪承载力计算时，应根据斜截面上的最大剪力设计值 V，按式（5－15）或式（5－16）验算构件截面尺寸是否合适，当不满足要求时，应加大截面尺寸或提高混凝土强度等级。对于板类构件，则应按式（5－19）、式（5－20）验算其截面尺寸，一般不用计算腹筋。

3）验算是否需要按计算配置腹筋

当计算截面的剪力设计值满足式（5－18）时，则可不进行斜截面受剪承载力计算，而应按表 5－1 的构造要求配置箍筋。否则，应按计算配置腹筋。

4）当须按计算配置腹筋时，一般可采用以下两种方案计算腹筋数量。

① 仅配箍筋而不配置弯起钢筋，由式（5－10）可得

$$\frac{A_{sv}}{s} \geqslant \frac{V-\alpha_{cv} f_t b h_0}{f_{yv} h_0} \tag{5-21}$$

计算出$\frac{A_{sv}}{s}$值后，可先确定箍筋的肢数（一般采用双肢箍，即取 $A_{sv}=2A_{sv1}$，A_{sv1}为单肢箍筋的截面面积）和箍筋间距 s，便可确定箍筋的截面面积 A_{sv1}和箍筋的直径。也可先确定单肢箍筋的截面面积 A_{sv1}和箍筋肢数，然后求出箍筋的间距。注意选用的箍筋直径和间距均应满足表 5－1 的构造要求。

② 既配箍筋又配置弯起钢筋。当计算截面的剪力设计值较大，箍筋配置得较多但仍不能满足斜截面的受剪承载力要求时，可配置弯起钢筋，与箍筋一起抵抗剪力。此时，一般可先按经验选定箍筋的直径和间距，并按式（5－10）计算出 V_{cs}，然后由下式计算弯起钢筋的截面面积，即

$$A_{sb} \geqslant \frac{V-V_{cs}}{0.8 f_y \sin\alpha_s} \tag{5-22}$$

也可先选定弯起钢筋的截面面积 A_{sb}（可由正截面受弯承载力计算所得纵向受拉钢筋中的弯起钢筋的截面面积确定），然后由式（5－14）计算箍筋数量。

【例 5－1】 一矩形截面简支梁，如图 5－13 所示，其上作用的均布荷载设计值为 90kN/m（包括梁自重）。梁的截面尺寸 $b\times h=250\text{mm}\times 600\text{mm}$，混凝土强度等级为 C30（$f_c=14.3\text{N/mm}^2$，$f_t=1.43\text{N/mm}^2$），纵筋采用 HRB400 级钢筋（$f_y=360\text{N/mm}^2$），按正截面受弯承载力计算所需配置的纵筋为 4 Φ 25。箍筋为 HPB300 级钢筋（$f_{yv}=270\text{N/mm}^2$），试确定腹筋数量。

解　(1) 计算剪力设计值

支座边缘处截面的剪力设计值为

$$V=\frac{1}{2}\times 90\times(5.6-0.24)=241.2\text{kN}$$

(2) 验算截面尺寸

取混凝土保护层厚度 $c=20\text{mm}$，则 $a_s=40\text{mm}$，$h_w=h_0=600-40=560\text{mm}$，$\frac{h_w}{b}=\frac{560}{250}=2.24<4$，应按式（5-15）进行验算；采用 C30 混凝土，强度等级低于 C50，故取 $\beta_c=1.0$，则

$$0.25\beta_c f_c bh_0=0.25\times 1.0\times 14.3\times 250\times 560=500500\text{N}=500.5\text{kN}>V=241.2\text{kN}$$

截面尺寸符合要求。

(3) 验算是否需要按计算配置腹筋

因 $\alpha_{cv}f_t bh_0=0.7\times 1.43\times 250\times 560=140140\text{N}=140.14\text{kN}<V=241.2\text{kN}$

故需按计算配置腹筋。

(4) 计算腹筋数量

1) 如果仅配箍筋，则由式（5-21）得

$$\frac{A_{sv}}{s}\geqslant\frac{241\ 200-140\ 140}{270\times 560}=0.668\text{mm}$$

选用双肢 Φ8 箍筋（$A_{sv}=101\text{mm}^2$），则

$$s\leqslant\frac{A_{sv}}{0.668}=151\text{mm}$$

取 $s=150\text{mm}$，相应得箍筋的配筋率为

$$\rho_{sv}=\frac{A_{sv}}{bs}=\frac{101}{250\times 150}=0.27\%>\rho_{svmin}=0.24\frac{f_t}{f_{yv}}=0.24\times\frac{1.43}{270}=0.13\%$$

故所配箍筋双肢 Φ8@150 能够满足计算要求，且满足表 5-1 的构造要求。

2) 如果既配箍筋又配弯起钢筋，则可按表 5-1 的构造要求，先选用箍筋双肢 Φ8@250，则

$$V_{cs}=140\ 140+270\times\frac{101}{250}\times 560=201\ 225\text{N}=201.225\text{kN}$$

然后由式（5-22）得

$$A_{sb}\geqslant\frac{241\ 200-201\ 225}{0.8\times 360\times\sin 45^\circ}=196\text{mm}^2$$

将梁跨中的下部钢筋弯起 1Φ25（$A_{sb}=491\text{mm}^2$）即可满足要求，而钢筋的弯起点至支座边缘的距离为 $50+(600-2\times 40)=570\text{mm}$，弯起角度 45°，如图 5-13 所示。

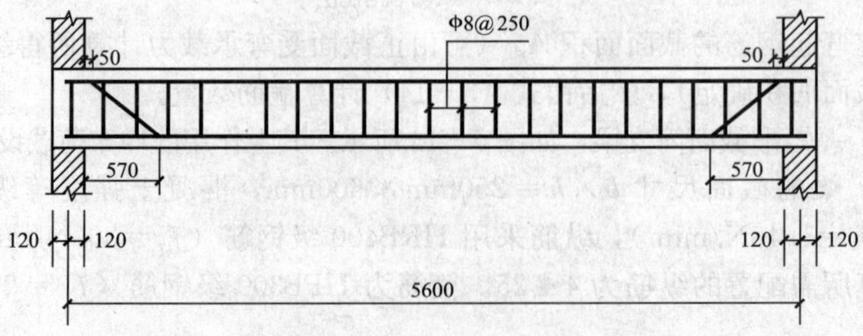

图 5-13 ［例 5-1］计算简图

再验算弯起点处的斜截面。钢筋弯起点处的剪力设计值为

$$V_1 = \frac{1}{2} \times 90 \times (5.6 - 0.24 - 2 \times 0.57) = 189.9\text{kN}$$

钢筋弯起点处截面的受剪承载力为

$$V_u = V_{cs} = 201.225\text{kN} > V_1 = 189.9\text{kN}$$

说明该截面能够满足受剪承载力要求，故该梁只需配置一排弯起钢筋即可。

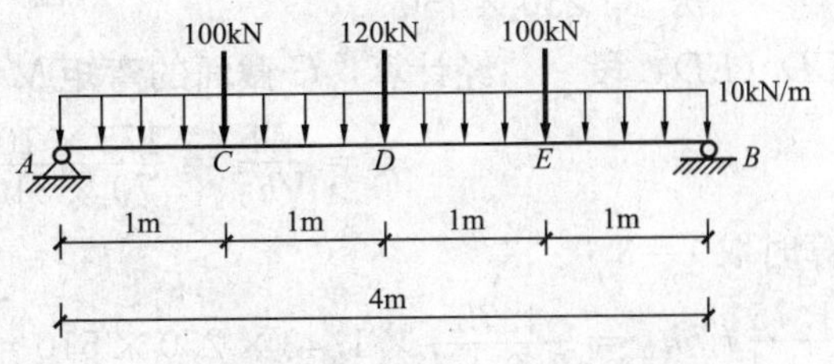

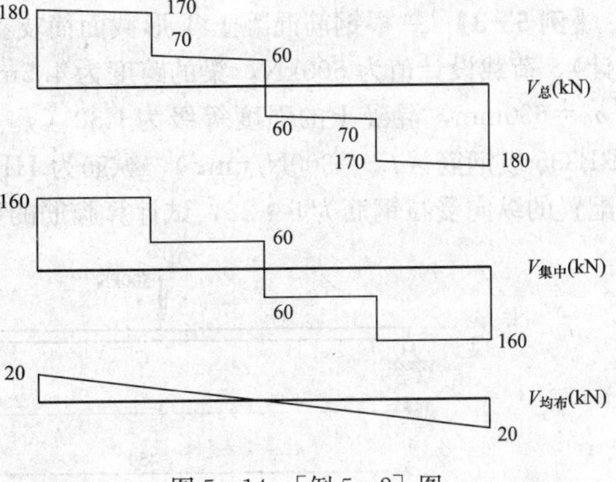

图 5-14 ［例 5-2］图

【例 5-2】 一钢筋混凝土矩形截面简支梁，跨度 4m，梁上作用的荷载设计值（均布荷载中已包括梁自重），如图 5-14 所示。梁截面尺寸 $b \times h = 250\text{mm} \times 550\text{mm}$，混凝土强度等级为 C30（$f_c = 14.3\text{N/mm}^2$，$f_t = 1.43\text{N/mm}^2$），箍筋采用 HPB300 级钢筋（$f_{yv} = 270\text{N/mm}^2$）。试计算箍筋数量。

解 (1) 求剪力设计值

梁上剪力设计值如图 5-14 所示。

(2) 验算截面尺寸

取混凝土保护层厚度 $c = 20\text{mm}$，则 $a_s = 40\text{mm}$，则 $h_w = h_0 = 550 - 40 = 510\text{mm}$，$\frac{h_w}{b} = \frac{510}{250} = 2.04 < 4$，应按式（5-15）进行验算；因混凝土强度等级为 C30，低于 C50，故取 $\beta_c = 1.0$，则

$$0.25\beta_c f_c b h_0 = 0.25 \times 1.0 \times 14.3 \times 250 \times 510 = 455813\text{N} = 455.813\text{kN}$$

该值大于梁支座边缘处的最大剪力设计值，故截面尺寸满足要求。

(3) 验算是否需要按计算配置腹筋

A、B 两支座截面上由集中荷载引起的剪力设计值占相应支座截面总剪力值的比例均为 $\frac{160}{180} = 88\%$，大于 75%，故该梁应按集中荷载作用下的情况，采用式（5-12）计算 α_{cv}。

根据剪力的变化情况，可将梁分为 AC（BE）、CD（ED）区段来计算斜截面受剪承载力。

AC（BE）段　　$\lambda = \frac{a}{h_0} = \frac{1000}{510} = 1.96 < 3.0$

故计算时取 $\lambda = 1.96$。

$$\frac{1.75}{\lambda + 1} f_t b h_0 = \frac{1.75}{1.96 + 1} \times 1.43 \times 250 \times 510 = 107\,793\text{N} = 107.793\text{kN} < V_A = 180\text{kN}$$

说明应按计算配置箍筋。

由式（5-21）得

$$\frac{A_{sv}}{s} \geqslant \frac{180\,000 - 107\,793}{270 \times 510} = 0.524\text{mm}$$

选用直径 φ 8 的双肢箍筋（$A_{sv}=101mm^2$），则

$$s \leqslant \frac{A_{sv}}{0.524}=\frac{101}{0.524}=192.7mm$$

取 $s=150mm$，相应得箍筋的配筋率为

$$\rho_{sv}=\frac{A_{sv}}{bs}=\frac{101}{250\times150}=0.269\% > \rho_{svmin}=0.24\frac{f_t}{f_{yv}}=0.24\times\frac{1.43}{270}=0.127\%$$

CD（ED）段　经计算，C 截面的弯矩 $M=175kN\cdot m$，则

$$\lambda=\frac{M}{Vh_0}=\frac{175\times10^3}{70\times510}=4.9>3.0$$

故计算时取 $\lambda=3.0$。

$$\frac{1.75}{\lambda+1}f_tbh_0=\frac{1.75}{3.0+1}\times1.43\times250\times510=79\ 767N=79.767kN>V_C=70kN$$

仅需按构造配置箍筋。根据表 5-1，选用箍筋双肢 φ 8@300。

【例 5-3】 一根钢筋混凝土 T 形截面简支梁，其上作用一个集中荷载（梁的自重忽略不计），荷载设计值为 500kN，梁的跨度为 4.5m，截面尺寸如图 5-15 所示，梁截面有效高度 $h_0=630mm$，混凝土的强度等级为 C30（$f_c=14.3N/mm^2$，$f_t=1.43N/mm^2$），箍筋为 HRB335 级钢筋（$f_{yv}=300N/mm^2$），纵筋为 HRB400 级钢筋（$f_y=360N/mm^2$）。梁跨中截面配置的纵向受拉钢筋为 6 Φ 25，试计算腹筋的数量。

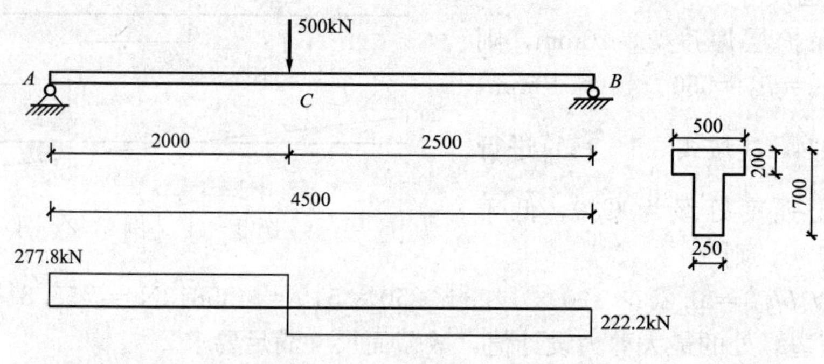

图 5-15 ［例 5-3］计算简图

解 (1) 计算剪力设计值

剪力设计值如图 5-15 所示。

(2) 验算截面尺寸

$$h_w=h_0-h_f'=630-200=430mm,\ \frac{h_w}{b}=\frac{430}{250}=1.72<4$$

应按式（5-15）进行验算；因混凝土强度等级为 C30，低于 C50，故取 $\beta_c=1.0$，则

$$0.25\beta_cf_cbh_0=0.25\times1.0\times14.3\times250\times630=563\ 063N>V_{max}=277\ 800N$$

截面尺寸满足要求。

(3) 验算是否需要按计算配置腹筋

AC 段　$\lambda=\frac{a}{h_0}=\frac{2000}{630}=3.17>3.0$，取 $\lambda=3$ 计算，则

$$\frac{1.75}{\lambda+1}f_tbh_0=\frac{1.75}{3+1}\times1.43\times250\times630=98\ 536N=98.536kN<277.8kN$$

BC 段　$\lambda=\dfrac{a}{h_0}=\dfrac{2500}{630}=3.97>3.0$，取 $\lambda=3$ 计算，则

$$\frac{1.75}{\lambda+1}f_t bh_0=\frac{1.75}{3+1}\times1.43\times250\times630=98\ 536\text{N}=98.536\text{kN}<222.2\text{kN}$$

故 AC 段和 BC 段均应按计算配置箍筋。

(4) 计算腹筋数量

1) AC 段　采用既配箍筋又配弯起钢筋的方案。选用箍筋双肢 Φ 8@200，则

$$V_{cs}=98\ 536+300\times\frac{101}{200}\times630=193\ 981\text{N}$$

由式（5-22）得

$$A_{sb}\geqslant\frac{277\ 800-193\ 981}{0.8\times360\times\sin45^\circ}=412\text{mm}^2$$

选用 1 Φ 25（$A_{sb}=491\text{mm}^2$）钢筋弯起即可满足要求。又因该梁在 AC 段内的剪力值均为 277.8kN，故在弯起钢筋的弯起点处仅配箍筋 Φ 8@200，必然不能满足斜截面受剪承载力的要求，在 AC 段内应分三次弯起三排钢筋，如图 5-16 所示。

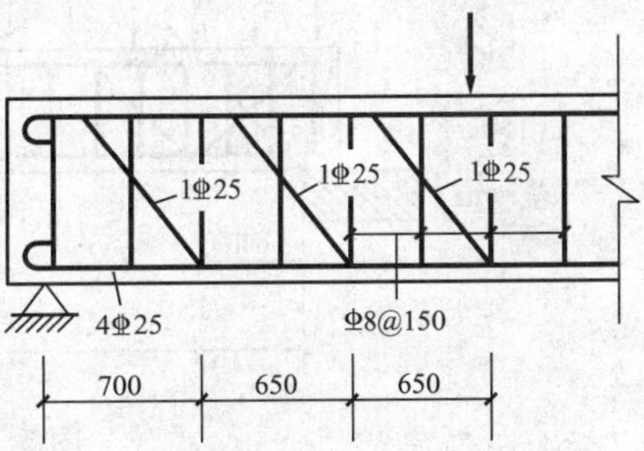

图 5-16　弯起钢筋的布置

2) BC 段　采用双肢 Φ 8@150 箍筋，则由式（5-10）及式（5-12）得

$$V_u=V_{cs}=98\ 536+300\times\frac{101}{150}\times630$$
$$=225\ 796\text{N}>222\ 200\text{N}$$

故 BC 段不需再设置弯起钢筋。BC 段箍筋的配筋率

$$\rho_{sv}=\frac{A_{sv}}{bs}=\frac{101}{250\times150}=0.269\%>\rho_{svmin}=0.24\frac{f_t}{f_{yv}}=0.24\times\frac{1.43}{300}=0.114\%$$

满足要求。

5.4.3　截面复核

已知构件截面尺寸 b、h，材料强度设计值 f_c、f_t、f_y、f_{yv}，箍筋、弯起钢筋数量及其布置等，要求复核构件斜截面所能承受的剪力设计值（或相应的荷载设计值）。

此时，可将各有关数据直接代入式（5-14），即得相应的解答。

【例 5-4】 一矩形截面简支梁，截面尺寸 $b\times h=250\text{mm}\times500\text{mm}$，混凝土强度等级为 C25（$f_c=11.9\text{N/mm}^2$，$f_t=1.27\text{N/mm}^2$），一类使用环境（混凝土保护层最小厚度为 25mm）。纵筋采用 4 Φ 20 的 HRB400 级钢筋，箍筋采用 HPB300 级钢筋（$f_{yv}=270\text{N/mm}^2$），沿梁长配有箍筋双肢 Φ 8@200，梁的净跨度 $l_n=5.76\text{m}$。要求按斜截面受剪承载力计算梁上所能承受的均布荷载设计值（包括梁自重）。

解　$a_s=25+8+10=43\text{mm}$，$h_w=h_0=500-43=457\text{mm}$，$\dfrac{h_w}{b}=\dfrac{457}{250}=1.83<4$，采用 C25 混凝土，强度等级低于 C50，故取 $\beta_c=1.0$，则

$$0.25\beta_c f_c bh_0=0.25\times1.0\times11.9\times250\times457=339\ 894\text{N}=339.894\text{kN}$$

$$\rho_{sv}=\frac{A_{sv}}{bs}=\frac{101}{250\times200}=0.201\%>\rho_{svmin}=0.24\frac{f_t}{f_{yv}}=0.24\times\frac{1.27}{270}=0.113\%$$

代入式（5－10）得

$$V_u = 0.7 \times 1.27 \times 250 \times 457 + 270 \times \frac{101}{200} \times 457 = 163\ 880\text{N} = 163.880\text{kN} < 339.894\text{kN}$$

故上、下限均满足要求。

由 $V_u = \frac{1}{2} p l_n$，得梁上所能承受的均布荷载设计值为

$$p = \frac{2V_u}{l_n} = \frac{2 \times 163.880}{5.76} = 56.9\text{kN/m}$$

【例 5－5】 其他已知条件同［例 5－4］，弯起钢筋 1⌀20（A_{sb}=314.2mm²），弯起角度为 45°，如图 5－17 所示。配有箍筋双肢 φ8@200。试按斜截面受剪承载力计算该梁所能承受的均布荷载设计值。

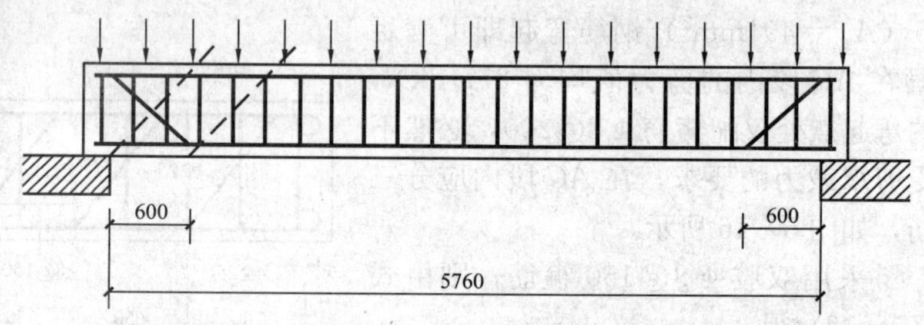

图 5－17 ［例 5－5］计算简图

解 该简支梁应计算两个斜截面，即支座边缘和弯起钢筋的弯起点处。箍筋的配筋率

$$\rho_{sv} = \frac{A_{sv}}{bs} = \frac{101}{250 \times 200} = 0.202\% > \rho_{svmin} = 0.24\frac{f_t}{f_{yv}} = 0.24 \times \frac{1.27}{270} = 0.113\%$$

满足计算公式的下限。

1）支座边缘处，箍筋与弯起钢筋共同抵抗剪力。代入基本公式（5－14）得

$$V_{u1} = 0.7 \times 1.27 \times 250 \times 462 + 270 \times \frac{101}{200} \times 462 + 0.8 \times 360 \times 314.2 \times \sin 45°$$
$$= 229.7\text{kN} < 0.25\beta_c f_c b h_0 = 343.613\text{kN}$$

故计算公式的上限也满足。

由 $V_{u1} = \frac{1}{2} p_1 l_n$，求得梁上所能承担的均布荷载设计值为

$$p_1 = \frac{2V_{u1}}{l_n} = \frac{2 \times 229.7}{5.76} = 79.8\text{kN/m}$$

2）弯起钢筋的弯起点处，仅有箍筋抵抗剪力，故由式（5－10）得

$$V_{u2} = 0.7 \times 1.27 \times 250 \times 462 + 270 \times \frac{101}{200} \times 462 = 165.7\text{kN}$$

则 $p_2 = \frac{2V_{u2}}{l_2} = \frac{2 \times 165.7}{5.76 - 2 \times 0.6} = 72.7\text{kN/m} < p_1 = 79.8\text{kN/m}$

故由斜截面受剪承载力求得的梁上所能承受的均布荷载设计值为 72.7kN/m。

5.5　斜截面受弯承载力和构造措施

受弯构件出现斜裂缝后，在斜截面上不仅存在着剪力 V，同时还作用有弯矩 M。图 5-18 所示为一简支梁及其在均布荷载作用下的弯矩图。若取斜截面 JC 左边部分梁为脱离体，并将斜截面 JC 上的所有力对受压区合力作用点取矩，则有

$$M_u = f_y(A_s - A_{sb})z + \sum f_y A_{sb} z_{sb} + \sum f_{yv} A_{sv} z_{sv} \tag{5-23}$$

式中，M_u表示斜截面的受弯承载力。上式等号右边第一项为纵向钢筋的受弯承载力，第二项和第三项分别为弯起钢筋和箍筋的受弯承载力。

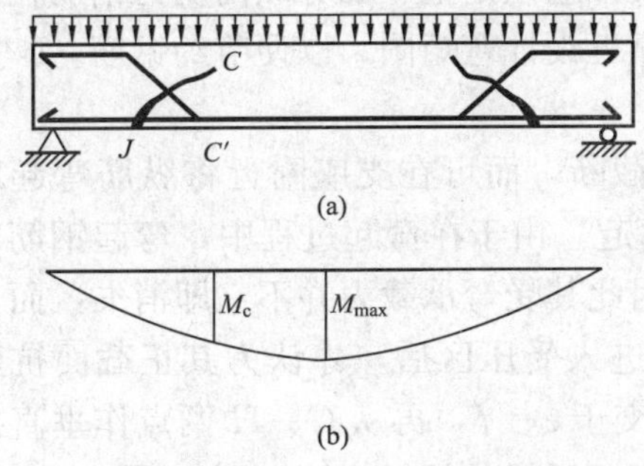

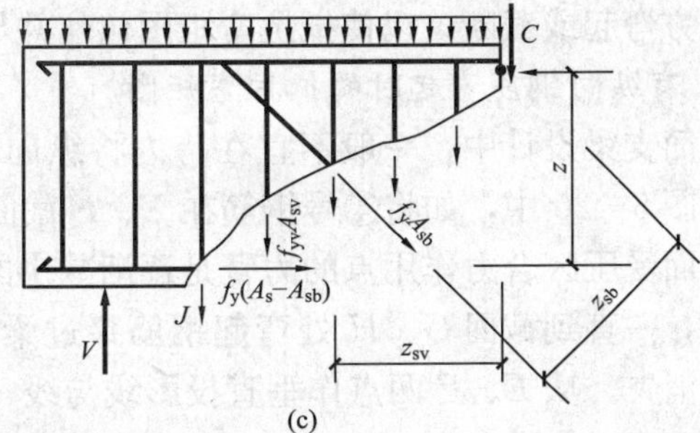

图 5-18　梁斜截面受弯承载力

与斜截面末端 C 相对应的正截面 CC' 的受弯承载力为

$$M_u = f_y A_s z \tag{5-24}$$

由于斜截面 JC 和正截面 CC' 所承受的外弯矩均等于 M_c［图 5-18（b）］，因此按跨中最大弯矩 M_{max} 所配置的钢筋 A_s 只要沿梁全长既不弯起也不截断，则必然满足斜截面的受弯承载力要求。但是在工程设计中，纵向钢筋有时需要弯起或截断。这样，斜截面 JC 受弯承载力计算公式（5-23）中等号右边第一项将小于正截面 CC' 受弯承载力的计算结果［式（5-24）］。在这种情况下，斜截面的受弯承载力将有可能得不到保证。因此，在纵向钢筋有弯起或截断的梁中，必须考虑斜截面的受弯承载力问题。

为了说明这一问题，先介绍梁的正截面抵抗弯矩图。

5.5.1　抵抗弯矩图

抵抗弯矩图又称材料图，它是按梁实际配置的纵向受力钢筋所确定的各正截面所能抵抗的弯矩图形。图上各纵坐标代表各相应正截面实际所能抵抗的弯矩值。下面讨论抵抗弯矩图的作法。

1. 纵向受力钢筋沿梁长不变时的抵抗弯矩图

图 5-19 为一均布荷载作用下的简支梁，按跨中最大弯矩计算，需配置的纵向钢筋为 2⏀25+2⏀22，它所能抵抗的弯矩可由下式求得

$$M_R = f_y A_s \left(h_0 - \frac{f_y A_s}{2\alpha_1 f_c b}\right) \tag{5-25}$$

而每根钢筋所能抵抗的弯矩 M_{Ri} 可近似地由该钢筋的面积 A_{si} 与钢筋总面积 A_s 的比值乘以总抵抗弯矩 M_R 求得，即

$$M_{Ri}=\frac{A_{si}}{A_s}M_R \tag{5-26}$$

如果全部纵向钢筋沿梁直通，并在支座处有足够的锚固长度，则沿梁全长各个正截面抵抗弯矩的能力相等，因而梁的抵抗弯矩图为矩形 $abcd$（图 5-19）。每一根钢筋所能抵抗的弯矩按式（5-26）计算，亦示于图 5-19 中。

可见，跨中截面 1 点处四根钢筋的强度被完全利用，2 点处①、②、③号钢筋的强度也被充分利用，而④号钢筋则不再需要。通常把 1 点称为④号钢筋的“充分利用点”，2 点称为④号钢筋的“理论截断点”或“不需要点”，其余类推。

由图 5-19 还可看出，纵向钢筋沿梁跨通长布置，构造上虽然简单，但有些截面上钢筋的强度未能被充分利用，因此是不经济的。合理的设计应该是把一部分纵向受力钢筋在不需要的地方弯起或截断，以使抵抗弯矩图包住并尽量靠近设计弯矩图，以便节约钢筋。

2. 有纵向钢筋弯起时的抵抗弯矩图

在简支梁设计中，一般不宜在跨内将纵向钢筋截断，而可在支座附近将纵筋弯起以抗剪。在图 5-20 中，如将④号钢筋在 E、F 截面处弯起，由于在弯起过程中，弯起钢筋对所在正截面受压区合力作用点的力臂是逐渐减小的，因此其受弯承载力并不立即消失，而是逐渐减小，一直到截面 G、H 处弯起钢筋穿过梁轴线进入受压区后，才认为其正截面抗弯作用完全消失。从 E、F 两点作垂直投影线与线 cd 相交于 e、f，再从 G、H 两点作垂直投影线与线 ij 相交于 g、h，则连线 $igefhj$ 为④号钢筋弯起后梁的抵抗弯矩（M_R）图。

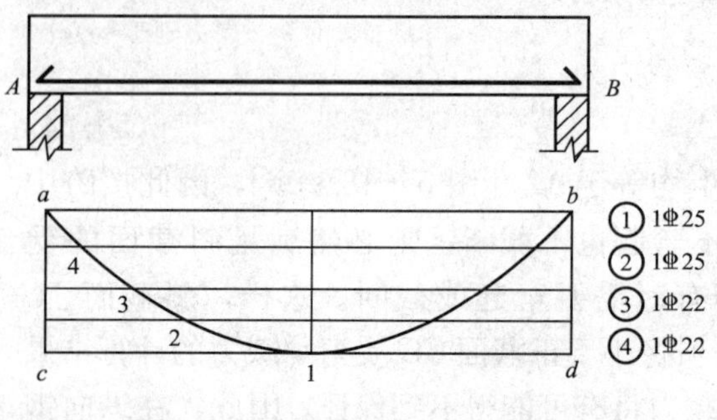

图 5-19 简支梁的抵抗弯矩图

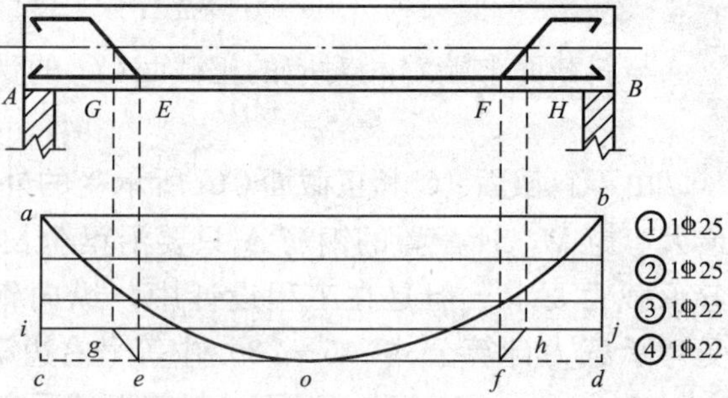

图 5-20 有纵向钢筋弯起时简支梁的抵抗弯矩图

3. 纵向钢筋截断时的抵抗弯矩图

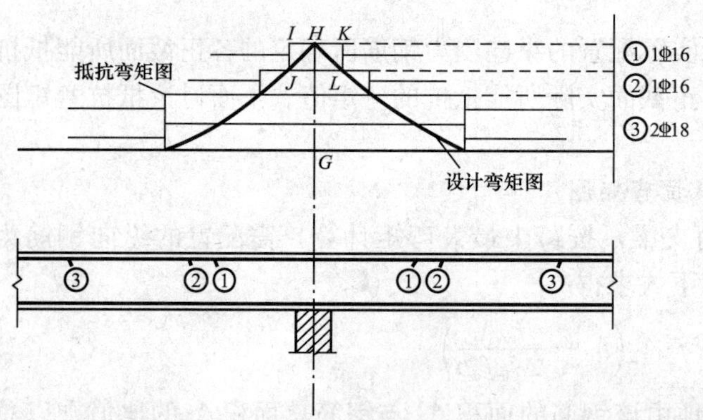

图 5-21 连续梁中间支座负弯矩钢筋被截断时的抵抗弯矩图

图 5-21 为一钢筋混凝土连续梁中间支座附近处的设计弯矩图、抵抗弯矩图及配筋图，由支座处负弯矩计算所需的纵向钢筋为 2Φ16+2Φ18，4 根钢筋均为直筋配置，相应的抵抗弯矩为 GH。根据设计弯矩图与抵抗弯矩图的关系，可知①号钢筋的理论截断点为 J、L 点，从 J、L 两点分别向上作垂直投影线交于 I、K 点，则 $JIKL$ 为①号钢筋被截断后的抵抗弯矩图。同理，图中

也给出了②号和③号钢筋被截断后的抵抗弯矩图。

5.5.2　纵筋的弯起

在确定纵筋的弯起时，必须考虑以下三方面的要求。

1. 保证正截面受弯承载力

纵筋弯起后，剩下的纵筋数量减少，正截面受弯承载力降低。为了保证正截面受弯承载力能够满足要求，纵筋的始弯点必须位于按正截面受弯承载力计算所得的该纵筋强度被充分利用截面（充分利用点）以外，使抵抗弯矩图包在设计弯矩图的外面，而不得切入设计弯矩图以内。

2. 保证斜截面受剪承载力

纵筋弯起数量须满足斜截面受剪承载力的要求。当有集中荷载作用并按计算需配置弯起钢筋时，弯起钢筋应覆盖计算斜截面的始点至相邻集中荷载作用点之间的范围，因为在此范围内剪力值大小不变。弯起钢筋的布置，包括支座边缘到第一排弯筋的终弯点，以及从前一排弯筋的始弯点到次一排弯筋的终弯点的距离，均应小于箍筋的最大间距，其值见表 5 - 1。

3. 保证斜截面受弯承载力

为了保证梁斜截面受弯承载力，弯起钢筋在受拉区的弯起点应设在该钢筋的充分利用点以外，该弯起点至充分利用点间的距离 S_1 应大于或等于 $h_0/2$；同时，弯筋与梁纵轴的交点应位于按计算不需要该钢筋的截面（不需要点）以外。在设计中，当满足上述规定时，梁斜截面受弯承载力就能得到保证。

下面说明为什么 $S_1 \geqslant h_0/2$ 就能保证斜截面受弯承载力。如图 5 - 22 所示，在截面 CC'，按正截面受弯承载力计算需配置纵筋面积 A_s，CC' 为钢筋 A_s 的充分利用截面。现拟在 K 处弯起一根（或一排）纵筋，其面积为 A_{sb}，则剩下的纵筋面积为 $(A_s - A_{sb})$，并伸入梁支座。

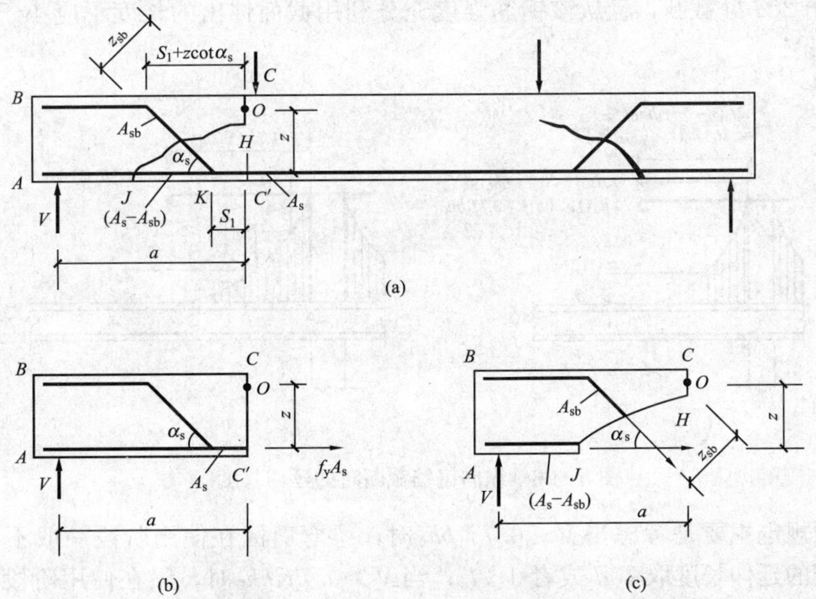

图 5 - 22　有弯起钢筋时正截面及斜截面的受弯承载力

以 $ABCC'$ 部分梁为脱离体 [图 5 - 22 (b)]，对 O 点取矩可得正截面 CC' 的力矩平衡条件：

$$Va = f_y A_s z \tag{5-27}$$

再以 $ABCHJ$ 部分梁为脱离体［图 5－22（c）］，亦对 O 点取矩，并忽略箍筋的作用，可得斜截面 CHJ 的力矩平衡条件：

$$Va = f_y(A_s - A_{sb})z + f_y A_{sb} z_{sb} = f_y A_s z + f_y A_{sb}(z_{sb} - z) \tag{5-28}$$

从上述分析可知，斜截面 CHJ 和正截面 CC' 承受的外弯矩相同（均等于 Va）。显然，只有使斜截面的受弯承载力大于或等于正截面的受弯承载力，才能保证斜截面受弯承载力满足要求。比较式（5－27）和式（5－28）可见，这相当于使 $z_{sb} \geqslant z$。

由图 5－22（a）的几何关系可得

$$z_{sb} = (S_1 + z\cot\alpha_s)\sin\alpha_s = S_1\sin\alpha_s + z\cos\alpha_s$$

由条件 $z_{sb} \geqslant z$，有

$$S_1 \geqslant (\csc\alpha_s - \cot\alpha_s)z$$

如果取 $z=0.9h_0$，$\alpha_s=45°$，得 $S_1 \geqslant 0.37h_0$，如果取 $\alpha_s=60°$，则 $S_1 \geqslant 0.52h_0$。在设计中，简单地取 $S_1 \geqslant h_0/2$，就基本上能保证 $z_{sb} \geqslant z$，从而保证了斜截面受弯承载力。

5.5.3　纵筋的截断

1. 支座负弯矩钢筋的截断

梁正弯矩区段内的纵向受拉钢筋不宜在跨中截断，而应伸入支座或弯起以抵抗负弯矩及抗剪。梁支座截面负弯矩纵向受拉钢筋不宜在受拉区截断，当需要截断时，应符合以下规定：

1）当 $V \leqslant 0.7f_t bh_0$ 时，应延伸至按正截面受弯承载力计算不需要该钢筋的截面以外不小于 $20d$ 处截断，且从该钢筋强度充分利用截面伸出的长度不应小于 $1.2l_a$。

2）当 $V > 0.7f_t bh_0$ 时，应延伸至按正截面受弯承载力计算不需要该钢筋的截面以外不小于 h_0 且不小于 $20d$ 处截断，且从该钢筋强度充分利用截面伸出的长度不应小于 $1.2l_a + h_0$，见图 5－23（a）。

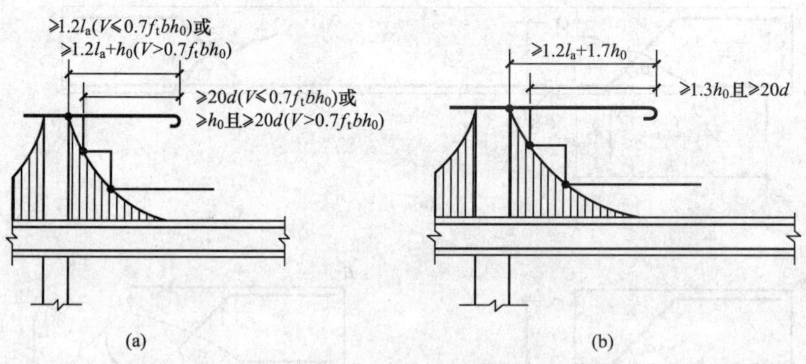

图 5－23　纵向钢筋截断时的延伸长度

以上两项规定主要是考虑当 $V \leqslant 0.7f_t bh_0$ 时，梁弯剪区在使用阶段一般不会出现斜裂缝，这时纵筋的延伸长度取 $20d$ 或者 $1.2l_a$；当 $V > 0.7f_t bh_0$ 时，梁在使用阶段有可能出现斜裂缝，而斜裂缝出现后，由于斜裂缝顶端处的弯矩增大，有可能使未截断纵筋的拉应力超过其屈服强度而发生斜弯破坏。因此，纵筋的延伸长度应考虑斜裂缝水平投影长度这一段距离，其值可近似取 h_0，这时，纵筋的延伸长度取 $20d$ 且不小于 h_0 或 $1.2l_a + h_0$。

3）若负弯矩区长度较大，按上述两项确定的截断点仍位于负弯矩对应的受拉区内，则应延伸至按正截面受弯承载力计算不需要该钢筋的截面以外不小于 $1.3h_0$ 且不小于 $20d$ 处截断，且从该钢筋强度充分利用截面伸出的延伸长度不应小于 $1.2l_a+1.7h_0$，见图 5-23（b）。

2. 悬臂梁的负弯矩钢筋

悬臂梁上全部为负弯矩，其根部弯矩最大，悬臂端弯矩最小。因此，理论上来讲负弯矩钢筋可根据弯矩图的变化由根部向悬臂端逐渐减少。但是，由于悬臂梁中存在着比一般梁更为严重的斜弯作用和粘结退化而引起的应力延伸，所以在梁中截断钢筋会引起斜弯破坏。根据试验研究和工程经验，在钢筋混凝土悬臂梁中，应有不少于 2 根上部钢筋伸至悬臂梁外端，并向下弯折不小于 $12d$；其余钢筋不应在梁的上部截断，而应按弯矩图分批向下弯折，弯起点与按计算充分利用该钢筋的截面之间的距离不应小于 $h_0/2$。

综上所述，钢筋的弯起和截断均需绘制抵抗弯矩图。这实际上是一种图解设计过程，它可以帮助设计者看出纵向受拉钢筋的布置是否经济合理。

5.6 钢筋的构造要求

5.6.1 纵向钢筋锚固的构造要求

1）伸入梁支座范围内的纵向受力钢筋不应少于两根。

2）在简支梁和连续梁的简支端附近，弯矩接近于零。但当从支座边缘截面出现斜裂缝时，该处纵筋的拉应力会突然增加，如无足够的锚固长度，则纵筋会因锚固不足而发生滑移，造成锚固破坏，降低梁的承载力。为了防止这种破坏，简支梁和连续梁简支端的下部纵向受力钢筋，从支座边缘算起伸入支座内的锚固长度 l_{as}（图 5-24）应符合下列规定：

1）当 $V\leqslant 0.7f_tbh_0$ 时，$l_{as}\geqslant 5d$；当 $V>0.7f_tbh_0$ 时，对带肋钢筋：$l_{as}\geqslant 12d$；对光圆钢筋：$l_{as}\geqslant 15d$。此处，d 为纵向受力钢筋的最大直径。

2）如纵向受力钢筋伸入梁支座范围内的锚固长度不符合上述要求时，可采用弯钩或机械锚固措施，采取一侧或两侧贴焊锚筋、焊端锚板、螺栓锚头等有效的锚固措施，并满足相应的规定。

3）对混凝土强度等级为 C25 级及以下的简支梁和连续梁的简支端，当距支座边 $1.5h$ 范围内作用有集中荷载，且 $V>0.7f_tbh_0$ 时，对带肋钢筋宜采取有效的锚固措施，或取锚固长度 $l_{as}\geqslant 15d$，d 为锚固钢筋的直径。

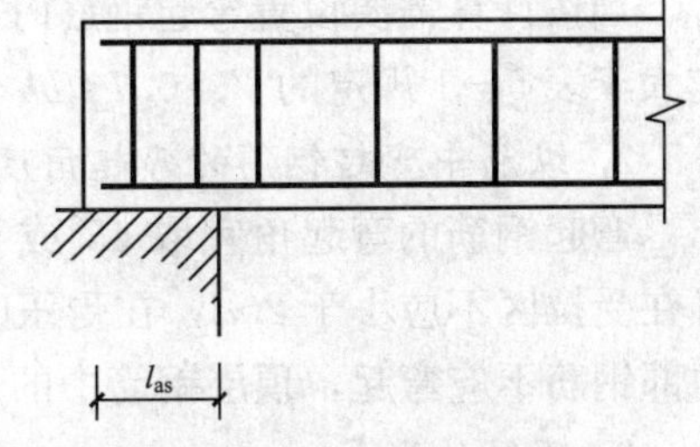

图 5-24　纵向受力钢筋伸入梁简支支座的锚固

4）支承在砌体结构上的钢筋混凝土独立梁，在纵向受力钢筋的锚固长度 l_{as} 范围内应配置不少于 2 个箍筋，其直径不宜小于 $d/4$，d 为纵向受力钢筋的最大直径；间距不宜大于 $10d$，当采取机械锚固措施时箍筋间距尚不宜大于 $5d$，d 为纵向受力钢筋的最小直径。

5.6.2 箍筋的构造要求

1. 箍筋的形式和肢数

箍筋在梁内除承受剪力以外，还起着固定纵筋位置，使梁内钢筋形成钢筋骨架，防止受压区纵筋压曲，增加构件延性等作用。箍筋的形式有封闭式和开口式两种［图 5-25（d）、（e）］，当梁中配有按计算需要的纵向受压钢筋时，箍筋应做成封闭式，这样既方便固定纵筋又能约束芯部混凝土。一般小过梁可采用开口式箍筋。

箍筋有单肢、双肢及复合箍（多肢箍）等，如图 5－25 所示。一般情况下，当梁宽不大于 400mm 时，可采用双肢箍；当梁宽大于 400mm 且一层内的纵向受压钢筋多于 3 根时，或当梁的宽度不大于 400mm 但一层内的纵向受压钢筋多于 4 根时，应设置复合箍筋［图 5－25（c）］。当梁宽小于 100mm 时，可采用单肢箍筋。

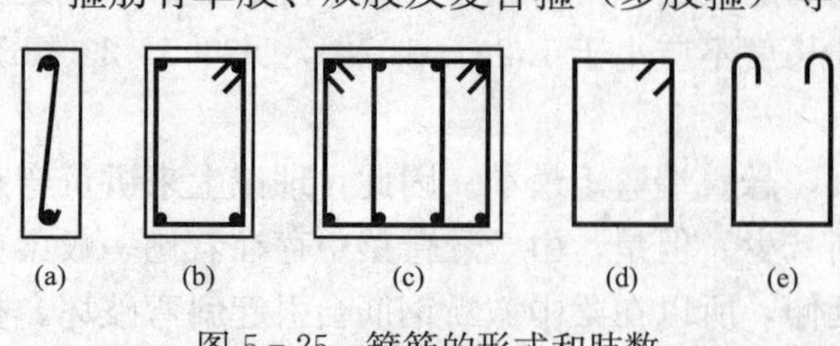

图 5－25 箍筋的形式和肢数

2. 箍筋的直径和间距

为了使钢筋骨架具有一定的刚性，便于制作和安装，要求箍筋的直径不应太小，箍筋的最小直径见表 5－1。当梁中配有计算需要的纵向受压钢筋时，箍筋直径尚不应小于 $d/4$，d 为受压钢筋的最大直径。

箍筋间距除应满足计算要求外，其最大间距还应符合表 5－1 的规定，当梁中配有计算需要的纵向受压钢筋时，箍筋的间距不应大于 $15d$ 并不应大于 400mm；当一层内的纵向受压钢筋多于 5 根且直径大于 18mm 时，箍筋间距不应大于 $10d$，d 为纵向受压钢筋的最小直径。

3. 箍筋的布置

按承载力计算不需要箍筋的梁，当截面高度大于 300mm 时，应沿梁全长设置构造箍筋；当截面高度为 150～300mm 时，可仅在构件端部 1/4 跨度范围内设置构造箍筋。但当在构件中部 1/2 跨度范围内有集中荷载作用时，则应沿梁全长设置箍筋；当截面高度小于 150mm 时，可以不设置箍筋。

5.6.3 弯起钢筋的构造要求

1. 纵筋中弯起钢筋的间距

当按计算需要设置弯起钢筋时，从支座起前一排的弯起点至后一排的弯终点的距离，不应大于表 5－1 规定的 $V>0.7f_tbh_0$ 时的箍筋最大间距。

2. 纵筋中弯起钢筋的弯起角度

弯起钢筋的弯起角宜取 45°或 60°；在弯终点外应留有平行于梁轴线方向的锚固长度，且在受拉区不应小于 $20d$，在受压区不应小于 $10d$，d 为弯起钢筋的直径；梁底层钢筋中的角部钢筋不应弯起，顶层钢筋中的角部钢筋不应弯下。

3. 弯筋的形式

有时在梁的中间支座处须设置弯筋以抵抗剪力。弯筋应采用“鸭筋”［图 5－26（a）］，而不得采用“浮筋”［图 5－26（b）］。因为浮筋在受拉区只有一小段水平长度，其锚固性能不如两端均锚固在受压区的鸭筋可靠，一旦发生错动将使斜裂缝开展过大。

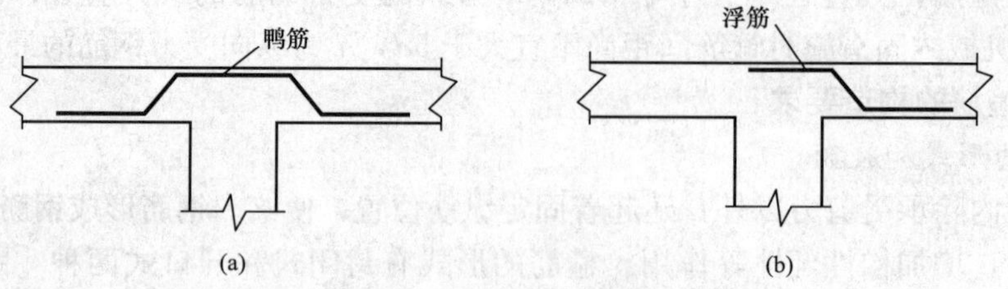

图 5－26 中间支座设置弯筋的构造

本　章　小　结

1. 在荷载作用下，钢筋混凝土梁弯剪区段产生斜裂缝的主要原因为主拉应力超过了混凝土的抗拉强度；斜裂缝的开展方向大致沿着主压应力迹线（垂直于主拉应力）方向。斜裂缝可分为两类，一类为弯剪斜裂缝，常见于一般梁中。另一类为腹剪斜裂缝，在薄腹梁中更易发生。

2. 受弯构件斜截面剪切破坏的主要形态有斜压破坏、剪压破坏和斜拉破坏三种，当弯剪区剪力较大、弯矩较小，即剪跨比较小（$\lambda<1$）时，或剪跨比虽适中（$1<\lambda<3$）但腹筋配置过多时，以及薄腹梁中易发生斜压破坏，其特点为混凝土被斜向压坏时，箍筋应力达不到屈服强度，属脆性破坏，设计时用限制截面尺寸不能过小来防止这种破坏的发生。当梁的剪跨比较大（$\lambda>3$）且腹筋数量过少时易发生斜拉破坏，破坏时梁沿斜向裂成两部分，破坏过程短促而突然，脆性很大，设计时采用配置一定数量的箍筋和构造措施来避免发生斜拉破坏。剪压破坏多发生在剪跨比适中（$1<\lambda<3$）和腹筋配置适量的梁中，其破坏特征为箍筋应力首先达到屈服强度，然后剪压区混凝土达到复合受力时的强度而破坏，钢筋和混凝土的强度均被充分利用。因此，斜截面受剪承载力的计算公式是以剪压破坏为基础建立的。

3. 影响受弯构件斜截面受剪承载力的因素很多，主要有剪跨比、混凝土强度、箍筋的配筋率和箍筋强度，以及纵向钢筋的配筋率等。一般来讲，剪跨比愈大，受剪承载力愈低；混凝土强度越高，受剪承载力越大；在配筋量适当的范围内，箍筋配得愈多，箍筋强度愈高，受剪承载力也愈大；增加纵筋的配筋率可以提高梁的受剪承载力。

4. 受弯构件除了可能沿斜截面发生受剪破坏外，还可能沿斜截面发生受弯破坏。对于斜截面受剪承载力，应通过计算配置适量的腹筋来保证；对于斜截面受弯承载力，主要是采取构造措施，确定纵向受力钢筋的弯起、截断、锚固及箍筋的间距等，一般不必进行计算。

5. 钢筋混凝土构件的剪切破坏机理及受剪承载力计算是一个极为复杂的问题，目前仍未很好解决。我国《混凝土结构设计规范》（GB 50010）采用半理论半经验的方法，给出了受剪承载力计算公式，它得到的是试验结果的偏下限值。

思　考　题

5-1　在荷载作用下，钢筋混凝土梁为什么会出现斜裂缝？

5-2　无腹筋梁斜裂缝出现后，其应力状态发生了哪些变化？

5-3　钢筋混凝土梁斜截面剪切破坏有哪几种主要类型？发生的条件和破坏特征各是什么？

5-4　什么是广义剪跨比和计算剪跨比？其实质是什么？

5-5　影响钢筋混凝土梁受剪承载力的主要因素有哪些？试说明其影响规律。

5-6　箍筋的配筋率是如何定义的？它与斜截面受剪承载力有什么关系？

5-7　为什么要对梁的截面尺寸进行限制？为什么要规定箍筋的最小配筋率？

5-8　什么是抵抗弯矩图？它与设计弯矩图的关系应当怎样？

5-9　什么是钢筋的充分利用点和理论截断点？

5-10　纵向受力钢筋的弯起、截断和锚固各应满足哪些构造要求？

习　题

5-1　一钢筋混凝土梁，截面尺寸 $b \times h = 250\text{mm} \times 500\text{mm}$，混凝土强度等级为 C25，箍筋采用 HPB300 级钢筋，沿梁全长仅配箍筋，$a_s = 40\text{mm}$，均布荷载作用下，计算截面的剪力设计值 $V = 180\text{kN}$。要求确定梁内箍筋数量。

5-2　其他条件同习题 5-1。但均布荷载下的剪力设计值：(1) $V = 140\text{kN}$；(2) $V = 96\text{kN}$；(3) $V = 350\text{kN}$。要求确定梁内箍筋数量。

5-3　一钢筋混凝土 T 形截面简支梁，跨度为 4m，截面尺寸如图 5-27 所示。梁截面有效高度 $h_0 = 630\text{mm}$，梁上作用的集中荷载设计值（包括梁自重的等效影响）为 500kN。混凝土强度等级为 C30，箍筋采用 HRB335 级钢筋，梁跨中截面配置 5Φ25 的 HRB400 级纵向钢筋。试确定腹筋数量。

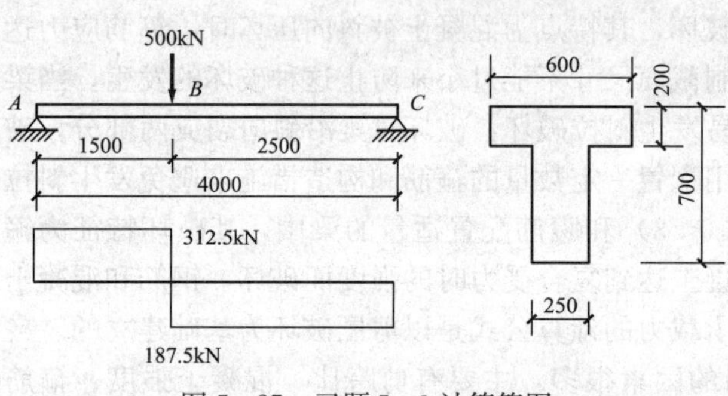

图 5-27　习题 5-3 计算简图

5-4　一矩形截面简支梁，梁的支承情况、荷载设计值（包括梁自重）及截面尺寸如图 5-28 所示。混凝土强度等级为 C25，箍筋采用 HPB300 级钢筋，纵筋采用 HRB400 级钢筋。梁截面受拉区配有 2Φ20+2Φ22 纵向钢筋，$h_0 = 510\text{mm}$。试求：

(1) 仅配箍筋时，箍筋的直径和间距；

(2) 如利用纵筋弯起抗剪时，箍筋和弯起钢筋的数量。

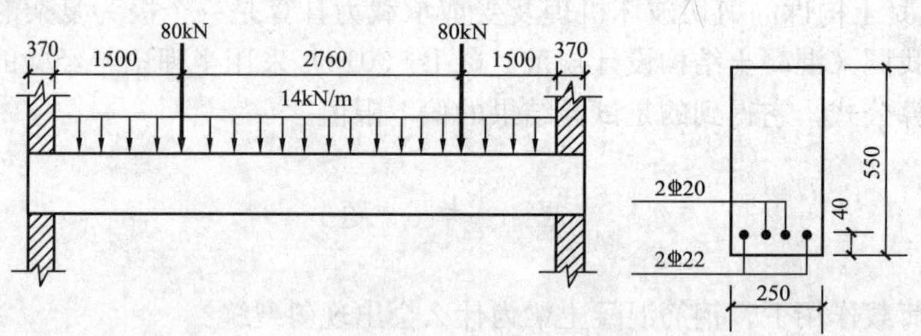

图 5-28　习题 5-4 计算简图

5-5　一矩形截面简支梁，计算跨度 $l = 6\text{m}$，净跨度 $l_n = 5.76\text{m}$，截面尺寸 $b \times h = 200\text{mm} \times 500\text{mm}$，混凝土强度等级为 C25，纵向受拉钢筋采用 4Φ18，钢筋级别为 HRB400 级，$a_s = 40\text{mm}$。沿梁全长仅配置箍筋来抗剪，箍筋级别为 HPB300 级，采用双肢 Φ8@200。试计算该简支梁所能承受的均布荷载设计值（包括梁自重）。

第 6 章　受压构件截面承载力计算

6.1　概　　述

以承受轴向压力为主的构件称为受压构件，例如单层厂房柱、屋架上弦杆和受压腹杆，多层和高层建筑中的框架柱、剪力墙、烟囱的筒壁、拱以及桥梁结构中的桥墩、桩等都属于受压构件。受压构件按其受力情况可分为轴心受压构件和偏心受压构件。当轴向压力的作用线与构件截面形心线重合时为轴心受压，否则为偏心受压。

实际工程中，由于混凝土材料的不均匀、配筋的不对称、施工质量的误差等诸多原因，并不存在理想的轴心受压构件。构件受压时，往往或多或少地具有初始偏心。但对于某些构件，如恒载很大的多层房屋的底层中间柱、桁架的受压腹杆等，实际存在的弯矩很小，常可忽略不计。在对偏心受压构件进行垂直于弯矩作用平面的承载力验算时，也可作为轴心受压构件考虑。

6.2　轴心受压构件正截面受压承载力

钢筋混凝土轴心受压构件中配置纵筋及箍筋，配置的纵筋与混凝土共同承担纵向压力，可以改善构件的延性，减小混凝土的徐变变形，减小构件截面尺寸，防止因偶然偏心产生的破坏等。箍筋能与纵筋形成骨架，防止纵筋受压后过早压屈而失稳，并可以约束核心混凝土的变形。

根据箍筋的作用及配置方式的不同，可分为两种轴心受压构件，即普通箍筋轴心受压构件、螺旋或焊环箍筋的轴心受压构件。

6.2.1　配置普通箍筋的轴心受压构件

1. 受力分析和破坏形态

根据构件长细比不同，《规范》将轴心受压构件分为短柱和长柱两种情况。当长细比 $l_0/b\leqslant 8$ 时为短柱，否则为长柱。短柱在轴心压力作用下，整个截面的应变基本上是均匀分布的，由于纵筋与混凝土之间存在粘结力，两者应变相同。当荷载较小时，构件基本处于弹性阶段，此时纵筋和混凝土的应力值可根据应变协调条件由弹性理论求得。当荷载较大时，混凝土出现塑性变形，其应力增长较慢而纵筋的应力增长较快，纵筋与混凝土的应力比值不再符合弹性关系而是逐渐变大，这种现象称为截面的应力重分布，如图 6－1 所示。随着荷载继续增加，柱中开始出现纵向裂缝，在临近破坏荷载时，柱四周裂缝明显加宽，箍筋间的纵筋首先压屈而外鼓，混凝土达到极限压应变而被压碎，柱子即告破坏，如图 6－2（a）所示。

试验表明，钢筋混凝土短柱在混凝土破碎时的压应变值比混凝土棱柱体的极限压应变略高，其主要原因是纵向钢筋起到了调整混凝土应力的作用，改善了受压破坏的脆性性质。计算时，取混凝土的极限压应变为 0.002，这时混凝土达到了棱柱体抗压强度 f_c，相应的纵筋最大应力约为 $\sigma_s'=E_s\times0.002=2.0\times10^5\times0.002=400\text{N/mm}^2$，对于 HRB400、HRBF400 和

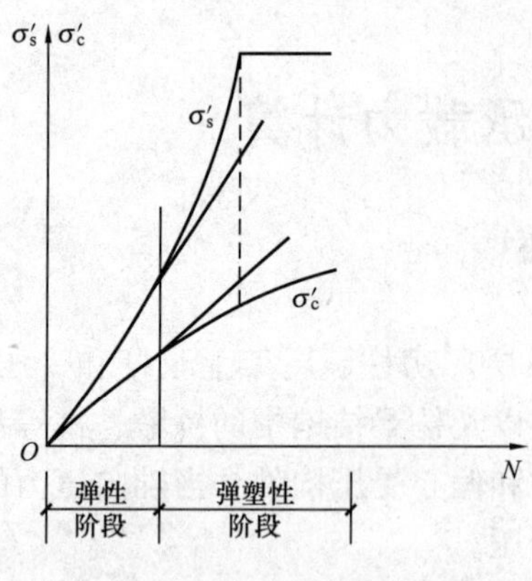

图 6－1 荷载—应力曲线变化

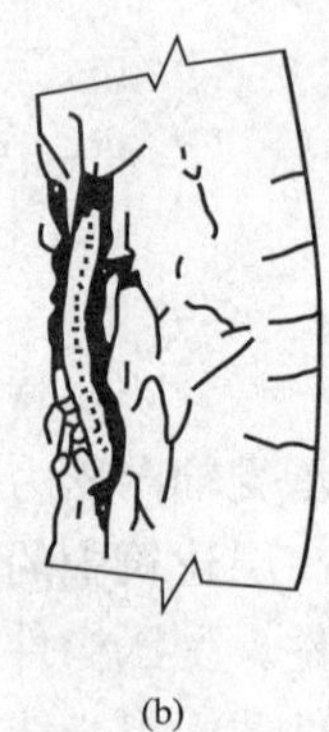

图 6－2 短柱与长柱的破坏形态

(a) 短柱；(b) 长柱

RRB400 级热轧钢筋已可达到抗压屈服强度。柱中配置钢筋后，轴心受压构件的极限压应变还会有所增大，因此极限状态时 HRB500 和 HRBF500 级钢筋的压应力也可以达到屈服强度 410N/mm²。

对于长细比较大的柱子，试验表明，由各种因素造成的初始偏心对构件的受压承载力影响较大，不可忽略。由初始偏心产生附加弯矩和相应的侧向挠度，而侧向挠度又增加了荷载的偏心距。随荷载的增加，构件在压力和弯矩的共同作用下而破坏。对于长细比很大的细长柱，还可能发生丧失稳定性的破坏。长柱破坏的特征是凸侧混凝土出现水平裂缝，凹侧出现纵向裂缝直至混凝土压碎，纵筋被压屈而外鼓，如图 6－2（b）所示。

试验结果表明，长柱的破坏荷载低于相同条件下短柱的破坏荷载，而且长细比越大，承载能力降低越多。此外，在荷载的长期作用下，由于混凝土的徐变，构件的侧向挠度还将继续增加，对构件的受压承载力有一定的不利影响。规范采用稳定系数来表示长柱承载力的降低程度，即

$$\varphi = N_u^l / N_u^s$$

式中 N_u^l，N_u^s——长柱和短柱的承载力。

φ 主要与柱的长细比 l_0/b 有关，表 6－1 给出了稳定系数 φ 的取值。

表 6－1　钢筋混凝土轴心受压构件的稳定系数

l_0/b	≤8	10	12	14	16	18	20	22	24	26	28
l_0/d	≤7	8.5	10.5	12	14	15.5	17	19	21	22.5	24
l_0/i	≤28	35	42	48	55	62	69	76	83	90	97
φ	1.00	0.98	0.95	0.92	0.87	0.81	0.75	0.70	0.65	0.60	0.56
l_0/b	30	32	34	36	38	40	42	44	46	48	50
l_0/d	26	28	29.5	31	33	34.5	36.5	38	40	41.5	43
l_0/i	104	111	118	125	132	139	146	153	160	167	174
φ	0.52	0.48	0.44	0.40	0.36	0.32	0.29	0.26	0.23	0.21	0.19

注　表中 l_0 为构件计算长度；b 为矩形截面的短边尺寸；d 为圆形截面的直径；i 为截面最小回转半径。

2. 正截面受压承载力计算公式

根据试验分析，配置普通箍筋的钢筋混凝土轴心受压构件破坏时，横截面的计算应力图形如图6-3所示，承载力计算式为

$$N \leqslant N_u = 0.9\varphi(f_c A + f'_y A'_s) \quad (6-1)$$

式中 N——轴心压力设计值；

φ——钢筋混凝土轴心受压构件的稳定系数，见表6-1；

f_c——混凝土轴心抗压强度设计值；

A——构件截面面积，当纵向受压钢筋的配筋率大于3%时，A应改用$(A-A'_s)$代替；

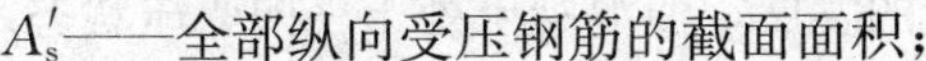

A'_s——全部纵向受压钢筋的截面面积；

f'_y——纵向钢筋的抗压强度设计值；

0.9——轴心受压构件的可靠度调整系数。

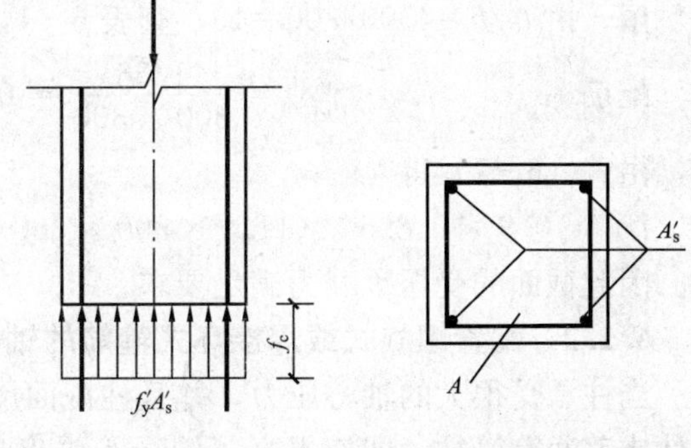

图6-3 普通箍筋柱正截面受压承载力计算简图

构件的计算长度l_0与构件两端支承情况有关。在实际工程中，构件端部的支承情况比较复杂。《规范》对单层厂房排架柱、框架柱的计算长度作出了具体规定。

实际工程中有截面设计和截面复核两类问题。当为截面设计时，一般先根据经验及构造要求等拟定截面尺寸及选用材料，再按已知的轴向力N值由式（6-1）计算出A'_s进行配筋。当为截面复核时，根据已知条件由式（6-1）计算出构件的受压承载力N_u，将其与该构件实际作用的轴向压力N值相比，检验其是否安全。

【例6-1】 某多层多跨现浇钢筋混凝土框架结构的底层内柱，轴心压力设计值$N=2100$kN，柱的计算长度$l_0=4.2$m，混凝土强度等级为C30（$f_c=14.3\text{N/mm}^2$），钢筋为HRB400级（$f'_y=360\text{N/mm}^2$）。求柱截面尺寸及纵筋面积。

解 按照构造要求，初步取柱截面尺寸为350mm×350mm。由$l_0/b=4200/350=12$，查表6-1，得$\varphi=0.95$。

由式（6-1）得

$$A'_s = \frac{1}{f'_y}\left(\frac{N}{0.9\varphi} - f_c A\right) = \frac{1}{360} \times \left(\frac{2100 \times 10^3}{0.9 \times 0.95} - 14.3 \times 350 \times 350\right) = 1957\text{mm}^2$$

选4Φ25（$A'_s=1964\text{mm}^2$），则实际配筋率

$$\rho' = \frac{A'_s}{A} = \frac{1964}{350 \times 350} = 0.016 = 1.6\% < 3\%$$

同时大于最小配筋率0.55%的要求，可以。

截面每一侧配筋率

$$\rho' = \frac{0.5 \times 1964}{350 \times 350} = 0.032 = 3.2\%$$

大于单侧最小配筋率0.2%的要求，可以。

【例6-2】 某钢筋混凝土轴心受压柱，截面尺寸300mm×300mm，计算长度$l_0=4.5$m。混凝土强度等级为C25（$f_c=11.9\text{N/mm}^2$），纵筋级别为HRB500级（$f'_y=410\text{N/mm}^2$），柱内配置4Φ20的纵筋（$A'_s=1256\text{mm}^2$）。柱上作用的轴心压力设计值为1050kN，试验算该柱的

正截面受压承载力。

解 由 $l_0/b=4500/300=15$，查表 6-1，得 $\varphi=0.895$。

配筋率
$$\rho'=\frac{1256}{300\times300}=0.014=1.4\%<3\%$$

由式（6-1）得

$$N_u=0.9\times0.895\times(11.9\times300\times300+410\times1256)=1277\text{kN}>N=1050\text{kN}$$

因此截面的受压承载力满足要求。

6.2.2 配置螺旋式或焊接环式箍筋的轴心受压构件

当柱承受很大的轴心压力，并且柱截面尺寸受到建筑上和使用上的限制不能加大时，若设计成普通箍筋柱，即使提高了混凝土强度等级和增加了纵筋配筋量也不足以承受该压力时，可考虑采用螺旋筋或焊接环筋（也可称为“间接钢筋”）以提高柱的承载力。

螺旋筋和焊接环筋的间距很密，不会像普通箍筋那样容易“崩开”，因而能有效地约束核心混凝土受压时的侧向变形，抑制内部微裂缝的发展，使混凝土处于三向受压状态，从而提高了混凝土的抗压强度和变形能力。试验表明，随轴向压力的增大，混凝土的横向变形逐渐增大，并在螺旋筋或焊接环筋中产生较大的环向拉力，从而对核心混凝土形成间接的被动侧压力。当混凝土的压应变达到无约束混凝土的极限压应变时，螺旋筋或焊接环筋外面的保护层混凝土开始剥落，这时构件并未达到破坏状态，还能继续增加轴向压力，直至最后螺旋筋或焊接环筋的应力达到抗拉屈服强度，就不能再有效地约束混凝土的侧向变形，构件即告破坏。

由于螺旋箍筋或焊接环形箍筋使核心混凝土处于三向受压状态，所以可仿照圆柱体侧向均匀受压试验所得的近似计算公式。根据试验，混凝土圆柱体的三向受压强度可按下式计算

$$f_{c1}=f_c+\beta\sigma_r$$

式中 f_{c1}——三向受压时混凝土的轴心抗压强度；

σ_r——间接钢筋的应力达到屈服强度时，核心区混凝土受到的径向压应力值，如图 6-4 所示；

β——系数，其取值一般在 3～4 之间。

在间接钢筋间距 s 范围内，由单根钢筋脱离体的平衡条件（图 6-4）可得

$$2f_{yv}A_{ss1}=2\int_0^{\frac{\pi}{2}}\sigma_r\cos\theta\mathrm{d}\theta\cdot\frac{d_{cor}}{2}\cdot s=\sigma_r d_{cor}\cdot s$$

则

$$\sigma_r=\frac{2f_{yv}A_{ss1}\cdot\pi d_{cor}}{4\cdot\frac{\pi d_{cor}^2}{4}\cdot s}=\frac{f_{yv}A_{ss0}}{2A_{cor}} \quad (6-2)$$

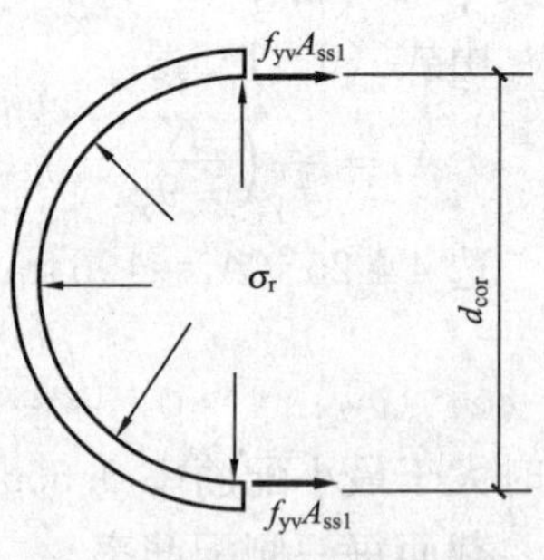

图 6-4 单根间接钢筋的受力

$$A_{ss0}=\frac{\pi d_{cor}A_{ss1}}{s}$$

式中 A_{ss1}——单根间接钢筋的截面面积；

f_{yv}——间接钢筋的抗拉强度设计值；

s——间接钢筋沿构件轴线方向的间距；

d_{cor}——构件的核心截面直径，即间接钢筋内表面之间的距离；

A_{ss0}——间接钢筋的换算截面面积；

A_{cor}——构件的核心截面面积，间接钢筋内表面范围内的混凝土面积。

$$A_{cor}=\frac{\pi d_{cor}^2}{4}$$

根据力的平衡条件，得

$$N_u=(f_c+\beta\sigma_r)A_{cor}+f'_yA'_s$$

将式（6－2）代入，得

$$N_u=f_cA_{cor}+\frac{\beta}{2}f_{yv}A_{ss0}+f'_yA'_s$$

如取 $\beta=4\alpha$，则得

$$N_u=f_cA_{cor}+2\alpha f_{yv}A_{ss0}+f'_yA'_s$$

式中，α 称为间接钢筋对混凝土约束的折减系数，当混凝土强度等级不超过 C50 时，$\alpha=1.0$；当混凝土强度等级为 C80 时，$\alpha=0.85$；其间按线性内插法确定。再考虑可靠度的调整系数 0.9 后，配置螺旋式或焊接环式间接钢筋轴心受压柱的受压承载力按下式计算

$$N\leqslant N_u=0.9(f_cA_{cor}+2\alpha f_{yv}A_{ss0}+f'_yA'_s) \tag{6-3}$$

为保证在正常使用阶段箍筋外围的混凝土不致过早剥落，按式（6－3）算得的构件受压承载力不应大于按式（6－1）算得的受压承载力的 1.5 倍。当遇到下列任意一种情况时，不应计入间接钢筋的影响，而应按式（6－1）进行计算：

1）当 $l_0/d>12$ 时，因构件长细比较大，可能由于初始偏心引起纵向弯曲，降低构件的承载能力，使得间接钢筋不能发挥作用。

2）当按式（6－3）算得的构件受压承载力小于式（6－1）算得的受压承载力时，因式（6－3）中只考虑混凝土的核心截面面积，而当外围混凝土相对较厚而间接钢筋用量较少时，就有可能出现上述情况，实际上构件所能达到的承载力则等于式（6－1）的计算结果。

3）当间接钢筋的换算截面面积 A_{ss0} 小于纵向钢筋的全部截面面积的 25%时，可以认为间接钢筋配置得太少，它对核心混凝土的约束作用不明显。

对于配置间接钢筋柱的设计问题，通常是先选取材料的强度等级，并拟定柱截面尺寸，再选配纵筋，然后由式（6－3）算出必需的箍筋。如为截面复核问题，则将已知数据代入式（6－3），直接算出构件的受压承载力，检验是否满足要求。

【例 6－3】 某现浇钢筋混凝土柱，承受轴心压力设计值 $N=4600$kN，柱计算高度 $l_0=5.2$m，由于建筑要求，柱截面取圆形，直径 $d=450$mm。混凝土强度等级为 C30（$\alpha_1=1.0$，$f_c=14.3\text{N/mm}^2$），柱中纵筋采用 HRB400 级钢筋（$f'_y=360\text{N/mm}^2$），箍筋采用 HRB335 级钢筋（$f_{yv}=300\text{N/mm}^2$）。试计算柱中配筋。

解　（1）先按配普通箍筋柱计算

由 $l_0/d=5200/450=11.6$，查表 6－1，得 $\varphi=0.928$

圆形柱混凝土的截面面积

$$A=\pi d^2/4=3.14\times450^2/4=15.90\times10^4\text{mm}^2$$

由式（6－1）得

$$A'_s=\frac{1}{f'_y}\left(\frac{N}{0.9\phi}-f_cA\right)=\frac{1}{360}\times\left(\frac{4600\times10^3}{0.9\times0.928}-14.3\times15.90\times10^4\right)=8983\text{mm}^2$$

$$\rho' = \frac{A'_s}{A} = \frac{8983}{15.90\times10^4} = 0.056 = 5.6\% > 5\%$$

配筋率大于3%时，应将公式6-1中的A改为$A-A'_s$重新计算，则配筋率会更高。由于配筋率太高，即采用普通箍筋柱不经济。因$l_0/d<12$，若混凝土强度等级不再提高，可采用螺旋箍筋柱以提高柱的承载力。

(2) 按配有螺旋式箍筋柱计算

取$\rho'=3\%$，则$A'_s=0.03\times15.90\times10^4=4770\text{mm}^2$，选用10$\Phi$25，$A'_s=4909\text{mm}^2$。纵筋净距符合构造要求。

$$d_{cor} = d-(25+12)\times2 = 450-74 = 376\text{mm}$$

$$A_{cor} = \pi d_{cor}^2/4 = 3.14\times376^2/4 = 11.10\times10^4\text{mm}^2$$

由式（6-3），得

$$A_{ss0} = \frac{\dfrac{N}{0.9}-(f_cA_{cor}+f'_yA'_s)}{2\alpha f_{yv}}$$

$$A_{ss0} = \frac{\dfrac{4600\times10^3}{0.9}-(14.3\times11.10\times10^4+360\times4909)}{2\times1.0\times300} = 2928\text{mm}^2$$

$A_{ss0}>0.25A'_s=0.25\times4909=1227\text{mm}^2$，满足构造要求。

取螺旋箍筋直径为12mm，则$A_{ss1}=113.1\text{mm}^2$，螺旋箍筋直径大于$d/4=25/4=6\text{mm}$，满足构造要求。

$$s = \pi d_{cor}A_{ss1}/A_{ss0} = 3.14\times376\times113.1/2928 = 45.6\text{mm}$$

按照螺旋箍筋的构造要求，箍筋间距不应大于80mm及$d_{cor}/5=376/5=75.2\text{mm}$，且不宜小于40mm。取$s=45\text{mm}$满足要求。

根据所配置的螺旋箍$d=12\text{mm}$，$s=45\text{mm}$进行柱的承载力验算。

$$A_{ss0} = \frac{\pi d_{cor}A_{ss1}}{s} = \frac{3.14\times376\times113.1}{45} = 2967\text{mm}^2$$

$$\begin{aligned}N_u &= 0.9(f_cA_{cor}+2\alpha f_{yv}A_{ss0}+f'_yA'_s)\\ &= 0.9\times(14.3\times11.10\times10^4+2\times1\times300\times2928+360\times4909)\\ &= 4600.2\text{kN} > 4600\text{kN}\end{aligned}$$

按式（6-1），得

$$\begin{aligned}N_u &= 0.9\varphi(f_cA+f'_yA'_s)\\ &= 0.9\times0.928\times(14.3\times15.90\times10^4+360\times4909)\\ &= 3375\text{kN}\end{aligned}$$

因$1.5\times3375=5062.5\text{kN}>4600.2\text{kN}$，故满足设计要求。

6.3 偏心受压构件正截面受压承载力

一般的受压构件，在轴向压力作用的同时，还有弯矩的作用，有的还作用有横向剪力，如遇到水平风荷载和地震作用时。工程中的偏心受压构件大部分都是按单向偏心受压来进行截面设计的，但也有一部分偏心受压构件，例如多层框架房屋的角柱，其轴向压力同时沿截面的两个主轴方向有偏心作用，这时应按双向偏心受压构件进行设计。

6.3.1　偏心受压构件的破坏特征

从正截面受力性能来看，偏心受压是处于轴心受压与受弯之间范围相当广的受力状态，即当弯矩 M 很小接近于零或轴向压力 N 的偏心距接近于零时，可看作轴心受压状态。当弯矩 M 很大而轴向压力 N 很小接近于零时，则看作是受弯状态。根据大量试验研究结果，偏心受压构件按其破坏特征可划分为以下两种情况（图 6-5）。

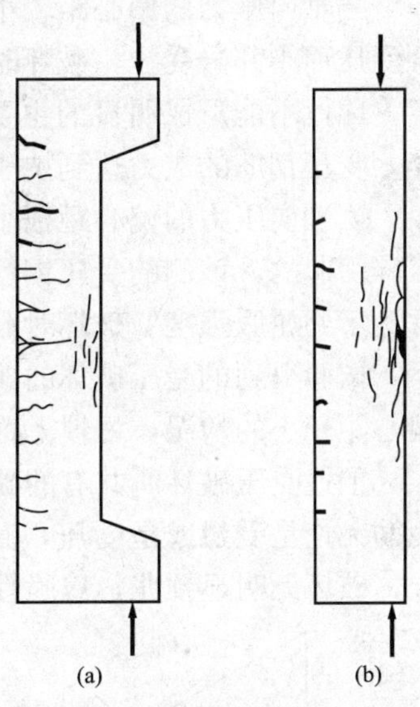

图 6-5　偏心受压构件的两种破坏形态

（a）大偏心受压破坏；（b）小偏心受压破坏

1. 受拉破坏

当轴向压力 N 的偏心距 e_0 较大且受拉侧钢筋配置得不太多时发生。在临近破坏时，受拉钢筋 A_s 的应力首先达到屈服强度，受拉区横向裂缝迅速开展并向受压区延伸，致使受压区混凝土面积减小，最后靠近轴向压力一侧的受压区边缘混凝土达到其极限压应变而被压碎。试验所得的典型破坏形态如图 6-5（a）所示。这种破坏都发生在轴向压力偏心距较大的情况，故习惯上也称为大偏心受压破坏。

总的来看，受拉破坏是受拉钢筋首先达到屈服，然后受压钢筋也达到屈服，最后由于受压区混凝土压碎而导致构件破坏，这种破坏形态在破坏前有明显的预兆，属于塑性破坏。破坏时截面的应变及应力分布见图 6-6（a）。

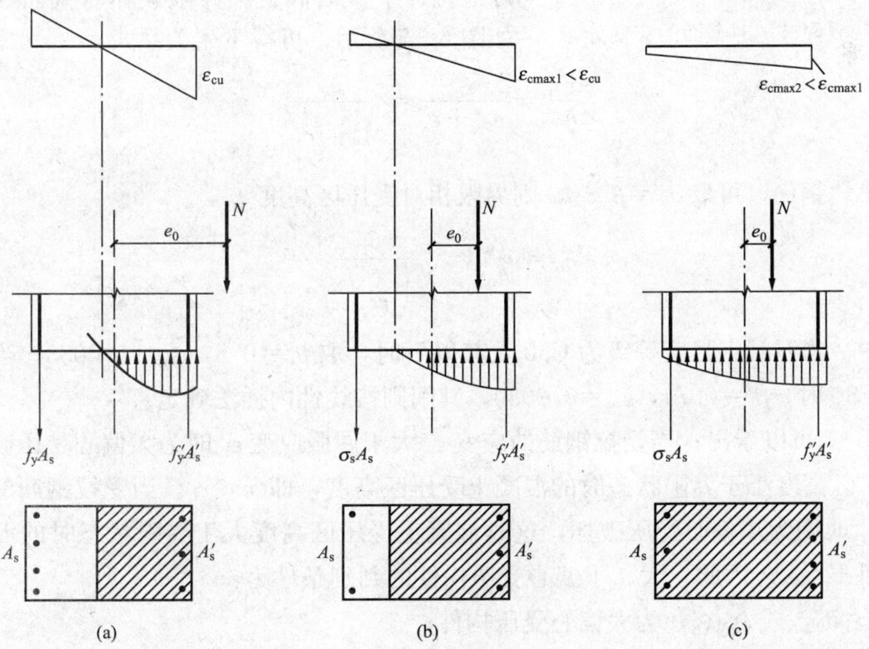

图 6-6　偏心受压构件截面的应力及应变分布

2. 受压破坏

当轴向压力 N 的偏心距很小，或虽然偏心距不是太小但配置有很多受拉钢筋时，构件就会发生这种类型的破坏。

当轴向压力的偏心距较小，或偏心距虽然较大，但受拉钢筋配置较多时，构件截面大部分受压而小部分受拉，破坏时，远离轴压力一侧的钢筋 A_s 中的拉应力较小，达不到屈服强度，因此不能形成明显的主要受拉裂缝。靠近轴压力一侧的混凝土因压应力较大而先行压碎，受压钢筋的应力达到抗压屈服强度，破坏时截面的应变及应力分布见图 6-6（b）。

当轴向压力的偏心距很小时，构件截面将全部受压，破坏是由压应力较大一侧混凝土的压碎引起的，该侧的受压钢筋 A_s' 一般都能达到屈服强度，而受压较小侧的钢筋 A_s 压应力通常达不到屈服强度。破坏时截面的应变及应力分布见图 6-6（c）。

试验得到的受压破坏的典型破坏形态见图 6-5（b）。由于这种破坏常发生在轴向压力偏心距较小的情况，习惯上称之为小偏心受压破坏。

上述受压破坏所共有的破坏特征是，破坏始于受压区混凝土的压碎，远离轴压力一侧的钢筋无论是受拉或是受压，其应力一般都达不到屈服强度，构件在破坏前变形不会急剧增长，破坏无明显预兆，属脆性破坏。

6.3.2 两类偏心受压破坏的界限

大偏心受压破坏和小偏心受压破坏之间存在着一种界限状态，称为界限破坏。其主要特征为，在受拉钢筋屈服的同时，受压区边缘混凝土刚好达到极限压应变而被压碎。试验还表明，从开始加荷直到构件破坏，偏心受压构件的截面平均应变都能较好地符合平截面假定。界限破坏时截面的应变分布如图 6-7 所示，可得下列关系式

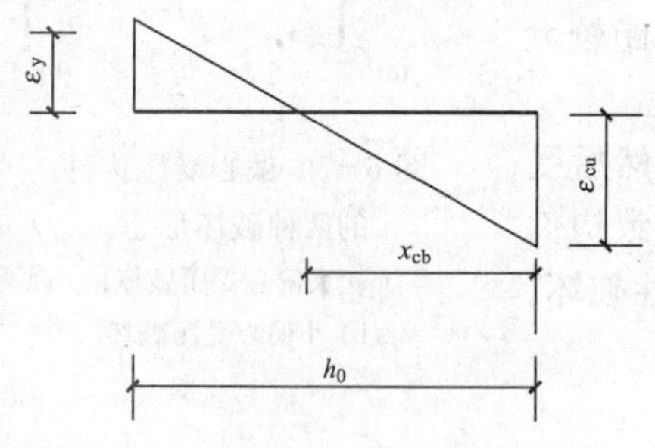

图 6-7 界限破坏时截面的应变分布

$$\frac{x_{cb}}{h_0}=\frac{\varepsilon_{cu}}{\varepsilon_{cu}+\varepsilon_y}=\frac{1}{1+\dfrac{\varepsilon_y}{\varepsilon_{cu}}}$$

对于热轧钢筋，可取 $x_b=\beta_1 x_{cb}$，则界限相对受压区高度

$$\xi_b=\frac{x_b}{h_0}=\frac{\beta_1}{1+\dfrac{f_y}{E_s\cdot\varepsilon_{cu}}}$$

上式中，当混凝土强度等级为 C50 及其以下时，取 $\beta_1=0.8$，$\varepsilon_{cu}=0.0033$；当混凝土强度等级为 C80 时，$\beta_1=0.74$，$\varepsilon_{cu}=0.0030$，其间则按线性内插法确定。

由图 6-7 可以看出，当受拉钢筋的应变 ε_s 大于屈服应变 ε_y 时为大偏心受压破坏，这时混凝土受压区高度小于界限状态时的混凝土受压区高度，即 $x<x_b$。当受拉钢筋的应变小于屈服应变 ε_y 时则为小偏心受压破坏，这时混凝土受压区高度大于界限状态时的混凝土受压区高度，即 $x>x_b$。因此，大、小偏心受压构件的判别条件为：

当 $x\leqslant\xi_b h_0$，或 $\xi\leqslant\xi_b$，为大偏心受压构件；

当 $x>\xi_b h_0$，或 $\xi>\xi_b$，为小偏心受压构件。

其中，ξ 为偏心受压构件正截面承载力极限状态时截面的计算相对受压区高度，即 $\xi=x/h_0$。

6.3.3　附加偏心距 e_a、初始偏心距 e_i

考虑到工程中实际存在着竖向荷载作用位置的不确定性、混凝土质量的不均匀性、配筋的不对称性以及施工偏差等因素，在偏心受压构件受压承载力计算中，必须计入轴向压力在偏心方向的附加偏心距 e_a，其值取 20mm 和偏心方向截面最大尺寸的 1/30 两者中的较大值。则正截面计算时所取的初始偏心距 e_i 应为

$$e_i = e_0 + e_a \tag{6-4}$$

式中　e_0——轴向压力的偏心距，按下式计算

$$e_0 = \frac{M}{N} \tag{6-5}$$

式中　M，N——偏心受压构件弯矩设计值和轴力设计值。

6.3.4　偏心受压长柱的二阶弯矩

1. 偏心受压长柱的正截面受压破坏

偏心受压钢筋混凝土柱会产生纵向弯曲，由此引起二阶弯矩。根据长细比的不同，钢筋混凝土柱可分为短柱、长柱和细长柱。图 6-8 中的曲线 abd 为偏心受压构件截面破坏时的承载力 N_u 与 M_u 之间的关系曲线。当为短柱时柱的纵向弯曲很小，M 与 N 成比例增加，如图 6-8 中的直线 oa，当 N 达到 N_a 时构件破坏，这时钢筋和混凝土都达到各自的极限强度，故称为“材料破坏”。此时附加弯矩 $\Delta M = Na_f$ 与初始弯矩 $M = Ne_i$ 相比也较小，可以忽略不计。

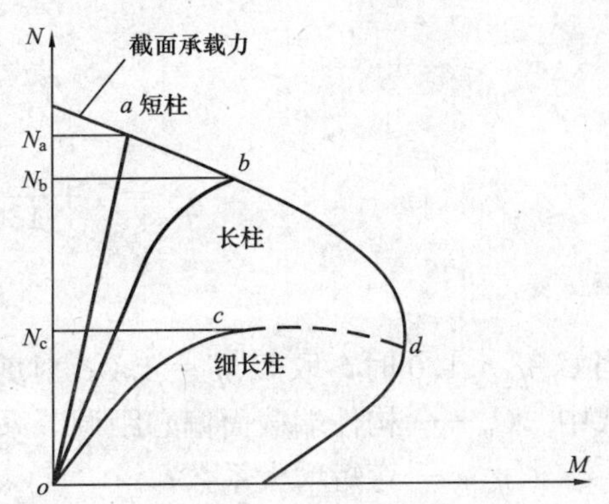

图 6-8　不同长细比柱从加荷载到破坏 N-M 关系

对于长细比较大的柱，侧向挠度产生的附加弯矩对构件承载力的影响已不能忽略。随 N 的增大，M 的增长速度越来越快。当 N 达到 N_b 时构件破坏，仍属于材料破坏，但构件所能承担的压力比其他条件相同的短柱为低。

对于长细比更大的细长柱，在轴向力为 N_c 时还没有达到材料的破坏关系曲线 abd 以前，构件由于失稳而破坏，此时截面所承担的轴向压力远小于短柱时的承载力 N_a，钢筋和混凝土的强度均未得到充分利用。

2. 二阶效应的概念

在结构分析中求得的是构件两端截面的弯矩及轴力，考虑挠曲二阶效应后，在构件的某个其他截面，其弯矩可能会大于端部截面的弯矩。设计时应取弯矩最大的截面进行计算。

结构工程中的二阶效应泛指在产生了挠曲变形或层间位移的结构构件中，由轴向压力所引起的附加内力和附加变形。如对无侧移的框架结构，二阶效应是指轴向压力在产生了挠曲变形的柱段中引起的附加内力，通常称为 P-δ 效应（又称挠曲二阶效应），它可能增大柱段中部的弯矩，一般不增大柱端控制截面的弯矩。对于有侧移的框架结构，二阶效应主要是指竖向荷载在产生了侧移的框架中引起的附加内力，通常称为 P-Δ 效应（又称侧移二阶效应或重力二阶效应）。

3. 构件自身挠曲引起的二阶效应

我国相关规范规定弯矩作用平面内截面对称的偏心受压构件，当同一主轴方向的杆端弯矩比 M_1/M_2 不大于 0.9 且设计轴压比 N/f_cA 不大于 0.9，若构件的长细比满足下式的要求，即

$$l_c/i \leqslant 34 - 12(M_1/M_2) \tag{6-6}$$

可不考虑轴向压力在该方向挠曲杆件中产生的附加弯矩影响。

式中 M_1、M_2——已考虑侧移影响的偏心受压构件两端截面按结构弹性分析确定的同一主轴的组合弯矩设计值，绝对值较大端为 M_2，绝对值较小端为 M_1，当构件按单曲率弯曲时，M_1/M_2 取正值，否则取负值；

l_c——构件的计算长度，可近似取偏心受压构件相应主轴方向上下支撑点之间的距离；

i——偏心方向的截面回转半径。

除排架结构柱外，其他偏心受压构件考虑轴向压力在挠曲杆件中产生的二阶效应后控制截面的弯矩设计值按下式计算

$$M = C_m \eta_{ns} M_2 \tag{6-7}$$

$$C_m = 0.7 + 0.3\frac{M_1}{M_2} \tag{6-8}$$

$$\eta_{ns} = 1 + \frac{1}{1300(M_2/N + e_a)/h_0}\left(\frac{l_c}{h}\right)^2 \zeta_c \tag{6-9}$$

$$\zeta_c = \frac{0.5 f_c A}{N} \tag{6-10}$$

当 $C_m \eta_{ns} < 1.0$ 时，取 $C_m \eta_{ns} = 1.0$；对剪力墙及核心筒墙，可取 $C_m \eta_{ns} = 1.0$。

式中 C_m——构件端截面偏心距调节系数，当小于 0.7 时取 0.7；

η_{ns}——弯矩增大系数；

N——与弯矩设计值 M_2 相应的轴向压力设计值；

e_a——附加偏心距；

ζ_c——截面曲率修正系数，当计算值大于 1.0 时取 1.0；

h——截面高度，对环形截面，取外直径，对圆形截面，取直径；

h_0——截面有效高度，对环形截面，取 $h_0 = r_2 + r_s$，对圆形截面，取 $h_0 = r + r_s$，此处，r、r_2 和 r_s 按规范规定取值；

A——构件截面面积。

以上即是在偏心受压构件中考虑 $P-\delta$ 效应的 $C_m - \eta_{ns}$ 法，该方法的基本思路与美国 ACI318－08 规范所用方法相同，与我国 2002 版《混凝土结构设计规范》的方法相比有较大改变。

4. 构件侧移二阶效应

由侧移产生的二阶效应可在结构分析时采用有限元方法计算，也可采用增大系数法近似计算。增大系数法是对未考虑 $P-\Delta$ 效应的一阶弹性分析所得的构件端弯矩以及层间位移乘以增大系数，即

$$M = M_{ns} + \eta_s M_s \tag{6-11a}$$

$$\Delta = \eta_s \Delta_1 \tag{6-11b}$$

式中 M_s——引起结构侧移荷载产生的一阶弹性分析构件端弯矩设计值；

M_{ns}——不引起结构侧移荷载产生的一阶弹性分析构件端弯矩设计值；

Δ_1——一阶弹性分析的层间位移；

η_s——$P-\Delta$ 效应增大系数。

对于框架结构，所计算楼层各柱的 η_s 可按下式计算

$$\eta_s=\frac{1}{1-\dfrac{\sum N_j}{DH_0}} \tag{6-12a}$$

式中　D——所计算楼层的侧向刚度；

N_j——所计算楼层第 j 列柱轴力设计值；

H_0——所计算楼层的层高。

对于剪力墙结构、框架—剪力墙结构、筒体结构中的 η_s 可按下式计算

$$\eta_s=\frac{1}{1-0.14\dfrac{H^2\sum G}{E_cJ_d}} \tag{6-12b}$$

式中　$\sum G$——各楼层重力荷载设计值之和；

E_cJ_d——结构的等效侧向刚度；

H——结构总高度。

对于排架结构柱，考虑二阶效应的弯矩设计值可按下式计算

$$M=\eta_s M_0 \tag{6-13a}$$

$$\eta_s=1+\frac{1}{1500e_i/h_0}\left(\frac{l_0}{h}\right)^2\zeta_c \tag{6-13b}$$

式中　M_0——一阶弹性分析柱端弯矩设计值；

l_0——排架柱的计算长度。

其余符号意义同前。

6.3.5　非对称配筋矩形截面偏心受压构件正截面承载力计算

1. 基本假定

偏心受压构件正截面承载力计算时采用以下基本假定：

(1) 截面应变符合平截面假定；

(2) 不考虑受拉区混凝土承担拉力；

(3) 受压区混凝土的应力图形等效为矩形，其应力值为 $\alpha_1 f_c$，受压区高度 x 与由平截面假定所确定的实际中和轴高度 x_c 的比值取为 β_1。

2. 基本计算公式及适用条件

(1) 大偏心受压构件

由平衡条件，可得出非对称配筋矩形截面大偏心受压构件正截面受压承载力的计算公式（图 6-9）。

$$N\leqslant N_u=\alpha_1 f_c bx+f'_yA'_s-f_yA_s \tag{6-14}$$

$$Ne\leqslant N_ue=\alpha_1 f_c bx\left(h_0-\frac{x}{2}\right)+f'_yA'_s(h_0-a'_s) \tag{6-15}$$

$$e=e_i+\frac{h}{2}-a_s \tag{6-16}$$

式中　e——轴向压力作用点至受拉钢筋 A_s 合力点之间的距离。

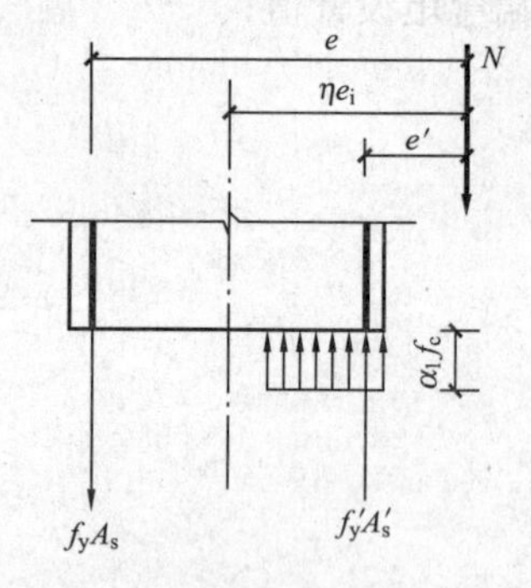

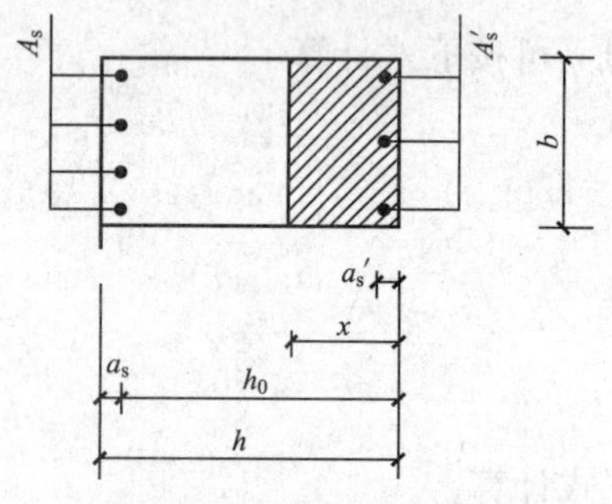

图 6-9 矩形截面非对称配筋大偏心受压构件正截面承载力计算图形

将 $x=\xi h_0$ 代入式（6-14）和式（6-15），并令 $\alpha_s=\xi(1-0.5\xi)$，则上列公式可写成如下形式

$$N \leqslant N_u = \alpha_1 f_c b h_0 \xi + f_y' A_s' - f_y A_s \tag{6-17}$$

$$Ne \leqslant N_u e = \alpha_s \alpha_1 f_c b h_0^2 + f_y' A_s'(h_0 - a_s') \tag{6-18}$$

为保证构件破坏时，受拉钢筋的应力能够达到屈服强度，应满足

$$x \leqslant \xi_b h_0 \quad 或 \quad \xi \leqslant \xi_b$$

为保证构件破坏时，受压钢筋的应力能够达到屈服强度，应满足

$$x \geqslant 2a_s'$$

如果计算中出现 $x<2a_s'$ 的情况，则说明纵向受压钢筋的应力没有达到抗压强度设计值 f_y'，此时可近似取 $x=2a_s'$，并对受压钢筋合力点取矩，得

$$Ne' \leqslant N_u e' = f_y A_s (h_0 - a_s') \tag{6-19}$$

$$e' = e_i - \frac{h}{2} + a_s' \tag{6-20}$$

式中 e'——轴向压力作用点至受压钢筋 A_s' 合力点之间的距离。

由上述承载力公式计算得出的受拉钢筋面积 A_s 及受压钢筋面积 A_s' 均须满足最小配筋率的要求。

（2）小偏心受压构件

小偏心受压构件破坏时，受压钢筋 A_s' 的压应力总能达到屈服强度，而远离轴向压力一侧的钢筋 A_s 可能受拉，也可能受压，但均达不到屈服强度，见图 6-10。根据平衡条件，小偏心受压构件正截面受压承载力的计算式为

$$N \leqslant N_u = \alpha_1 f_c b x + f_y' A_s' - \sigma_s A_s \tag{6-21}$$

$$Ne \leqslant N_u e = \alpha_1 f_c b x \left(h_0 - \frac{x}{2}\right) + f_y' A_s'(h_0 - a_s') \tag{6-22}$$

式中 σ_s——远离轴向压力一侧的钢筋 A_s 的应力值，可近似取

$$\sigma_s = \frac{\xi - \beta_1}{\xi_b - \beta_1} f_y \tag{6-23}$$

σ_s 为正值时表示拉应力，为负值时表示压应力，且应满足

$$-f_y' \leqslant \sigma_s \leqslant f_y \tag{6-24}$$

小偏心受压构件正截面受压承载力计算公式的适用条件为

$$x > \xi_b h_0$$

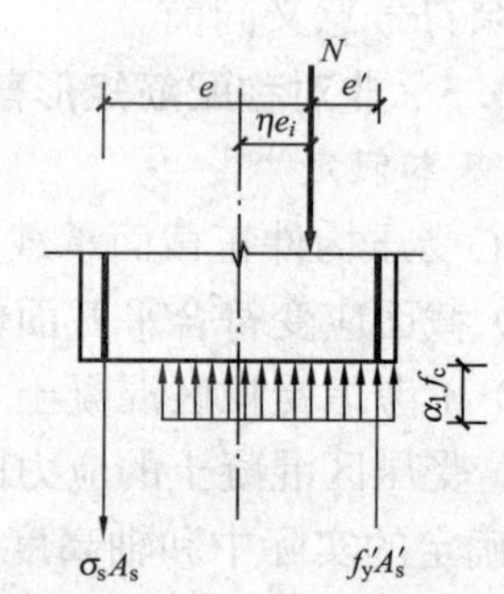

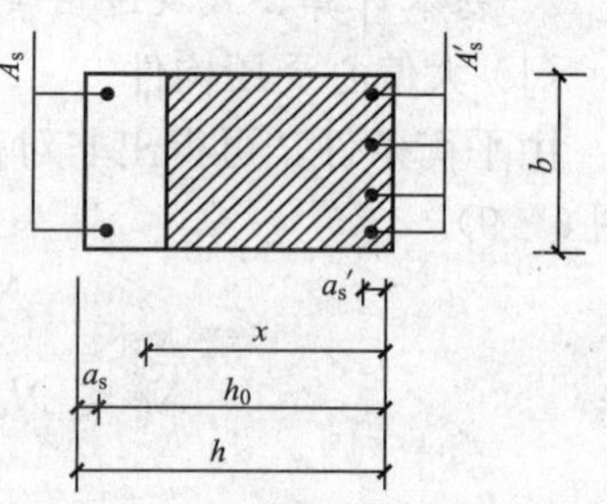

图 6-10 矩形截面非对称配筋小偏心受压构件正截面承载力计算图形

当非对称配筋的小偏心受压构件全截面受压，即当

N 较大、而 e_0 较小时，使远离轴压力一侧的钢筋 A_s 受压，且其应力可达到抗压强度设计值 f'_y(图 6-11)。这种破坏称为小偏心受压的反向破坏。

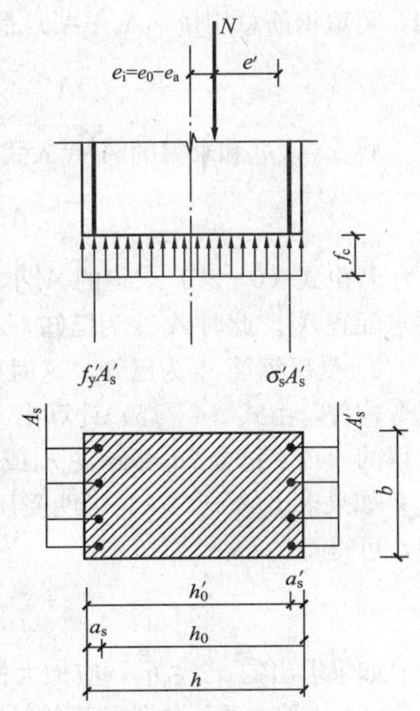

图 6-11　小偏心受压构件反向破坏时截面应力计算图形

《规范》规定，对采用非对称配筋的小偏心受压构件，当轴向压力设计值 $N>f_cbh$ 时，应按式（6-25）进行验算。按反向受压破坏计算时，取初始偏心距 $e_i=e_0-e_a$，这是考虑了不利方向的附加偏心距。按这样计算的 e' 会增大，从而使 A_s用量增加，偏于安全。

$$Ne'\leqslant N_ue'=f_cbh\left(h'_0-\frac{h}{2}\right)+f'_yA_s(h'_0-a_s) \tag{6-25}$$

$$e'=\frac{h}{2}-a'_s-(e_0-e_a) \tag{6-26}$$

式中　e'——轴向压力作用点至受压区纵向钢筋 A'_s合力点的距离；

h'_0——受压钢筋 A'_s合力点至截面远边的距离，即 $h'_0=h-a'_s$。

与大偏心受压构件一样，按小偏心受压构件计算得到的 A_s 及 A'_s也均需满足最小配筋率的要求。

3. 垂直于弯矩作用平面的受压承载力验算

偏心受压构件除应计算弯矩作用平面的受压承载力外，还应按轴心受压构件的式（6-1）验算垂直于弯矩作用平面的受压承载力，这时钢筋面积取全部纵向钢筋的截面面积，计算稳定系数 φ 时 l_0 和 b 分别取垂直于弯矩作用平面方向柱的计算长度和截面边长。

4. 非对称配筋矩形截面偏心受压构件的截面设计

通常截面上的内力设计值 N、M 及材料强度均为已知，截面尺寸 $b\times h$ 也已选定，要求计算纵向钢筋面积 A_s 及 A'_s。这时需首先判断属于哪一类偏心受压构件。

(1) 两种偏心受压的设计判别

如上所述，区分两种偏心受压破坏的界限为：当 $x\leqslant\xi_bh_0$ 为大偏心受压破坏，$x>\xi_bh_0$ 为小偏心受压破坏。但在截面配筋设计时，A_s 及 A'_s尚未确定，从而 x 值也为未知，故无法采用上面界限条件进行判别。

由理论分析可知，对实际工程中可能遇到的一般情况，当 $e_i\leqslant0.3h_0$ 时，截面总是发生小偏心受压破坏。因此，当 $e_i\leqslant0.3h_0$ 时，可按小偏心受压构件进行设计；当 $e_i>0.3h_0$ 时，根据 A_s 大小的不同存在两种情况：当 A_s 适量时，受拉钢筋在破坏时能够达到屈服，为大偏心受压；当 A_s 过大导致受拉钢筋达不到屈服为小偏心受压。此时，可先按大偏心受压公式进行设计，然后再判断适用条件 $x\leqslant\xi_bh_0$ 是否满足。如能满足，说明确为大偏心受压；如不满足，则再改用小偏心受压公式计算。

(2) 大偏心受压构件的配筋计算

1) 受压钢筋 A'_s及受拉钢筋 A_s 均为未知。在这种情况下，式（6-14）和式（6-15）中，有三个未知数 A'_s、A_s 及 x，故不能求得唯一解，应补充一个条件。与双筋受弯构件相

同，可取钢筋总用量（$A_s+A'_s$）最小，得到 $x=\xi_b h_0$，并代入公式（6-15），得

$$A'_s=\frac{Ne-\alpha_1 f_c bh_0^2\cdot\xi_b(1-0.5\xi_b)}{f'_y(h_0-a'_s)} \tag{6-27}$$

将 $x=\xi_b h_0$ 和求得的 A'_s 代入式（6-14），可得

$$A_s=\frac{\alpha_1 f_c bh_0\xi_b+f'_yA'_s-N}{f_y} \tag{6-28}$$

若由式（6-27）求得的 A'_s 小于 $0.002bh$ 或为负值，则应取 $A'_s=0.002bh$ 或按构造配筋要求配置 A'_s。此时 A'_s 变为已知，A_s 则应按 A'_s 已知的情况重新计算。

2）受压钢筋 A'_s 为已知。这时未知量只有 x 及 A_s 两个，可以得到唯一解。可仿照双筋受弯构件，由式（6-15）计算出 x，或利用式（6-18）求出 α_s 值，并进而求出 ξ 值。如果求得的 x 或 ξ 符合 $2a'_s\leqslant x\leqslant\xi_b h_0$ 或 $2a'_s/h_0\leqslant\xi\leqslant\xi_b$ 的条件，则可将 x 代入公式（6-14）求出 A_s；如果求出的 $x<2a'_s$，说明受压钢筋达不到屈服强度，可近似取 $x=2a'_s$，对 A'_s 合力点取矩，可得

$$A_s=\frac{Ne'}{f_y(h_0-a'_s)} \tag{6-29}$$

如果求出的 $x>\xi_b h_0$，应加大构件截面尺寸，或按 A'_s 也未知的情况重新计算 A'_s 及 A_s。

（3）小偏心受压构件的配筋计算

试验研究表明，当构件发生小偏心受压破坏时，远离轴压力一侧的 A_s 受拉或受压，但其应力 σ_s 一般都比较小，均达不到屈服强度，因此不需配置较多的 A_s，实用上可按最小配筋率配置，取 $A_s=0.002bh$。当 $N>f_c bh$ 时，应再按式（6-25）的不利情况验算 A_s 的用量，即

$$A_s=\frac{Ne'-f_c bh\left(h'_0-\dfrac{h}{2}\right)}{f'_y(h'_0-a_s)} \tag{6-30}$$

其中

$$e'=\frac{h}{2}-a'_s-(e_0-e_a)$$

将式（6-30）或 $0.002bh$ 中的 A_s 较大值代入基本公式（6-21）、式（6-22），并利用式（6-23），解出 ξ 为

$$\xi=A+\sqrt{A^2+B} \tag{6-31}$$

式中 $A=\dfrac{a'_s}{h_0}+\left(1-\dfrac{a'_s}{h_0}\right)\dfrac{f_yA_s}{(\xi_b-\beta_1)\alpha_1 f_c bh_0}$

$B=\dfrac{2Ne'}{\alpha_1 f_c bh_0^2}-2\beta_1\left(1-\dfrac{a'_s}{h_0}\right)\dfrac{f_yA_s}{(\xi_b-\beta_1)\alpha_1 f_c bh_0}$

如果求出的 $\xi<2\beta_1-\xi_b$，将 $x=\xi h_0$ 代入式（6-22）可求得 A'_s，显然 A'_s 应不小于 $0.002bh$，否则取 $A'_s=0.002bh$；

如果 $\dfrac{h}{h_0}\geqslant\xi\geqslant2\beta_1-\xi_b$，这时 $\sigma_s=-f'_y$，则基本公式可写为

$$N\leqslant N_u=\alpha_1 f_c\xi bh_0+f'_yA'_s+f'_yA_s \tag{6-32a}$$

$$Ne\leqslant N_ue=\alpha_1 f_c bx\left(h_0-\frac{x}{2}\right)+f'_yA'_s(h_0-a'_s) \tag{6-32b}$$

将 A_s 代入上式，即可求出 ξ 及 A'_s 值。同样 A'_s 应不小于 $0.002bh$，否则取 $A'_s=0.002bh$。

如果 $\xi>\dfrac{h}{h_0}$，应取 $\xi=\dfrac{h}{h_0}$，同时取 $\sigma_s=-f'_y$，则

$$N \leqslant N_u = \alpha_1 f_c bh + f'_y A'_s + f'_y A_s \tag{6-33a}$$

$$Ne \leqslant N_u e = \alpha_1 f_c bh\left(h_0 - \frac{h}{2}\right) + f'_y A'_s (h_0 - a'_s) \tag{6-33b}$$

对矩形截面小偏心受压构件，除进行弯矩作用平面内的偏心受压承载力计算外，还应对垂直于弯矩作用的平面按轴心受压构件进行验算。

【例 6-4】 钢筋混凝土矩形截面偏心受压柱，截面尺寸 $b\times h=300\text{mm}\times400\text{mm}$，混凝土保护层厚度 $c=20\text{mm}$，柱承受轴向压力设计值 $N=350\text{kN}$，柱顶截面弯矩设计值 $M_1=200\text{kN}\cdot\text{m}$，柱底截面弯矩设计值 $M_2=210\text{kN}\cdot\text{m}$。柱挠曲变形为单曲率。弯矩作用平面内柱上下两端的支撑长度为 3.5m，弯矩作用平面外柱的计算长度 $l_0=4.375\text{m}$。柱采用 C30 混凝土（$\alpha_1=1.0$，$f_c=14.3\text{N/mm}^2$），HRB400 级钢筋（$f_y=f'_y=360\text{N/mm}^2$），$\xi_b=0.518$。试计算所需的纵向钢筋 A_s 和 A'_s。

解　弯矩作用平面内柱计算长度 $l_c=3.5\text{m}$

（1）判断是否考虑轴向压力在弯矩方向杆件因挠曲产生的附加弯矩

杆端弯矩比
$$\frac{M_1}{M_2}=\frac{200}{210}=0.95>0.9$$

所以应考虑杆件自身挠曲变形的影响。

（2）计算弯矩设计值

按箍筋直径为 10mm 考虑，$a_s=a'_s=20+10+10=40$，$h_0=h-a_s=400-40=360\text{mm}$

$$\frac{h}{30}=\frac{400}{30}=13\text{mm}<20\text{mm}，取\ e_a=20\text{mm}$$

$$\zeta_c=\frac{0.5f_cA}{N}=\frac{0.5\times14.3\times300\times400}{350\times10^3}=2.45>1，取\ \zeta_c=1$$

$$C_m=0.7+0.3\frac{M_1}{M_2}=0.7+0.3\times0.95=0.985$$

$$\eta_{ns}=1+\frac{1}{1300\left(\dfrac{M_2}{N}+e_a\right)\Big/h_0}\left(\frac{l_c}{h}\right)^2\zeta_c$$

$$=1+\frac{1}{1300\times\left(\dfrac{210\times10^6}{350\times10^3}+20\right)\Big/360}\times\left(\frac{3500}{400}\right)^2\times1=1.034$$

$$M=C_m\eta_{ns}M_2=0.985\times1.034\times210=213.883\text{kN}\cdot\text{m}$$

（3）判别偏压类型

$$e_0=\frac{M}{N}=\frac{213.883\times10^6}{350\times10^3}=611\text{mm}$$

$$e_i=e_0+e_a=611+20=631\text{mm}>0.3h_0=0.3\times360=108\text{mm}$$

故按大偏心受压构件计算。

$$e=e_i+\frac{h}{2}-a_s=631+200-40=791\text{mm}$$

（4）计算 A_s 和 A'_s

为使钢筋总用量最小，近似取 $\xi=\xi_b=0.518$，则

$$\alpha_{sb}=\xi_b(1-0.5\xi_b)=0.518\times(1-0.5\times0.518)=0.384$$

根据式（6-27）和式（6-28）可得

$$A'_s=\frac{Ne-\alpha_1 f_c\alpha_{sb}bh_0^2}{f'_y(h_0-a'_s)}=\frac{350\times10^3\times791-1.0\times14.3\times0.384\times300\times360^2}{360\times(360-40)}$$

$$=550\text{mm}^2>A'_{smin}=\rho'_{min}bh=0.002\times300\times400=240\text{mm}^2$$

$$A_s=\frac{\alpha_1 f_c bh_0\xi_b+f'_yA'_s-N}{f_y}=\frac{1.0\times14.3\times300\times360\times0.518+360\times550-350\times10^3}{360}$$

$$=1800\text{mm}^2>A_{smin}=\rho_{min}bh=0.002\times300\times400=240\text{mm}^2$$

（5）配筋

受压钢筋选 3⌀16（$A'_s=603\text{mm}^2$），受拉钢筋选 3⌀28（$A_s=1847\text{mm}^2$）。经验算，柱两侧钢筋按一排钢筋布置时均满足纵筋最小净距 50mm 的要求。

截面总配筋率 $\rho=\frac{A_s+A'_s}{bh}=\frac{603+1847}{300\times400}=0.0204>0.0055$，满足要求。

（6）验算垂直于弯矩作用平面的受压承载力

$\frac{l_0}{b}=\frac{4375}{300}=14.6$，查表 6-1 得，$\varphi=0.905$，则

$$\begin{aligned}N_u&=0.9\varphi(f_cA+f'_yA'_s)\\&=0.9\times0.905\times[14.3\times300\times400+360\times(603+1847)]\\&=2116\times10^3\text{N}\\&=2116\text{kN}>N=350\text{kN}\end{aligned}$$

满足要求。

【例 6-5】 其他条件同［例 6-4］，但截面上已配置 2⌀22 受压钢筋（$A'_s=760\text{mm}^2$），试计算所需的受拉钢筋截面面积 A_s。

解 由［例 6-4］知可按大偏心受压构件计算，根据式（6-18）可得

$$\alpha_s=\frac{Ne-f'_yA'_s(h_0-a'_s)}{\alpha_1 f_c bh_0^2}=\frac{350\times10^3\times791-360\times760\times(360-40)}{1.0\times14.3\times300\times360^2}=0.340$$

$$\xi=1-\sqrt{1-2\alpha_s}=1-\sqrt{1-2\times0.340}=0.434<\xi_b=0.518$$

且 $\xi>\frac{2a'_s}{h_0}=\frac{2\times40}{360}=0.222$，满足要求，代入式（6-17）可得

$$A_s=\frac{\alpha_1 f_c bh_0\xi+f'_yA'_s-N}{f_y}=\frac{1.0\times14.3\times300\times360\times0.434+360\times760-350\times10^3}{360}$$

$$=1650\text{mm}^2>A_{smin}=240\text{mm}^2$$

经验算，总配筋率满足最小配筋率要求；垂直于弯矩作用平面的受压承载力也满足要求。

【例 6-6】 钢筋混凝土矩形截面偏心受压柱，截面尺寸 $b\times h=300\text{mm}\times500\text{mm}$，$a_s=a'_s=40\text{mm}$。截面承受轴向压力设计值 $N=1700\text{kN}$，柱顶截面弯矩设计值 $M_1=150\text{kN}\cdot\text{m}$，柱底截面弯矩设计值 $M_2=160\text{kN}\cdot\text{m}$。柱挠曲变形为单曲率。弯矩作用平面内柱上下两端的支撑长度为 5.2m，弯矩作用平面外柱的计算长度 $l_0=5.2\text{m}$。柱采用 C30 混凝土（$\alpha_1=1.0$，$f_c=14.3\text{N/mm}^2$），HRB400 级钢筋（$f_y=f'_y=360\text{N/mm}^2$），$\xi_b=0.518$。试计算纵向钢筋面积 A_s 和 A'_s。

解 (1) 判断构件是否需要考虑附加弯矩

杆端弯矩比 $$\frac{M_1}{M_2}=\frac{150}{160}=0.9375>0.9$$

所以应考虑杆件自身挠曲变形的影响。

(2) 计算构件弯矩设计值

$$h_0=h-a_s=500-40=460\text{mm}$$

$$\frac{h}{30}=\frac{500}{30}=16.7\text{mm}<20\text{mm}，取 e_a=20\text{mm}$$

$$\zeta_c=\frac{0.5f_cA}{N}=\frac{0.5\times14.3\times300\times500}{1700\times10^3}=0.631$$

$$C_m=0.7+0.3\frac{M_1}{M_2}=0.7+0.3\times0.9375=0.981$$

$$\eta_{ns}=1+\frac{1}{1300\left(\frac{M_2}{N}+e_a\right)/h_0}\left(\frac{l_c}{h}\right)^2\zeta_c$$

$$=1+\frac{1}{1300\times\left(\frac{160\times10^6}{1700\times10^3}+20\right)/460}\times\left(\frac{5200}{500}\right)^2\times0.631=1.212$$

$$M=C_m\eta_{ns}M_2=0.981\times1.212\times160=190.2\text{kN}\cdot\text{m}$$

(3) 判别偏压类型

$$e_0=\frac{M}{N}=\frac{190.2\times10^6}{1700\times10^3}=111.88\text{mm}$$

$$e_i=e_0+e_a=111.88+20=131.88\text{mm}<0.3h_0=0.3\times460=138\text{mm}$$

故按小偏心受压构件计算。

$$e=e_i+\frac{h}{2}-a_s=131.88+250-40=342\text{mm}$$

$$e'=\frac{h}{2}-a_s'-e_i=250-40-131.88=78\text{mm}$$

(4) 初步确定 A_s

$$A_{s,\min}=\rho_{\min}bh=0.002\times300\times500=300\text{mm}^2$$

$$f_cbh=14.3\times300\times500=2145\text{kN}>N=1700\text{kN}$$

可不进行反向受压破坏验算，故取 $A_s=300\text{mm}^2$，选 2 Φ 14（$A_s=308\text{mm}^2$）

(5) 计算 A_s'

下面根据式（6-31）计算 ξ

$$A=\frac{a_s'}{h_0}+\left(1-\frac{a_s'}{h_0}\right)\frac{f_yA_s}{(\xi_b-\beta_1)\alpha_1f_cbh_0}$$

$$=\frac{40}{460}+\left(1-\frac{40}{460}\right)\times\frac{360\times308}{(0.518-0.8)\times1.0\times14.3\times300\times460}=-0.095$$

$$B=\frac{2Ne'}{\alpha_1f_cbh_0^2}-2\beta_1\left(1-\frac{a_s'}{h_0}\right)\frac{f_yA_s}{(\xi_b-\beta_1)\alpha_1f_cbh_0}$$

$$=\frac{2\times1700\times10^3\times78}{1.0\times14.3\times300\times460^2}-2\times0.8\times\left(1-\frac{40}{460}\right)\times\frac{360\times308}{(0.518-0.8)\times1.0\times14.3\times300\times460}$$

$= 0.2921 - 1.6 \times (-0.1819) = 0.583$

$$\xi = A + \sqrt{A^2 + B} = -0.095 + \sqrt{(-0.095)^2 + 0.583} = 0.674$$

将 ξ 代入式（6-23）得

$$\sigma_s = \frac{\xi - \beta_1}{\xi_b - \beta_1} f_y = \frac{0.674 - 0.8}{0.518 - 0.8} \times 360 = 161\text{N/mm}^2$$

$$-f'_y = -360\text{N/mm}^2 < \sigma_s < f_y = 360\text{N/mm}^2$$

说明 A_s 受拉但未达到屈服强度。

$$A'_s = \frac{Ne - \alpha_1 f_c b h_0^2 \xi (1 - 0.5\xi)}{f'_y (h_0 - a'_s)}$$

$$= \frac{1700 \times 10^3 \times 342 - 1.0 \times 14.3 \times 300 \times 460^2 \times 0.674 \times (1 - 0.674 \times 0.5)}{360 \times (460 - 40)}$$

$$= 1162\text{mm}^2 > A'_{smin} = \rho'_{min} bh = 0.002 \times 300 \times 500 = 300\text{mm}^2$$

选 4⌀20（$A'_s = 1256\text{mm}^2$）。截面总配筋率

$$\rho = \frac{A_s + A'_s}{bh} = \frac{308 + 1256}{300 \times 500} = 0.0104 > 0.0055$$

满足要求。

（6）验算垂直于弯矩作用平面的受压承载力

$\frac{l_0}{b} = \frac{5200}{300} = 17.3$，查表 6-1 得，$\varphi = 0.831$，则

$$\begin{aligned} N_u &= 0.9\varphi(f_c A + f'_y A'_s) \\ &= 0.9 \times 0.831 \times [14.3 \times 300 \times 500 + 360 \times (308 + 1256)] \\ &= 2025\text{kN} > N = 1700\text{kN} \end{aligned}$$

满足要求。

5. 非对称配筋矩形截面偏心受压构件的截面承载力复核

在实际工程中，有时需要对已有的偏心受压构件进行截面承载力复核。此时，截面尺寸 $b \times h$，截面配筋 A_s 和 A'_s，混凝土强度等级，钢筋级别，构件计算长度 l_0，以及截面所承受的轴向压力设计值 N 和弯矩设计值 M 均为已知（或者已知荷载偏心距），要求复核截面是否满足承载力要求或确定截面所能承受的轴向压力设计值 N_u。

根据基本计算公式（6-17）、式（6-18），得到如下界限状态时的偏心距 e_{ib}

$$e_{ib} = \frac{\alpha_1 f_c b h_0^2 \xi_b (1 - 0.5\xi_b) + f'_y A'_s (h_0 - a'_s)}{\alpha_1 f_c b h_0 \xi_b + f'_y A'_s - f_y A_s} - \left(\frac{h}{2} - a_s\right) \tag{6-34}$$

将实际计算出的 e_i 与 e_{ib} 比较，判别条件如下：

当 $e_i \geq e_{ib}$ 时，为大偏心受压；

当 $e_i < e_{ib}$ 时，为小偏心受压。

【例 6-7】 钢筋混凝土矩形截面偏心受压柱，截面尺寸 $b \times h = 300\text{mm} \times 400\text{mm}$，$a_s = a'_s = 50\text{mm}$。柱承受轴向压力设计值 $N = 250\text{kN}$，柱顶截面弯矩设计值 $M_1 = 120\text{kN}\cdot\text{m}$，柱底截面弯矩设计值 $M_2 = 130\text{kN}\cdot\text{m}$。柱挠曲变形为单曲率。弯矩作用平面内柱上下两端的支撑长度为 3.5m，弯矩作用平面外柱的计算长度 $l_0 = 4.375\text{m}$。柱采用 C30 混凝土（$\alpha_1 = 1.0$，$f_c = 14.3\text{N/mm}^2$），HRB400 级钢筋（$f_y = f'_y = 360\text{N/mm}^2$），$\xi_b = 0.518$。截面上配置的纵向受拉钢筋和受压钢筋分别为 4⌀22（$A_s = 1520\text{mm}^2$）和 3⌀16（$A'_s = 603\text{mm}^2$）。要求

验算截面是否能够满足承载力的要求。

解　弯矩作用平面内柱计算长度 $l_c=3.5\text{m}$。

(1) 判断构件是否需要考虑附加弯矩

杆端弯矩比
$$\frac{M_1}{M_2}=\frac{120}{130}=0.923>0.9$$

所以应考虑杆件自身挠曲变形的影响。

(2) 计算构件弯矩设计值

$$h_0=h-a_s=400-50=350\text{mm}$$

$$\frac{h}{30}=\frac{400}{30}=13.3\text{mm}<20\text{mm}，取\ e_a=20\text{mm}$$

$$\zeta_c=\frac{0.5f_cA}{N}=\frac{0.5\times14.3\times300\times400}{250\times10^3}=3.432，取\ \zeta_c=1$$

$$C_m=0.7+0.3\frac{M_1}{M_2}=0.7+0.3\times0.923=0.977$$

$$\eta_{ns}=1+\frac{1}{1300\left(\frac{M_2}{N}+e_a\right)\Big/h_0}\left(\frac{l_c}{h}\right)^2\zeta_c$$

$$=1+\frac{1}{1300\times\left(\frac{130\times10^6}{250\times10^3}+20\right)\Big/350}\times\left(\frac{3500}{400}\right)^2\times1=1.038$$

$$M=C_m\eta_{ns}M_2=0.977\times1.038\times130=132\text{kN}\cdot\text{m}$$

(3) 计算界限偏心距 e_{ib}

$$e_{ib}=\frac{\alpha_1f_cbh_0^2\xi_b(1-0.5\xi_b)+f'_yA'_s(h_0-a'_s)}{\alpha_1f_cbh_0\xi_b+f'_yA'_s-f_yA_s}-\left(\frac{h}{2}-a_s\right)$$

$$=\frac{1.0\times14.3\times300\times350^2\times0.518\times(1-0.5\times0.518)+360\times603\times(350-50)}{1.0\times14.3\times300\times350\times0.518+360\times603-360\times1520}$$

$$-(200-50)=446\text{mm}$$

(4) 判别偏压类型

$$e_0=\frac{M}{N}=\frac{132\times10^6}{250\times10^3}=528\text{mm}$$

$$e_i=e_0+e_a=528+20=548\text{mm}>e_{ib}=446\text{mm}$$

判为大偏心受压构件。

(5) 计算截面能承受的偏心压力设计值 N_u

$$e=e_i+\frac{h}{2}-a_s=548+200-50=698\text{mm}$$

将已知条件代入式（6-17)、式（6-18）得

$$\begin{cases}N_u=1.0\times14.3\times300\times350\xi+360\times603-360\times1520\\698N_u=1.0\times14.3\times300\times350^2\xi(1-0.5\xi)+360\times603\times(350-50)\end{cases}$$

$$\begin{cases}N_u=1\,501\,500\xi-330\,120\\698N_u=525\,525\,000\xi-262\,762\,500\xi^2+65\,124\,000\end{cases}$$

联立方程解得

$$\begin{cases}\xi = 0.459 < \xi_b = 0.518 \\ N_u = 359\text{kN} > N = 250\text{kN}\end{cases}$$

（6）按垂直于弯矩作用平面的受压承载力计算 N_u

$l_0/b=4375/300=14.6$，查表 6-1，得 $\varphi=0.905$，则

$$\begin{aligned} N_u &= 0.9\varphi(f_c A + f'_y A'_s) \\ &= 0.9\times 0.905\times[14.3\times 300\times 400 + 360\times(603+1520)] \\ &= 2020\text{kN} > 250\text{kN} \end{aligned}$$

故截面能满足承载力要求。

6.3.6 对称配筋矩形截面偏心受压构件正截面承载力计算

实际工程中，偏心受压构件在不同方向力的作用下，可能承受相反方向的正负弯矩，且正负弯矩相差不大，如框架柱承受来自相反方向的风荷载或地震作用时，应设计成对称配筋截面，即 $A_s=A'_s$，$f_y=f'_y$。装配式柱一般也采用对称配筋，以免吊装时发生位置方向的差错。

1. 大、小偏心受压构件的设计判别

对称配筋，$A_s=A'_s$，$f_y=f'_y$，则由式（6-14）可得

$$N = \alpha_1 f_c b x$$

$$x = \frac{N}{\alpha_1 f_c b} \tag{6-35}$$

因此，不论大、小偏心受压构件都可以首先按大偏心受压构件考虑，通过比较 x 和 $\xi_b h_0$ 来确定构件的偏心类型，即当 $x\leqslant\xi_b h_0$ 时，为大偏心受压构件；当 $x>\xi_b h_0$ 时，为小偏心受压构件。

2. 截面设计与复核

（1）大偏心受压构件

由式（6-35）可求得 x 值。

若 $2a'_s\leqslant x\leqslant\xi_b h_0$，则由式（6-15）及式（6-35）可得

$$A_s = A'_s = \frac{Ne - N\left(h_0 - \dfrac{x}{2}\right)}{f'_y(h_0 - a'_s)} \tag{6-36}$$

若 $x<2a'_s$，则由式（6-19）得

$$A'_s = A_s = \frac{Ne'}{f_y(h_0 - a'_s)} \tag{6-37}$$

应当指出，如果按上列诸式求得的截面面积 A_s 和 A'_s 均小于按最小配筋率确定的面积时，说明原先选定的截面尺寸偏大，必要时可重新选择截面尺寸，重新设计。

（2）小偏心受压构件

当按式（6-35）计算出的 x 判定属于小偏心受压时，改按小偏心受压构件计算。

根据式（6-21）、式（6-22）和式（6-23）联立求解可得

$$Ne\,\frac{\xi-\xi_b}{\beta_1-\xi_b} - \alpha_1 f_c b h_0^2 \xi(1-0.5\xi)\,\frac{\xi-\xi_b}{\beta_1-\xi_b} - (N - \alpha_1 f_c b h_0 \xi)(h_0 - a'_s) = 0 \tag{6-38}$$

式（6-38）是 ξ 的三次方程，求解相当繁复。

为简化计算，对各种钢筋级别和混凝土强度等级可统一取

$$\xi(1-0.5\xi)\frac{\xi-\xi_b}{\beta_1-\xi_b}\approx 0.43\frac{\xi-\xi_b}{\beta_1-\xi_b} \tag{6-39}$$

将式（6-39）代入式（6-38），即可得关于ξ的一次方程，即

$$\xi=\frac{N-\alpha_1 f_c b h_0 \xi_b}{\dfrac{Ne-0.43\alpha_1 f_c b h_0^2}{(\beta_1-\xi_b)(h_0-a_s')}+\alpha_1 f_c b h_0}+\xi_b \tag{6-40}$$

按式（6-40）求出ξ后，就可算出$x=\xi h_0$，然后将x值代入式（6-22），即可求得A_s及$A_s'(A_s=A_s')$。当$x>h$时，则应以$x=h$代入式（6-22）求A_s'。

最后，还应该验算垂直于弯矩作用平面的受压承载力是否满足要求。

对称配筋偏心受压构件的承载力复核，可按非对称配筋偏心受压构件的方法和步骤进行计算，只是此时应取$f_y A_s=f_y' A_s'$。

【例 6-8】 钢筋混凝土矩形截面偏心受压柱，柱截面尺寸$b\times h=300\text{mm}\times 400\text{mm}$，$a_s=a_s'=40\text{mm}$。柱承受轴向压力设计值$N=500\text{kN}$，柱顶截面弯矩设计值$M_1=160\text{kN}\cdot\text{m}$，柱底截面弯矩设计值$M_2=170\text{kN}\cdot\text{m}$。柱挠曲变形为单曲率。弯矩作用平面内柱上下两端的支撑长度为4.0m，弯矩作用平面外柱的计算长度$l_0=5.0\text{m}$。柱采用C30混凝土（$\alpha_1=1.0$，$f_c=14.3\text{N/mm}^2$），HRB400级钢筋（$f_y=f_y'=360\text{N/mm}^2$），$\xi_b=0.518$。采用对称配筋，试计算所需的纵向钢筋$A_s$和$A_s'$。

解 弯矩作用平面内柱计算长度$l_c=4.0\text{m}$。

（1）判断构件是否需要考虑附加弯矩

杆端弯矩比 $$\frac{M_1}{M_2}=\frac{160}{170}=0.941>0.9$$

所以应考虑杆件自身挠曲变形的影响。

（2）计算弯矩设计值

$$\frac{h}{30}=\frac{400}{30}=13.3\text{mm}<20\text{mm}，取\ e_a=20\text{mm}$$

$$h_0=h-a_s=360\text{mm}$$

$$\zeta_c=\frac{0.5f_cA}{N}=\frac{0.5\times 14.3\times 300\times 400}{500\times 10^3}=1.716>1，取\ \zeta_c=1$$

$$C_m=0.7+0.3\frac{M_1}{M_2}=0.7+0.3\times 0.941=0.982$$

$$\eta_{ns}=1+\frac{1}{1300\left(\dfrac{M_2}{N}+e_a\right)\Big/h_0}\left(\frac{l_c}{h}\right)^2\zeta_c$$

$$=1+\frac{1}{1300\times\left(\dfrac{170\times 10^6}{500\times 10^3}+20\right)\Big/360}\times\left(\frac{4000}{400}\right)^2\times 1=1.077$$

$$M=C_m\eta_{ns}M_2=0.982\times 1.077\times 170=179.8\text{kN}\cdot\text{m}$$

（3）判别偏压类型

$$e_0=\frac{M}{N}=\frac{179.8\times 10^6}{500\times 10^3}=359.6\text{mm}$$

$$e_i = e_0 + e_a = 359.6 + 20 = 379.6\text{mm}$$

$$e = e_i + \frac{h}{2} - a_s = 379.6 + 200 - 40 = 539.6\text{mm}$$

$$x = \frac{N}{a_1 f_c b} = \frac{500 \times 10^3}{1 \times 14.3 \times 300} = 116.6\text{mm} < \xi_b h_0 = 0.518 \times 360 = 186.5\text{mm}$$

且 $x > 2a_s' = 2 \times 40 = 80\text{mm}$，故判定为大偏心。

（4）计算钢筋面积

根据式（6-36）可得

$$A_s = A_s' = \frac{Ne - N\left(h_0 - \frac{x}{2}\right)}{f_y'(h_0 - a_s')} = \frac{500 \times 10^3 \times 539.6 - 500 \times 10^3 \times \left(360 - \frac{116.6}{2}\right)}{360 \times (360 - 40)}$$

$$= 1033\text{mm}^2$$

选 4Φ20（$A_s = A_s' = 1256\text{mm}^2$），截面总配筋率为

$$\rho = \frac{A_s + A_s'}{bh} = \frac{1256 + 1256}{300 \times 400} = 0.0209 > 0.0055 \quad \text{满足要求}$$

（5）垂直于弯矩作用平面的受压承载力验算

$l_0/b = 5000/300 = 16.7$，查表 6-1 得 $\varphi = 0.849$，则

$$N_u = 0.9\varphi(f_c A + f_y' A_s')$$
$$= 0.9 \times 0.849 \times [14.3 \times 300 \times 400 + 360 \times (1256 + 1256)]$$
$$= 2002\text{kN} > N = 250\text{kN}$$

满足要求。

【例 6-9】 钢筋混凝土矩形截面偏心受压柱，截面尺寸 $b \times h = 300\text{mm} \times 500\text{mm}$，$a_s = a_s' = 40\text{mm}$。柱承受轴向压力设计值 $N = 1800\text{kN}$，柱顶截面弯矩设计值 $M_1 = 210\text{kN} \cdot \text{m}$，柱底截面弯矩设计值 $M_2 = 230\text{kN} \cdot \text{m}$。柱挠曲变形为单曲率。弯矩作用平面内柱上下两端的支撑长度为 4.0m，弯矩作用平面外柱的计算长度 $l_0 = 5.0\text{m}$。柱采用 C30 混凝土（$\alpha_1 = 1.0$，$f_c = 14.3\text{N/mm}^2$），HRB400 级钢筋（$f_y = f_y' = 360\text{N/mm}^2$），$\xi_b = 0.518$。采用对称配筋，试计算所需的纵向钢筋 A_s 和 A_s'。

解　弯矩作用平面内柱计算长度 $l_c = 4.0\text{m}$。

（1）判断构件是否需要考虑附加弯矩

杆端弯矩比 $$\frac{M_1}{M_2} = \frac{210}{230} = 0.913 > 0.9$$

所以应考虑杆件自身挠曲变形的影响。

（2）计算弯矩设计值

$$\frac{h}{30} = \frac{500}{30} = 16.7\text{mm} < 20\text{mm}，取\ e_a = 20\text{mm}$$

$$h_0 = h - a_s = 500 - 40 = 460\text{mm}$$

$$\zeta_c = \frac{0.5 f_c A}{N} = \frac{0.5 \times 14.3 \times 300 \times 500}{1800 \times 10^3} = 0.596$$

$$C_m = 0.7 + 0.3\frac{M_1}{M_2} = 0.7 + 0.3 \times 0.913 = 0.974$$

$$\eta_{ns}=1+\frac{1}{1300\left(\frac{M_2}{N}+e_a\right)/h_0}\left(\frac{l_c}{h}\right)^2\zeta_c$$

$$=1+\frac{1}{1300\times\left(\frac{230\times10^6}{1800\times10^3}+20\right)/460}\times\left(\frac{4000}{500}\right)^2\times0.596=1.091$$

$$M=C_m\eta_{ns}M_2=0.974\times1.091\times230=244.4\text{kN}\cdot\text{m}$$

(3) 判别偏压类型

$$e_0=\frac{M}{N}=\frac{244.4\times10^6}{1800\times10^3}=136\text{mm}$$

$$e_i=e_0+e_a=136+20=156\text{mm}$$

$$e=e_i+\frac{h}{2}-a_s=156+250-40=366\text{mm}$$

$x=\frac{N}{a_1f_cb}=\frac{1800\times10^3}{1\times14.3\times300}=420\text{mm}>\xi_bh_0=0.518\times460=238\text{mm}$，为小偏心受压构件。

(4) 计算钢筋面积

按矩形截面对称配筋小偏心受压构件的近似公式（6-40）重新计算 ξ，即

$$\xi=\frac{N-\alpha_1f_cbh_0\xi_b}{\frac{Ne-0.43\alpha_1f_cbh_0^2}{(\beta_1-\xi_b)(h_0-a_s')}+\alpha_1f_cbh_0}+\xi_b$$

$$=\frac{1800\times10^3-1.0\times14.3\times300\times460\times0.518}{\frac{1800\times10^3\times366-0.43\times1.0\times14.3\times300\times460^2}{(0.8-0.518)\times(460-40)}+1.0\times14.3\times300\times460}+0.518$$

$$=\frac{777\ 778.8}{2\ 266\ 645.39+1\ 973\ 400}+0.518=0.701$$

$$\sigma_s=\frac{\xi-\beta_1}{\xi_b-\beta_1}f_y=\frac{0.701-0.8}{0.518-0.8}\times360=126\text{N/mm}^2$$

$$-360\text{N/mm}^2=-f_y'<\sigma_s<f_y=360\text{N/mm}^2$$

$$A_s=A_s'=\frac{Ne-\alpha_1f_cbh_0^2\xi(1-0.5\xi)}{f_y'(h_0-a_s')}$$

$$=\frac{1800\times10^3\times366-1.0\times14.3\times300\times460^2\times0.701\times(1-0.701\times0.5)}{360\times(460-40)}$$

$$=1624\text{mm}^2$$

(5) 配筋

选 3⌽28（$A_s=A_s'=1847\text{mm}^2$），截面总配筋率为

$$\rho=\frac{A_s+A_s'}{bh}=\frac{1847+1847}{300\times500}=0.0246>0.0055$$

满足要求。

(6) 验算垂直于弯矩作用平面的受压承载力

$l_0/b=5000/300=16.7$，查表 6-1 得 $\varphi=0.849$，则

$$N_u=0.9\varphi(f_cA+f_y'A_s')$$

$$= 0.9 \times 0.849 \times [14.3 \times 300 \times 500 + 360 \times (1847 + 1847)]$$
$$= 2655\text{kN} > N = 1800\text{kN}$$

满足要求。

6.3.7 I形截面偏心受压构件的正截面受压承载力计算

在单层工业厂房中，为了节省混凝土和减轻构件自重，对于截面较大的装配式柱可做成I形截面。I形截面偏心受压构件的受力性能、破坏形态以及计算原理与矩形截面偏心受压构件相同，仅由于截面形状不同而使计算公式稍有些差别。偏心受压构件的I形截面往往采用对称配筋。

1. 非对称配筋偏心受压构件计算

(1) 大偏心受压

对于大偏心受压，根据计算中和轴位置的不同，可能有两种情况（图 6-12）。

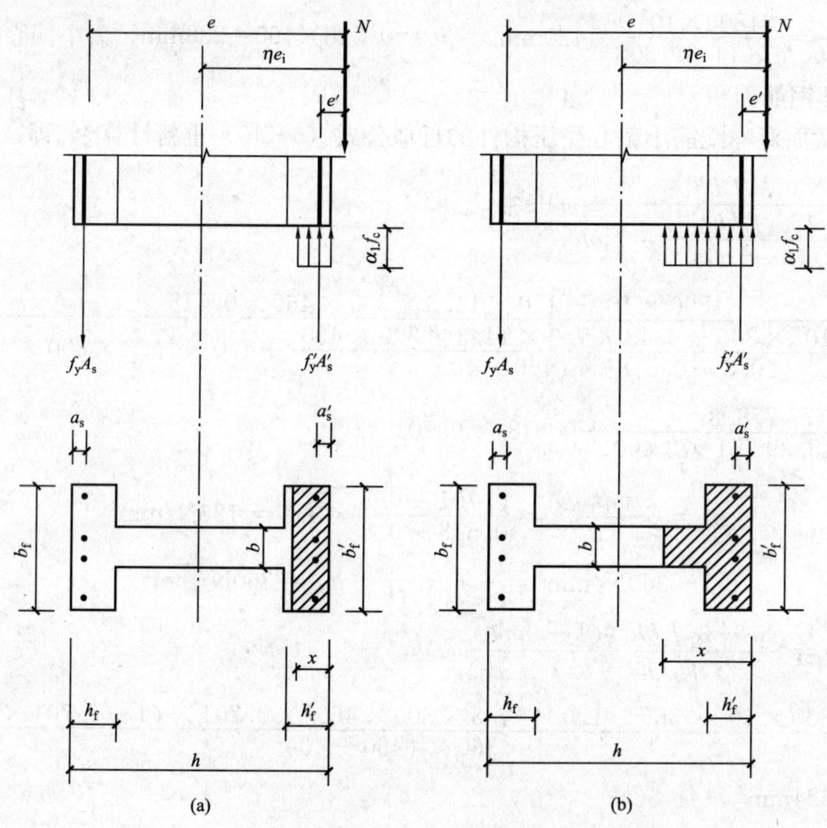

图 6-12 I形截面大偏心受压构件正截面承载力计算图形

1) 当 $x \leqslant h'_f$ 时［图 6-12 (a)］，此时的受力情况与宽度为 b'_f，高度为 h 的矩形截面相同，可将式（6-14）和式（6-15）中的矩形截面宽度 b，代换为受压翼缘宽度 b'_f。则基本公式为

$$N \leqslant N_u = \alpha_1 f_c b'_f x + f'_y A'_s - f_y A_s \quad (6-41)$$

$$Ne \leqslant N_u e = \alpha_1 f_c b'_f x\left(h_0 - \frac{x}{2}\right) + f'_y A'_s (h_0 - a'_s) \quad (6-42)$$

如果 $x<2a'_s$，则取 $x=2a'_s$，并对 A'_s 合力点取矩，得

$$Ne' \leqslant N_u e' = f_y A_s (h_0 - a'_s) \tag{6-43}$$

2）当 $h'_f<x\leqslant\xi_b h_0$［图6-12（b）］时，截面混凝土的受压区为T形，其基本计算公式为

$$N \leqslant N_u = \alpha_1 f_c [bx + (b'_f - b)h'_f] + f'_y A'_s - f_y A_s \tag{6-44}$$

$$Ne \leqslant N_u e = \alpha_1 f_c \left[bx\left(h_0 - \frac{x}{2}\right) + (b'_f - b)h'_f\left(h_0 - \frac{h'_f}{2}\right)\right] + f'_y A'_s (h_0 - a'_s) \tag{6-45}$$

（2）小偏心受压

对于小偏心受压，可能出现图6-13所示的两种情况，这时截面为部分受压、部分受拉。此外，还可能出现全截面受压，下面分别讨论。

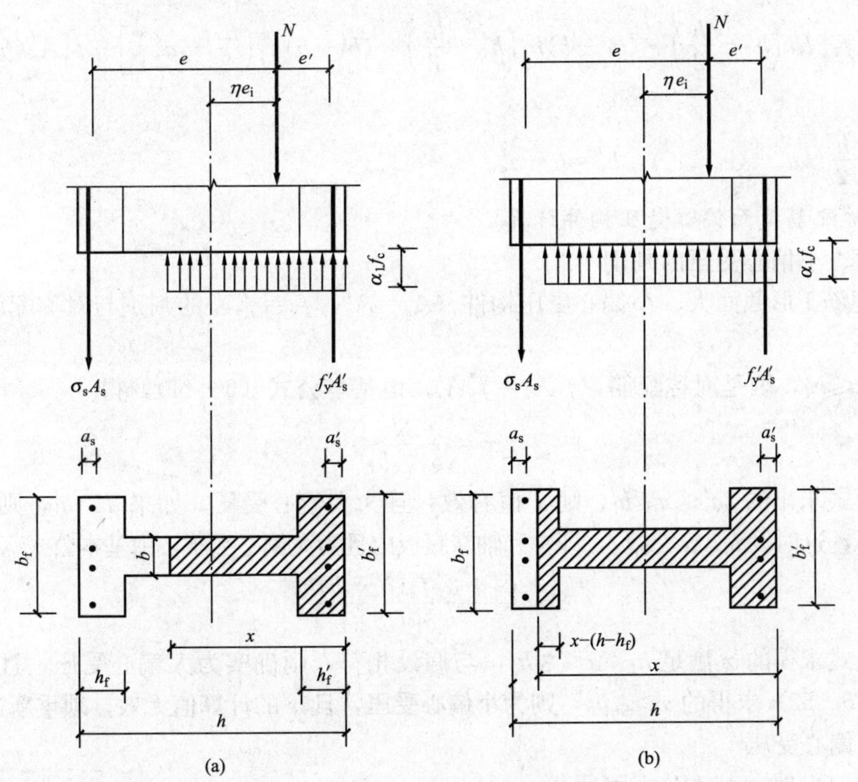

图6-13　I形截面小偏心受压构件正截面承载力计算图形

1）当 $\xi_b h_0<x\leqslant h-h_f$ 时［图6-13（a）］，中和轴位于腹板内，基本计算公式为

$$N \leqslant N_u = \alpha_1 f_c [bx + (b'_f - b)h'_f] + f'_y A'_s - \sigma_s A_s \tag{6-46}$$

$$Ne \leqslant N_u e = \alpha_1 f_c \left[bx\left(h_0 - \frac{x}{2}\right) + (b'_f - b)h'_f\left(h_0 - \frac{h'_f}{2}\right)\right] + f'_y A'_s (h_0 - a'_s) \tag{6-47}$$

式（6-46）中的 σ_s 表达式见式（6-23）。

2）当 $h-h_f<x\leqslant h$ 时［图6-13（b）］，中和轴位于压应力较小一侧的翼缘内，则基本计算公式为

$$N \leqslant N_u = \alpha_1 f_c [bx + (b'_f - b)h'_f + (b_f - b)(x - h + h_f)] + f'_y A'_s - \sigma_s A_s \tag{6-48}$$

$$Ne \leqslant N_u e = \alpha_1 f_c\left[bx\left(h_0-\frac{x}{2}\right)+(b_f'-b)h_f'\left(h_0-\frac{h_f'}{2}\right)+(b_f-b)\right.$$
$$\left.\times(x-h+h_f)\left(h_f-\frac{x-h+h_f}{2}-a_s\right)\right]+f_y'A_s'(h_0-a_s') \quad (6-49)$$

式（6-48）中的 σ_s 表达式见式（6-23）。如果计算出的 $x>(2\beta_1-\xi_b)h_0$，则将式（6-48）中的 σ_s 改为 $-f_y'$，然后重新计算。

3）当 $x>h$ 时，则取 $x=h$ 代入式（6-48）和式（6-49）进行计算，其中 σ_s 仍按式（6-23）计算。如果 A_s' 达到受压屈服，则 $\sigma_s=-f_y'$，代入式（6-23）并令式中 $f_y=f_y'$，得 $x=(2\beta_1-\xi_b)h_0$。

即当 $x>(2\beta_1-\xi_b)h_0$ 时，可取 $\sigma_s=-f_y'$。非对称配筋小偏压构件，当 $N>f_cA$ 时尚应满足

$$Ne' \leqslant f_c\left[bh\left(h_0'-\frac{h}{2}\right)+(b_f-b)h_f\left(h_0'-\frac{h_f}{2}\right)+(b_f'-b)h_f'\left(\frac{h_f'}{2}-a_s'\right)\right]+f_y'A_s'(h_0'-a_s) \quad (6-50)$$

其中，$e'=\frac{h}{2}-a_s'-(e_0-e_a)$，$h_0'=h-a_s'$。

2. 对称配筋截面偏心受压构件计算

(1) 大、小偏心受压的判别

对称配筋 I 形截面大、小偏心受压构件（$A_s=A_s'$，$f_y=f_y'$）的判别与对称配筋矩形截面相似。

先设 $x\leqslant h_f'$，因是对称配筋，$f_yA_s=f_y'A_s'$，由基本公式（6-41），得

$$x=\frac{N}{\alpha_1 f_c b_f'} \quad (6-51)$$

如果上式求出的 $2a_s'\leqslant x\leqslant h_f'$，则 x 值有效，且为大偏心受压。如果 $x>h_f'$，则 x 值无效，需重新计算，这时设 $h_f'<x\leqslant\xi_b h_0$，即中和轴在腹板内且为大偏心受压，由基本公式（6-44），得

$$x=\frac{N-\alpha_1 f_c(b_f'-b)h_f'}{\alpha_1 f_c b} \quad (6-52)$$

如果上式求得的 x 满足 $h_f'<x\leqslant\xi_b h_0$，与假设相符，则确实为大偏心受压，且 x 值有效。如果由式（6-52）求得的 $x>\xi_b h_0$，则为小偏心受压，且 x 的计算值无效，须重新进行计算。

(2) 大偏心受压

1）当 $x\leqslant h_f'$ 时，基本公式可写为

$$N\leqslant N_u=\alpha_1 f_c b_f' x \quad (6-53)$$

$$Ne\leqslant N_u e=\alpha_1 f_c b_f' x\left(h_0-\frac{x}{2}\right)+f_y'A'_s(h_0-a_s') \quad (6-54)$$

如果 $x<2a_s'$，则取 $x=2a_s'$，并对 A_s' 合力点取矩，则有

$$Ne'\leqslant f_yA_s(h_0-a_s') \quad (6-55)$$

按上式求得的 $A_s=A_s'$ 尚应满足最小配筋率的要求。

2）当 $h_f'<x\leqslant\xi_b h_0$ 时，基本公式为

$$N\leqslant N_u=\alpha_1 f_c bx+\alpha_1 f_c(b_f'-b)h_f' \quad (6-56)$$

$$Ne\leqslant N_u e=\alpha_1 f_c\left[bx\left(h_0-\frac{x}{2}\right)+(b_f'-b)h_f'\left(h_0-\frac{h_f'}{2}\right)\right]+f_y'A_s'(h_0-a_s') \quad (6-57)$$

(3) 小偏心受压

由于A_s达不到受拉屈服，应将其应力σ_s的表达式（6-23）代入基本计算公式，并取$f_y=f'_y$，$A_s=A'_s$，从而得到关于ξ的三次方程。

当$x\leqslant h-h_f$时，与对称配筋矩形截面小偏心受压构件的计算相似，可以得到ξ的简化公式

$$\xi=\frac{N-\alpha_1 f_c[(b'_f-b)h'_f+\xi_b bh_0]}{\dfrac{Ne-\alpha_1 f_c[(b'_f-b)h'_f(h_0-0.5h'_f)+0.43bh_0^2]}{(\beta_1-\xi_b)(h_0-a'_s)}+\alpha_1 f_c bh_0}+\xi_b \tag{6-58}$$

代入式（6-47）即可求得钢筋截面面积

$$A'_s=A_s=\frac{Ne-\alpha_1 f_c[bh_0^2\xi(1-0.5\xi)+(b'_f-b)h'_f(h_0-0.5h'_f)]}{f'_y(h_0-a'_s)} \tag{6-59}$$

当$x>h-h_f$时，联立方程式（6-48）和式（6-49），即可求得计算受压区高度x，以及A_s、A'_s。

6.4 偏心受压构件斜截面受剪承载力计算

一般偏心受压构件除了作用有轴向力N和弯矩M外，还同时承受剪力V。当剪力较大时，可能会引起构件的剪切破坏。

试验表明，轴向压力对构件的抗剪起有利作用，主要是由于轴向压力的存在延迟了斜裂缝的出现和抑制斜裂缝的开展，增大斜裂缝末端的剪压区高度，从而提高了受压区混凝土所承担的剪力和骨料咬合力。

试验还表明，轴向压力对混凝土受剪承载力V_c的有利作用是有限的，当轴压比$\dfrac{N}{f_c bh}$为0.4～0.5时，受剪承载力达到最大值。若轴压比继续增大，受剪承载力反而降低。

《规范》规定，对矩形、T形和I形截面偏心受压构件，其斜截面受剪承载力按下式计算

$$V\leqslant V_u=\frac{1.75}{\lambda+1}f_t bh_0+f_{yv}\frac{A_{sv}}{s}h_0+0.07N \tag{6-60}$$

式中 N——与剪力设计值V相应的轴向压力设计值；当$N>0.3f_cA$时，取$N=0.3f_cA$。此处A为构件的截面面积。

λ——偏心受压构件计算截面的剪跨比。

对各类结构的框架柱，宜取$\lambda=\dfrac{M}{Vh_0}$；对框架结构中的框架柱，当其反弯点在层高范围内时，可取$\lambda=H_n/(2h_0)$。当$\lambda<1$时，取$\lambda=1$；当$\lambda>3$时，取$\lambda=3$。此处，M为计算截面上与剪力设计值V相应的弯矩设计值，H_n为柱的净高。对其他偏心受压构件，当承受均布荷载时，取$\lambda=1.5$；当主要承受集中荷载时，取$\lambda=a/h_0$；当$\lambda<1.5$时，取$\lambda=1.5$；当$\lambda>3$时，取$\lambda=3$；此处，a为集中荷载至支座或节点边缘的距离。

如果偏心受压构件符合条件

$$V\leqslant\frac{1.75}{\lambda+1}f_t bh_0+0.07N \tag{6-61}$$

则可不进行斜截面受剪承载力计算，而仅需根据构造要求配置箍筋。

为避免由于混凝土的斜向压碎引起的斜压破坏，偏心受压构件的受剪截面应符合式（5-15）或式（5-16）的要求。

6.5 构 造 要 求

6.5.1 材料强度

混凝土强度等级对受压构件的承载能力影响较大，为减小柱截面尺寸及节约钢材，宜采用较高强度等级的混凝土，一般柱中采用C25～C40，对多层及高层建筑结构的下层柱，必要时可采用更高强度等级的混凝土。

柱的纵向受力钢筋应采用HRB400、HRB500、HRBF400、HRBF500级钢筋。箍筋宜采用HRB400、HRBF400、HPB300、HRB500、HRBF500级钢筋，也可采用HRB335、HRBF335级钢筋。

6.5.2 截面形式及尺寸

轴心受压构件一般采用方形或矩形截面，因其构造简单，便于施工，有时考虑建筑要求也可采用圆形截面或其他多边形截面。偏心受压构件的截面形式一般多采用矩形截面，为了节省混凝土及减轻结构自重，装配式受压构件也常采用I形截面。

方形柱的截面尺寸不宜小于250mm×250mm。I形截面柱的长边尺寸h一般大于600mm，翼缘厚度不宜小于120mm，腹板厚度不宜小于100mm。为避免矩形截面轴心受压构件的长细比过大，承载力降低过多，一般$l_0/b\leqslant30$，$l_0/h\leqslant25$。此外，为施工支模方便，柱截面尺寸宜使用整数，800mm及以下时以50mm为模数，800mm以上时以100mm为模数。

6.5.3 纵向钢筋

柱中全部纵向钢筋的最小配筋率应满足附表14的要求，同时，一侧纵向钢筋的最小配筋率不应小于0.2%。全部纵向钢筋的配筋率不宜大于5%，一般配筋率控制在1%～2%之间为宜。

轴心受压构件中的纵向钢筋应沿截面周边均匀布置，偏心受压构件中的纵向钢筋应分别配置在弯矩作用方向截面的两端。矩形截面受压构件中的纵向钢筋根数不得少于4根；圆柱中纵向钢筋的根数不宜少于8根，且不应少于6根。纵筋的净距不应小于50mm，对于水平浇筑混凝土的预制柱，最小净距还不应小于30mm和1.5d（d为纵筋的最大直径）。纵筋的中距不宜大于300mm。

当偏心受压构件的截面高度$h\geqslant600$mm时，在柱的侧面上应设置直径不小于10mm的纵向构造钢筋，并相应地设置复合箍筋或拉筋，如图6-14所示，以保证钢筋骨架的稳定性，抵抗温度应力和混凝土的收缩应力。

6.5.4 箍筋

受压构件中的周边箍筋应做成封闭式，其间距不应大于400mm及构件截面的短边尺寸，且不应大于15d（d为纵向受力钢筋的最小直径）。箍筋直径不应小于$d/4$（d为纵向钢筋的最大直径）且不应小于6mm。

当柱中全部纵向钢筋的配筋率大于3%时，箍筋直径不应小于8mm，间距不应大于纵向

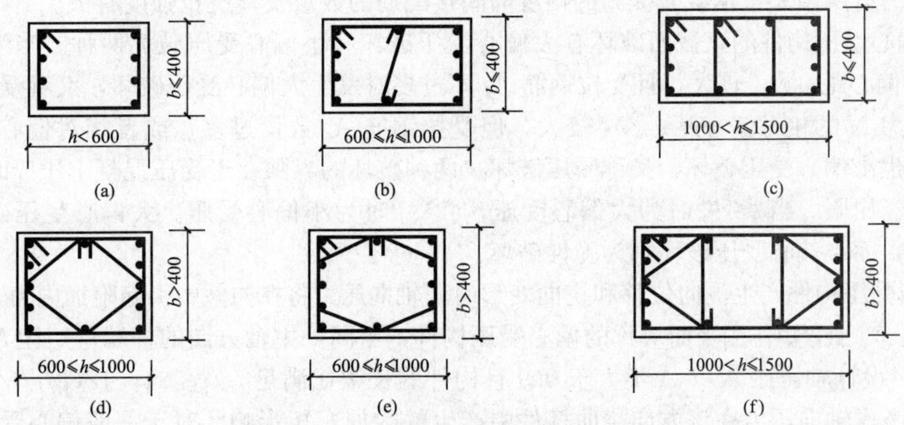

图 6-14　纵向构造钢筋和复合箍筋

受力钢筋最小直径的 10 倍，且不应大于 200mm。箍筋末端应做成 135°弯钩且弯钩末端平直段长度不应小于纵向受力钢筋最小直径的 10 倍。箍筋也可焊成封闭环式。

当柱截面短边尺寸大于 400mm 且各边纵向钢筋多于 3 根时，或当柱截面短边尺寸不大于 400mm 但各边纵向钢筋多于 4 根时，应按图 6-14 设置复合箍筋。

对于截面形状复杂的受压构件，不可采用具有内折角的箍筋［图 6-15（c）］，以免产生向外的拉力致使折角处的混凝土崩落，而应采用分离式箍筋，如图 6-15（a）、（b）所示。

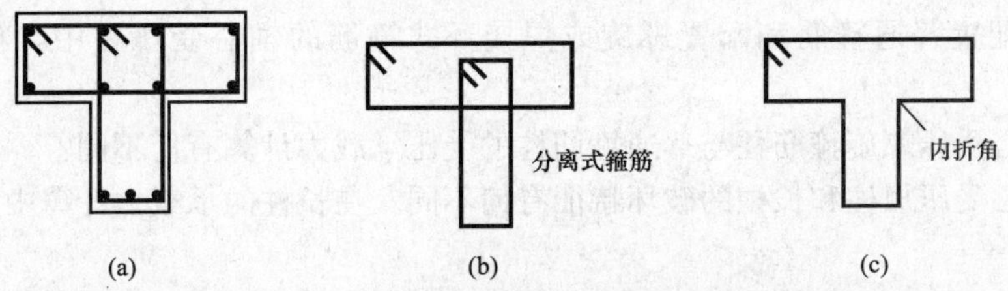

图 6-15　柱有内折角时的箍筋设置

在配有螺旋式或焊接环式间接钢筋的柱中，如计算中考虑间接钢筋的作用，则间接钢筋的间距不应大于 80mm 及 $d_{cor}/5$（d_{cor}为按间接钢筋内表面确定的核心截面直径），且不宜小于 40mm。间接钢筋的直径不应小于 $d/4$（d 为纵向钢筋的最大直径），且不应小于 6mm。

本 章 小 结

1. 钢筋混凝土轴心受压短柱的破坏属于材料破坏，钢筋和混凝土都达到各自的极限强度。一般的长柱破坏也属于材料破坏，但特别细长的柱会由于失稳而破坏。轴心受压长柱和短柱采用同一受压承载力计算公式，采用稳定系数 φ 来反映长柱纵向弯曲引起的受压承载力的降低。

2. 间接钢筋通过对核心混凝土的约束作用，提高了核心混凝土的抗压强度，从而使构件的承载力有所增大，承载力提高的幅度与间接配筋的数量及其抗拉强度有关。

3. 偏心受压构件的正截面破坏有大偏心受压破坏和小偏心受压破坏两种。当纵向压力 N 的相对偏心距 e_0/h_0 较大，且受拉钢筋 A_s 不过多时发生大偏心受压破坏，又称受拉破坏。当纵向压力 N 的相对偏心距 e_0/h_0 较大，但受拉钢筋 A_s 数量过多，或者相对偏心距 e_0/h_0 较小时发生小偏心受压破坏，又称受压破坏。两种破坏的界限在于受压混凝土压碎时受拉钢筋是否已经屈服。当 $\xi \leqslant \xi_b$ 时为大偏心受压，$\xi > \xi_b$ 时为小偏心受压。大偏心受压破坏属于延性破坏，而小偏心受压破坏则为脆性破坏。

4. 当受压构件产生侧向位移和挠曲变形时，轴向压力将在构件中引起附加内力，在设计中需考虑。对于弯矩作用平面对称的偏心受压构件，当同一主轴方向的杆端弯矩比 M_1/M_2 不大于 0.9，设计轴压比 N/f_cA 不大于 0.9 且构件的长细比满足 $l_c/i \leqslant 34-12(M_1/M_2)$ 的要求，可不考虑轴向压力在该方向挠曲杆件中产生的附加弯矩影响。对于一般偏心受压构件，考虑构件自身挠曲产生的附加弯矩影响后，其控制截面的弯矩应按式 $M=C_m\eta_{ns}M_2$ 计算。

5. 大、小偏心受压构件正截面承载力的计算原理是相同的，基本公式都是由两个平衡条件得到的。具体计算时，应根据实际情况作出判断，并验算适用条件，必要时还应补充条件。

6. 在一定范围内，轴向压力对偏心受压构件的斜截面受剪承载力有提高作用，计算中应予以考虑。

思　考　题

6-1　在配置普通箍筋和配置螺旋或焊接环式箍筋的轴心受压柱中，箍筋各有什么作用？

6-2　轴心受压螺旋箍筋柱与普通箍筋柱的受压承载力计算有何不同？

6-3　轴心受压短柱和长柱的破坏特征有何不同？在长柱的承载力计算中如何考虑长细比的影响？

6-4　大、小偏心受压破坏的本质区别是什么？设计时如何进行判别？

6-5　什么是二阶效应？在偏心受压构件设计中如何考虑这一问题？

6-6　分别绘出大偏心受压破坏和小偏心受压破坏时截面的应力分布图形，并推导出各自的承载力设计表达式，说明公式的适用条件。

6-7　何谓对称配筋？在偏心受压构件中，为什么常采用对称配筋？

6-8　在偏心受压构件斜截面承载力计算中，如何考虑轴向压力的影响？

习　　题

6-1　已知柱的截面尺寸 $b\times h=400\text{mm}\times 400\text{mm}$，柱的计算长度 $l_0=5\text{m}$，承受轴向压力设计值 $N=3000\text{kN}$。混凝土强度等级为 C30，纵筋采用 HRB400 级。试计算纵向钢筋截面面积。

6-2　某现浇钢筋混凝土框架的底层中柱为轴心受压构件，其计算长度 $l_0=6\text{m}$，截面尺寸 $b\times h=450\text{mm}\times 450\text{mm}$，纵向钢筋采用 4⌀20 的 HRB400 级钢筋，混凝土强度等级为

C30。试计算该柱所能承担的轴向压力设计值。

6-3　钢筋混凝土圆形截面柱，直径 d=400mm，柱的计算长度 l_0=4.8m。混凝土强度等级为 C35，纵筋采用 HRB400 级钢筋，箍筋选用 HPB300 级钢筋，混凝土保护层厚度为 25mm。截面承受的轴向压力设计值 N=4200kN。试按配置螺旋式箍筋柱，确定该柱的截面配筋。

6-4　已知矩形截面偏心受压柱，截面尺寸 $b\times h$=300mm×400mm，$a_s=a'_s$=40mm。承受轴向压力设计值 N=600kN，柱顶截面弯矩设计值 M_1=125kN·m，柱底截面弯矩设计值 M_2=135kN·m。柱挠曲变形为单曲率。弯矩作用平面内柱上下两端的支撑长度为 3.2m；弯矩作用平面外柱的计算长度 l_0=4.0m。混凝土强度等级为 C30，纵向钢筋采用 HRB500 级。试计算纵向钢筋的截面面积 A_s 和 A'_s。

6-5　其他条件同习题 6-4，截面上已配置 2Φ18 纵向受压钢筋。求受拉钢筋截面面积 A_s。

6-6　已知矩形截面偏心受压柱，截面尺寸 $b\times h$=400mm×500mm，$a_s=a'_s$=50mm。承受轴向压力设计值 N=310kN，柱顶截面弯矩设计值 M_1=115kN·m，柱底截面弯矩设计值 M_2=120kN·m。柱挠曲变形为单曲率。弯矩作用平面内柱上下两端的支撑长度为 4.5m；弯矩作用平面外柱的计算长度 l_0=5.625m。混凝土强度等级为 C35，纵筋采用 HRB500 级钢筋，配置的纵向受压钢筋为 4Φ16。求纵向受拉钢筋截面面积 A_s。

6-7　已知矩形截面偏心受压柱，截面尺寸 $b\times h$=500mm×650mm，$a_s=a'_s$=50mm。承受的轴向压力设计值 N=5000kN，柱顶截面弯矩设计值 M_1=165kN·m，柱底截面弯矩设计值 M_2=180kN·m。柱挠曲变形为单曲率。弯矩作用平面内柱上下两端的支撑长度为 5.0m；弯矩作用平面外柱的计算长度 l_0=6.25m。混凝土强度等级为 C35，纵筋采用 HRB400 级。求钢筋的截面面积 A_s 和 A'_s。

6-8　矩形截面偏心受压柱，$b\times h$=400mm×600mm，$a_s=a'_s$=50mm。截面承受轴向压力设计值 N=600kN，柱顶截面弯矩设计值 M_1=300kN·m，柱底截面弯矩设计值 M_2=310kN·m。柱挠曲变形为单曲率。弯矩作用平面内柱上下两端的支撑长度为 4.20m；弯矩作用平面外柱的计算长度 l_0=5.25m。混凝土强度等级为 C30，纵向钢筋采用 HRB400 级钢筋，受拉钢筋为 4Φ22（A_s=1520mm^2），受压钢筋为 3Φ18（A'_s=763mm^2）。试验算该柱的承载力是否足够。

6-9　已知条件同习题 6-4，采用对称配筋。求纵向钢筋截面面积 A_s 和 A'_s。

6-10　矩形截面偏心受压柱，$b\times h$=500mm×700mm，$a_s=a'_s$=50mm，柱承受轴向压力设计值 N=4600kN，柱顶截面弯矩设计值 M_1=535kN·m，柱底截面弯矩设计值 M_2=560kN·m。柱挠曲变形为单曲率。弯矩作用平面内柱上下两端的支撑长度为 5.2m，弯矩作用平面外柱的计算长度 l_0=6.5m。混凝土强度等级为 C35，纵向钢筋采用 HRB500 级。按对称配筋求纵向钢筋 A_s 和 A'_s。

6-11　钢筋混凝土矩形截面偏心受压柱，$b\times h$=450mm×650mm，$a_s=a'_s$=50mm，柱承受轴向压力设计值 N=800kN，柱顶截面弯矩设计值 M_1=450kN·m，柱底截面弯矩设计值 M_2=460kN·m。柱挠曲变形为单曲率。弯矩作用平面内柱上下两端的支撑长度为 4.0m，弯矩作用平面外柱的计算长度 l_0=5.0m。混凝土强度等级为 C30，纵向钢筋采用 HRB500 级。按对称配筋求纵向钢筋 A_s 和 A'_s。

6－12 钢筋混凝土矩形截面偏心受压柱，$b \times h = 500\text{mm} \times 650\text{mm}$，$a_s = a_s' = 50\text{mm}$，柱承受轴向压力设计值 $N = 3800\text{kN}$，柱顶截面弯矩设计值 $M_1 = 510\text{kN} \cdot \text{m}$，柱底截面弯矩设计值 $M_2 = 530\text{kN} \cdot \text{m}$。柱挠曲变形为单曲率。弯矩作用平面内柱上下两端的支撑长度为 4.5m，弯矩作用平面外柱的计算长度 $l_0 = 5.625\text{m}$。混凝土强度等级为 C40，纵向钢筋采用 HRB500 级。按对称配筋求纵向钢筋 A_s 和 A_s'。

第 7 章　受拉构件截面承载力计算

7.1 概　　述

受拉构件包括轴心受拉构件和偏心受拉构件。

工程中常见的轴心受拉构件有桁架下弦杆及受拉腹杆，带拉杆拱的拉杆，圆形贮液池的池壁等。理想的轴心受拉构件实际上是不存在的，但如果轴向拉力的偏心距很小，截面上的弯矩可以忽略不计时，就可简化为轴心受拉构件计算。如果构件截面除承受轴向拉力作用外，还同时有弯矩作用，就称为偏心受拉构件，如承受节间荷载的屋架下弦杆，双肢柱的受拉肢，承受水平荷载的框架边柱（特别是上面几层柱），矩形水池的池壁与底板等。

7.2 轴心受拉构件正截面受拉承载力

轴心受拉构件裂缝出现以前，混凝土与钢筋共同承担拉力。裂缝出现以后，开裂截面的混凝土退出工作，拉力全部由钢筋承担。构件最终破坏时，钢筋的拉应力达到抗拉屈服强度。其承载力应满足

$$N \leqslant N_u = f_y A_s \tag{7-1}$$

式中　N——轴向拉力设计值；

A_s——纵向钢筋的全部截面面积；

f_y——钢筋的抗拉强度设计值。

7.3 偏心受拉构件正截面受拉承载力

偏心受拉构件根据轴向拉力 N 偏心距 e_0 大小的不同，可分为大、小偏心受拉两种破坏形态。

7.3.1 小偏心受拉$\left(e_0 \leqslant \frac{h}{2} - a_s\right)$

当轴向拉力 N 作用在钢筋 A_s（靠近轴向拉力 N 一侧的钢筋）与 A'_s（远离轴向拉力 N 一侧的钢筋）之间时，无论偏心距的大小，临近破坏前，截面已全部裂通，拉力全部由钢筋承担。破坏时，钢筋 A_s 和 A'_s 的应力，与轴向拉力作用点位置及两侧配置的钢筋面积的比值有关。设计时，应使两侧钢筋均达到抗拉强度设计值 f_y（图 7-1），相应的计算公式为

$$Ne \leqslant N_u e = f_y A'_s (h_0 - a'_s) \tag{7-2}$$

$$Ne' \leqslant N_u e = f_y A_s (h'_0 - a_s) \tag{7-3}$$

钢筋的截面面积为

$$A'_s \geqslant \frac{Ne}{f_y (h_0 - a'_s)} \tag{7-4}$$

$$A_s \geqslant \frac{Ne'}{f_y (h'_0 - a_s)} \tag{7-5}$$

式中，$e=\frac{h}{2}-e_0-a_s$，$e'=\frac{h}{2}+e_0-a_s'$。

采用对称配筋时，离 N 较远一侧的钢筋 A_s' 的应力达不到抗拉强度设计值，因此可对 A_s' 合力点取矩，得

$$A_s'=A_s=\frac{Ne'}{f_y(h_0'-a_s)} \tag{7-6}$$

7.3.2 大偏心受拉$\left(e_0>\frac{h}{2}-a_s\right)$

当轴向拉力作用在钢筋 A_s 合力点与 A_s' 合力点之外时，截面上离轴向拉力较近的一侧受拉，另一侧受压。破坏时，A_s 的应力达到屈服强度 f_y，受压区混凝土则被压碎，钢筋 A_s' 受压，且应力达到屈服强度 f_y'（图 7-2）。一般来说，大偏心受拉破坏时，裂缝开展很宽，混凝土压碎的程度则不很显著。承载力计算公式为

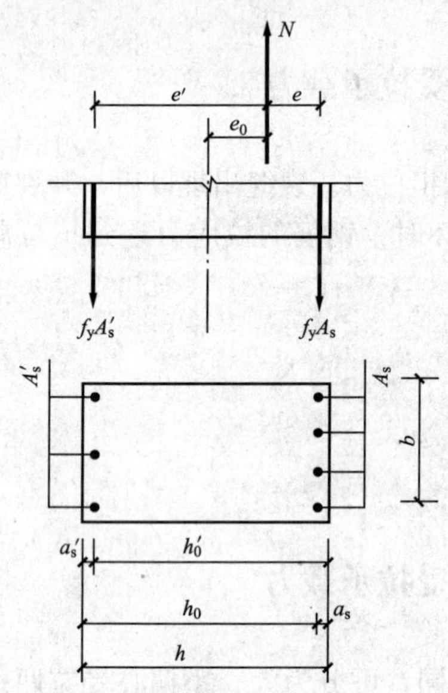

图 7-1 小偏心受拉构件计算图形

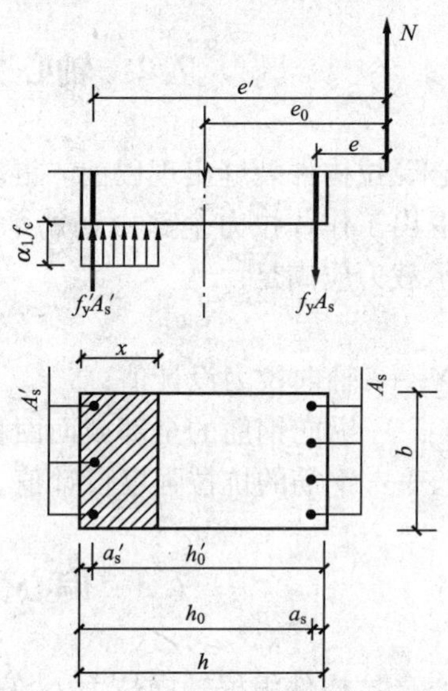

图 7-2 大偏心受拉构件计算图形

$$N\leqslant N_u=f_yA_s-f_y'A_s'-\alpha_1 f_c bx \tag{7-7}$$

$$Ne\leqslant N_u e=\alpha_1 f_c bx\left(h_0-\frac{x}{2}\right)+f_y'A_s'(h_0-a_s') \tag{7-8}$$

其中

$$e=e_0-\frac{h}{2}+a_s$$

上述公式的适用条件仍为

$$x\leqslant \xi_b h_0$$

及

$$x\geqslant 2a_s'$$

按以上计算的配筋均应满足受拉钢筋最小配筋率的要求。即

$$A_s\geqslant \rho_{min}bh$$

$$A_s' \geqslant \rho_{min}' bh$$

其中

$$\rho_{min} = \rho_{min}' = \max\left(0.002, 0.45\frac{f_t}{f_y}\right)$$

如果 $x<2a_s'$，则可按式（7-3）或式（7-5）计算。

当为对称配筋时，因总有 $x<2a_s'$，故仍可按式（7-3）或式（7-5）进行计算。

由上列公式可见，大偏心受拉破坏与大偏心受压破坏的计算公式是相似的，所不同的仅是 N 为拉力。因此，其设计可参照大偏心受压构件进行。

【例 7-1】 某偏心受拉构件，截面尺寸 $b\times h=300\text{mm}\times450\text{mm}$，$a_s=a_s'=45\text{mm}$，承受轴向拉力设计值 $N=640\text{kN}$，弯矩设计值 $M=72\text{kN}\cdot\text{m}$。混凝土强度等级为 C25（$\alpha_1=1.0$，$f_c=11.9\text{N/mm}^2$，$f_t=1.27\text{N/mm}^2$），钢筋采用 HRB335 级（$f_y=f_y'=300\text{N/mm}^2$）。求纵向钢筋面积 A_s 和 A_s'。

解　$e_0=\dfrac{M}{N}=\dfrac{72\times10^3}{640}=112.5\text{mm}$

$e_0=112.5\text{mm}<\dfrac{h}{2}-a_s=\dfrac{450}{2}-45=180\text{mm}$，为小偏心受拉构件。

$$e=\frac{h}{2}-e_0-a_s=\frac{450}{2}-112.5-45=67.5\text{mm}$$

$$e'=\frac{h}{2}+e_0-a_s'=\frac{450}{2}+112.5-45=292.5\text{mm}$$

由式（7-4）和式（7-5），得

$$A_s'=\frac{Ne}{f_y(h_0-a_s')}=\frac{640\times10^3\times67.5}{300\times(405-45)}=400\text{mm}^2$$

$$A_s=\frac{Ne'}{f_y(h_0'-a_s')}=\frac{640\times10^3\times292.5}{300\times(405-45)}=1733\text{mm}^2$$

最小配筋率为

$0.45\dfrac{f_t}{f_y}=0.45\times\dfrac{1.27}{300}=0.191\%<0.2\%$，故 $\rho_{min}=\rho_{min}'=0.2\%$

$$\rho'=\frac{A_s'}{bh}=\frac{400}{300\times450}=0.296\%>\rho_{min}'=0.2\%$$

$$\rho=\frac{A_s}{bh}=\frac{1733}{300\times450}=1.28\%>\rho_{min}=0.2\%$$

离轴向拉力较远侧的钢筋取 2Φ18（$A_s'=509\text{mm}^2$），离轴向拉力较近侧的钢筋取 4Φ25（$A_s=1964\text{mm}^2$）。

【例 7-2】 某钢筋混凝土矩形截面 $b\times h=250\text{mm}\times400\text{mm}$，$a_s=a_s'=40\text{mm}$，混凝土强度等级为 C30（$\alpha_1=1.0$，$f_c=14.3\text{N/mm}^2$，$f_t=1.43\text{N/mm}^2$），钢筋采用 HRB400 级（$f_y=f_y'=360\text{N/mm}^2$），$\xi_b=0.518$。承受纵向拉力设计值 $N=35\text{kN}$，弯矩设计值 $M=42\text{kN}\cdot\text{m}$。求钢筋面积 A_s 和 A_s'。

解　$e_0=\dfrac{M}{N}=\dfrac{42\times10^3}{35}=1200\text{mm}$

$e_0=1200\text{mm}>\dfrac{h}{2}-a_s=\dfrac{400}{2}-40=160\text{mm}$，为大偏心受拉破坏。由于 A_s 和 A_s' 均未知，

故取 $\xi=\xi_b=0.518$。

$$e=e_0-\frac{h}{2}+a_s=1200-\frac{400}{2}+40=1040\text{mm}$$

由式（7-8），得

$$A'_s=\frac{Ne-\alpha_1 f_c bh_0^2\xi_b(1-0.5\xi_b)}{f'_y(h_0-a'_s)}$$
$$=\frac{35\times10^3\times1040-1.0\times14.3\times250\times360^2\times0.518\times(1-0.5\times0.518)}{360\times(360-40)}<0$$

$0.45\dfrac{f_t}{f_y}=0.45\times\dfrac{1.43}{360}=0.179\%<0.2\%$，故 $\rho_{min}=\rho'_{min}=0.2\%$

取 $A'_s=\rho'_{min}bh=0.002\times250\times400=200\text{mm}^2$，实配 2 Φ 12（$A'_s=226\text{mm}^2$），然后按 A'_s 为已知的情况计算 A_s。

由式（7-8），得

$$\alpha_s=\frac{Ne-f'_yA'_s(h_0-a'_s)}{\alpha_1 f_c bh_0^2}=\frac{35\times10^3\times1040-360\times226\times(360-40)}{1.0\times14.3\times250\times360^2}=0.022$$

$$\xi=1-\sqrt{1-2\alpha_s}=1-\sqrt{1-2\times0.022}=0.022$$

$$x=\xi h_0=0.022\times360=7.9\text{mm}<2a'_s=80\text{mm}$$

故取 $x=2a'_s=80\text{mm}$

$$e'=e_0+\frac{h}{2}-a'_s=1200+\frac{400}{2}-40=1360\text{mm}$$

$$A_s=\frac{Ne'}{f_y(h_0-a'_s)}=\frac{35\times10^3\times1360}{360\times(360-40)}=413\text{mm}^2$$

$A_s=413\text{mm}^2>\rho_{min}bh=0.002\times250\times400=200\text{mm}^2$，符合要求。最后选 2 Φ 18（$A_s=509\text{mm}^2$）。

7.4 偏心受拉构件斜截面受剪承载力

试验表明，轴向拉力使斜裂缝裂得更宽，加大了斜裂缝的倾角，减少了剪压区的高度，使混凝土的受剪承载力明显降低。

对于矩形、T形和I形截面偏心受拉构件，其斜截面受剪承载力应满足下列公式

$$V\leqslant\frac{1.75}{\lambda+1}f_t bh_0+f_{yv}\frac{A_{sv}}{s}h_0-0.2N \tag{7-9}$$

式中 N——与剪力设计值 V 相应的轴向拉力设计值；

λ——计算截面的剪跨比，其取值与偏心受压构件相同。

当式（7-9）右边的计算值小于 $f_{yv}\dfrac{A_{sv}}{s}h_0$ 时，应取 $f_{yv}\dfrac{A_{sv}}{s}h_0$。这是因为轴向拉力即使完全抵消了混凝土的受剪承载力，也不会降低箍筋的受剪承载力。同时，为保证箍筋的最小配筋率，$f_{yv}\dfrac{A_{sv}}{s}h_0$ 值不得小于 $0.36f_t bh_0$，即满足

$$\rho_{sv}=\frac{A_{sv}}{bs}\geqslant 0.36\frac{f_t}{f_{yv}} \tag{7-10}$$

本 章 小 结

1. 轴心受拉和小偏心受拉构件破坏时裂缝贯通整个截面，裂缝截面的纵向拉力全部由钢筋承担。大偏心受拉构件的破坏特征与偏心受压构件相似，截面设计时，取受拉钢筋先屈服，然后受压区混凝土被压碎为承载能力极限状态，可参照大偏心受压构件正截面受压承载力的计算方法进行计算。

2. 偏心受拉构件当纵向拉力作用于 A_s 和 A'_s 之间$\left(即\ e_0\leqslant\frac{h}{2}-a_s\right)$时为小偏心受拉，当纵向拉力作用于 A_s 和 A'_s 范围之外$\left(即\ e_0>\frac{h}{2}-a_s\right)$时为大偏心受拉。

3. 由于纵向拉力降低了混凝土的抗剪能力，故偏心受拉构件斜截面受剪承载力的计算应考虑纵向拉力的不利影响。

思 考 题

7-1　矩形截面大、小偏心受拉构件如何进行区分？破坏时两种偏心受拉构件截面上应力状态有何不同？

7-2　轴向拉力对偏心受拉构件的斜截面承载力有何影响？计算中是如何考虑的？

习　题

7-1　钢筋混凝土屋架下弦，按轴心受拉构件设计，截面尺寸 $b\times h=200\text{mm}\times 140\text{mm}$，混凝土强度等级为 C25，钢筋采用 HRB335 级。承受轴向拉力设计值 $N=245\text{kN}$。试确定所需的纵向钢筋 A_s。

7-2　已知矩形截面偏心受拉构件，截面尺寸 $b\times h=300\text{mm}\times 600\text{mm}$，$a_s=a'_s=40\text{mm}$。混凝土强度等级为 C30，钢筋采用 HRB335 级。承受轴向拉力设计值 $N=600\text{kN}$。弯矩设计值 $M=120\text{kN}\cdot\text{m}$。试求纵向钢筋截面面积 A_s 和 A'_s。

7-3　已知条件同习题 7-2，但弯矩设计值 $M=400\text{kN}\cdot\text{m}$。求纵向钢筋 A_s 和 A'_s。

第 8 章　受扭构件截面承载力计算

8.1　概　　述

扭转是结构构件的一种基本受力形式。工程中，混凝土构件受到的扭转有两类，一类是由外荷载直接作用产生的扭转，称为平衡扭转。图 8-1（a）中支撑雨篷的雨篷梁和图 8-1（b）中受水平制动力作用的吊车梁，截面上承受有扭矩，即属于这一类扭转。另一类是超静定结构中由于变形协调使截面产生的扭转，称为协调扭转，如图 8-1（c）中现浇框架的边梁，由于楼面梁梁端的弯曲转动变形使得边梁产生扭转，截面承受扭矩。

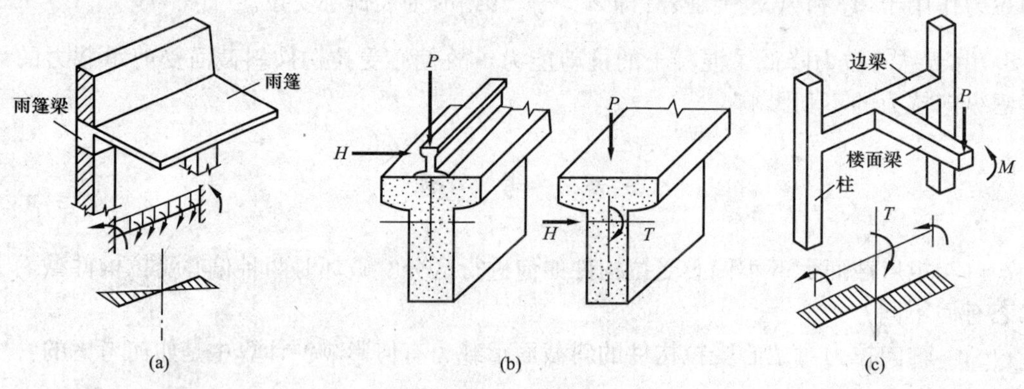

图 8-1　平衡扭转与协调扭转

（a）雨篷梁；（b）吊车梁；（c）框架边梁

在实际工程中，混凝土纯扭构件基本上是不存在的。绝大多数构件都处于弯矩、剪力、扭矩共同作用下的复合受力状态。但纯扭构件的受力性能是复合受扭研究的基础，因此这里仍将首先讨论纯扭问题。

8.2　纯扭构件扭曲截面承载力计算

8.2.1　试验研究

1. 素混凝土纯扭构件的受扭性能

由材料力学可知，弹性材料的矩形截面构件受扭后，在截面上将产生剪应力 τ，相应地产生主拉应力 σ_{tp}和主压应力 σ_{cp}，它们在数值上等于 τ，即 $\sigma_{tp}=\sigma_{cp}=\tau$，并且作用在与构件轴线成 45°的方向上，如图 8-2（a）所示。当主拉应力超过混凝土的抗拉强度时，构件将开裂，首先在截面长边中点附近出现一条沿着 45°方向的斜裂缝，然后迅速向上、向下延伸至构件的顶面与底面，最后形成三面开裂，一面受压的空间扭曲破坏面，如图 8-2（b）所示，构件随即破坏。破坏时截面的承载力很低且表现出明显的脆性破坏特点。

2. 钢筋混凝土纯扭构件的受扭性能

在混凝土构件中配置适当的抗扭钢筋，当混凝土开裂后，可由钢筋继续承受拉力，这对

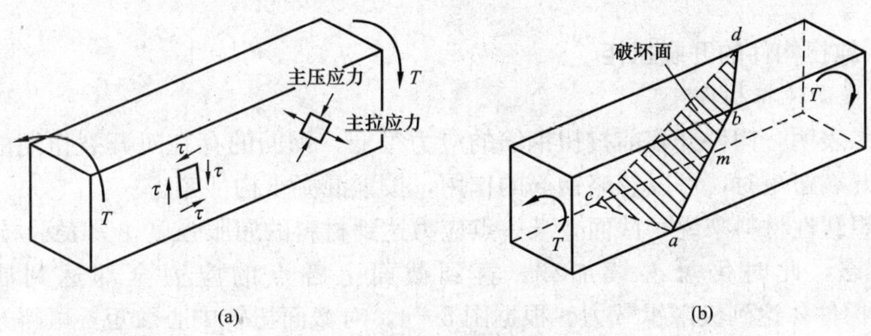

图 8-2　素混凝土纯扭构件的应力情况与破坏面

(a) 应力情况；(b) 破坏面

提高受扭构件的承载力有很大的作用。由于扭矩在构件中引起的主拉应力轨迹线为一组与构件纵轴大致成 45°角、并绕四周面连续的螺旋线，因此，最合理的配筋应是沿 45°方向布置的螺旋箍筋。但在实际工程中，扭矩在构件全长上常常要改变方向，扭矩方向一改变，螺旋箍的旋角方向也要相应地改变，这在配筋构造上就会造成很大的困难。所以，实际工程结构中都采用垂直构件纵轴的箍筋和沿截面周边布置的纵向钢筋组成的空间钢筋骨架来承担扭矩。

试验表明，对于钢筋混凝土矩形截面受扭构件，其破坏形态根据配置钢筋数量的多少，可分为以下几类。

(1) 少筋破坏

当垂直纵轴的箍筋和沿截面周边布置的纵筋过少或其中之一配置过少时，在扭矩作用下，先在构件截面的长边最薄弱处产生一条与纵轴成 45°左右的斜裂缝，构件一旦开裂，裂缝就迅速向相邻两侧面呈螺旋形延伸，最后受压面上的混凝土被压碎，构件破坏。其破坏扭矩 T_u 基本上等于开裂扭矩 T_{cr}。这种破坏急速而突然，与素混凝土构件的破坏相似，属于脆性破坏，设计中应避免。

(2) 适筋破坏

当抗扭钢筋配置适当时，在扭矩作用下，第一条斜裂缝出现后构件并不立即破坏。随着扭矩的增加，将陆续出现多条大体平行的连续螺旋形裂缝。与斜裂缝相交的纵筋和箍筋先后达到屈服，斜裂缝进一步开展，其中一条发展为临界斜裂缝，最后受压面上的混凝土被压碎，构件随之破坏。这种破坏具有一定的塑性，受扭承载力的计算公式即是以这种破坏为依据建立的。

(3) 超筋破坏

当抗扭箍筋和纵筋均配置过多时，在扭矩作用下，螺旋形裂缝多而密，在纵筋和箍筋的应力都未达到屈服强度时，混凝土就被压碎，构件立即破坏，属于无预兆的脆性破坏，在设计中也应当避免。

(4) 部分超筋破坏

当抗扭箍筋和抗扭纵筋中的一种配置较多而另一种基本适当时，则受压混凝土被压碎、构件破坏时配筋适当的那种钢筋的应力达到屈服强度而另一种配置较多的钢筋的应力未达到屈服强度，这种破坏称为部分超筋破坏。它虽也有一定塑性性质，但比适筋破坏时的塑性小。

8.2.2 纯扭构件的开裂扭矩

1. 矩形截面纯扭构件

试验结果表明，构件开裂前抗扭钢筋的应力很低，钢筋的存在对开裂扭矩的影响很小。因此在计算开裂扭矩时，可以忽略钢筋的作用，按素混凝土构件考虑。

对于理想塑性材料来说，截面上某一点应力达到材料的屈服强度，只表示局部材料开始进入塑性状态，此时仍可继续加载，直到截面上各点的应力全部达到屈服强度时（图 8-3），构件才达到极限承载力。根据图 8-4，对截面扭转中心取矩，可得开裂扭矩

$$T_{cr}=\tau_{max}\left[\frac{1}{2}\times b\times\frac{b}{2}\times\left(h-\frac{b}{3}\right)+2\times\frac{1}{2}\times\frac{b}{2}\times\frac{b}{2}\times\frac{2}{3}b+(h-b)\times\frac{b}{2}\times\frac{b}{2}\right]$$

$$=\tau_{max}\times\frac{b^2}{6}(3h-b) \tag{8-1}$$

式中 b——矩形截面的短边；

h——矩形截面的长边；

τ_{max}——截面上的最大剪应力。

令

$$W_t=\frac{b^2}{6}(3h-b) \tag{8-2}$$

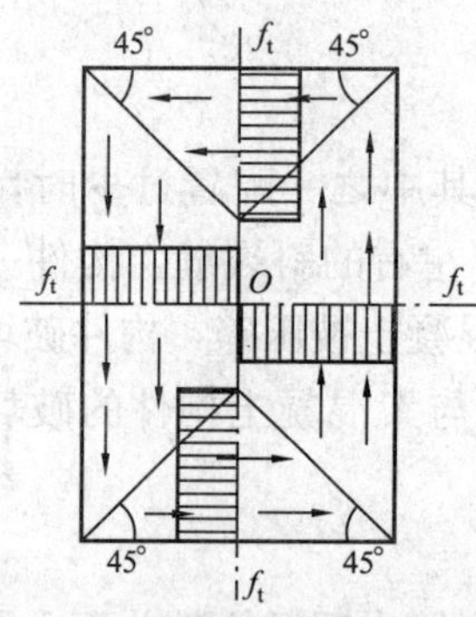

图 8-3 塑性剪应力分布

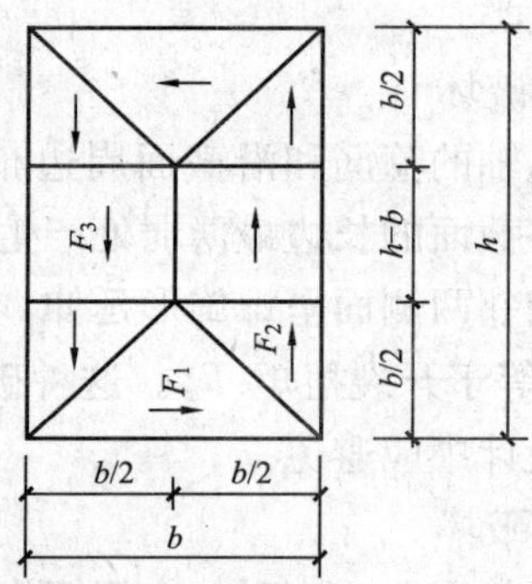

图 8-4 计算剪应力分块

W_t称为受扭构件的截面受扭塑性抵抗矩，当 $\tau_{max}=f_t$时构件开裂并破坏，则（8-1）式可写为

$$T_{cr}=f_tW_t \tag{8-3}$$

由于混凝土并非理想塑性材料，因此按塑性理论计算出的开裂扭矩略高于实测值，应对式（8-3）的计算值进行折减。根据试验结果，偏安全地取混凝土纯扭构件的开裂扭矩为

$$T_{cr}=0.7f_tW_t \tag{8-4}$$

该开裂扭矩与素混凝土构件的极限扭矩基本相同。

2. T 形和 I 形截面纯扭构件

T 形和 I 形截面纯扭构件，其开裂扭矩计算公式与式（8-4）相同，但在计算截面受扭塑性抵抗矩 W_t时，可将截面划分为腹板、受压翼缘及受拉翼缘等三个矩形块（图 8-5），即

$$W_t=W_{tw}+W'_{tf}+W_{tf} \tag{8-5}$$

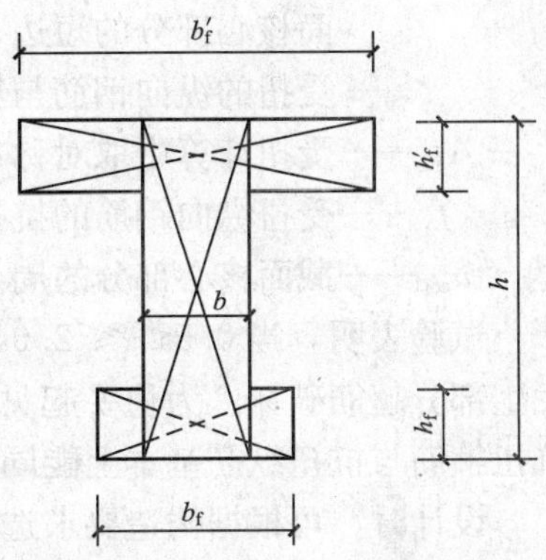

图8-5 I形截面的分块

式中 W_{tw}，W'_{tf}，W_{tf}——腹板、受压翼缘、受拉翼缘矩形块的受扭塑性抵抗矩，按下列公式计算

$$W_{tw}=\frac{b^2}{6}(3h-b) \tag{8-6}$$

$$W'_{tf}=\frac{h_f'^2}{2}(b'_f-b) \tag{8-7}$$

$$W_{tf}=\frac{h_f^2}{2}(b_f-b) \tag{8-8}$$

当翼缘宽度较大时，计算时取用的计算翼缘宽度尚应符合 $b'_f\leqslant b+6h'_f$ 及 $b_f\leqslant b+6h_f$ 的规定。

3. 箱形截面纯扭构件

箱形截面纯扭构件的开裂扭矩，仍可采用式（8-4）进行计算，其中截面的受扭塑性抵抗矩应按下式计算

$$W_t=\frac{b_h^2}{6}(3h_h-b_h)-\frac{(b_h-2t_w)^2}{6}[3h_w-(b_h-2t_w)] \tag{8-9}$$

式中 h_h，b_h——箱形截面的长边、短边尺寸；

t_w——箱形截面壁厚，应满足 $t_w\geqslant b_h/7$；

h_w——箱形截面腹板高度。

8.2.3 矩形截面纯扭构件的受扭承载力计算

根据试验分析，钢筋混凝土纯扭构件的受扭承载力 T_u 由混凝土承担的扭矩 T_c 和钢筋承担的扭矩 T_s 两部分组成，即

$$T_u=T_c+T_s$$

其中 T_c 可写为

$$T_c=0.35f_tW_t$$

T_s 可写为

$$T_s=1.2\sqrt{\zeta}\frac{A_{st1}f_{yv}}{s}A_{cor}$$

于是设计表达式为

$$T\leqslant T_u=0.35f_tW_t+1.2\sqrt{\zeta}\frac{A_{st1}f_{yv}}{s}A_{cor} \tag{8-10}$$

$$\zeta=\frac{f_yA_{stl}s}{f_{yv}A_{st1}u_{cor}} \tag{8-11}$$

式中 T——扭矩设计值；

A_{st1}——受扭计算中沿截面周边所配置箍筋的单肢截面面积；

f_{yv}——受扭箍筋的抗拉强度设计值；

s——受扭箍筋沿构件轴向的间距；

A_{cor}——截面核心部分的面积，$A_{cor}=b_{cor}h_{cor}$，此处 b_{cor}、h_{cor} 分别为箍筋内表面范围内截

面核心部分的短边、长边尺寸；

ζ——受扭的纵向钢筋与箍筋的配筋强度比值；

A_{stl}——受扭计算中取对称布置的全部纵向钢筋的截面面积；

f_y——受扭纵向钢筋的抗拉强度设计值；

u_{cor}——截面核心部分的周长，$u_{cor}=2(b_{cor}+h_{cor})$。

试验表明，当 $0.5\leqslant\zeta\leqslant2.0$ 时，抗扭箍筋与纵筋的应力基本都能达到屈服强度，而不会发生部分超筋破坏。为稳妥起见，《规范》规定，ζ 值应符合 $0.6\leqslant\zeta\leqslant1.7$。当 $\zeta=1.2$ 时，抗扭箍筋与抗扭纵筋基本上能同时达到屈服强度。因此在设计时，ζ 最佳取值为 1.2。

设计时，可根据构造要求选定截面尺寸及材料强度，取 $\zeta=1.2$；然后按式（8－10）求出 A_{st1}/s，即可定出抗扭箍筋的直径和间距；再按 $\zeta=1.2$ 由式（8－11）计算出抗扭纵筋的总面积 A_{stl}，由此选定纵筋的根数和直径，均匀对称地布置在截面周边。

8.2.4 T形和I形截面纯扭构件的受扭承载力计算

对于钢筋混凝土T形和I形截面纯扭构件，将截面划分为腹板、受压翼缘及受拉翼缘等三个矩形块后，再将总的扭矩T按各矩形块受扭塑性抵抗矩的比例分配给各矩形块承担。各矩形块承担的扭矩分别为：

腹板

$$T_w=\frac{W_{tw}}{W_t}T \tag{8-12}$$

受压翼缘

$$T'_f=\frac{W'_{tf}}{W_t}T \tag{8-13}$$

受拉翼缘

$$T_f=\frac{W_{tf}}{W_t}T \tag{8-14}$$

求得各矩形块承担的扭矩后，即可按式（8－10）计算确定各矩形截面所需的抗扭箍筋和抗扭纵筋的面积，最后统一配筋。

8.2.5 箱形截面纯扭构件的受扭承载力计算

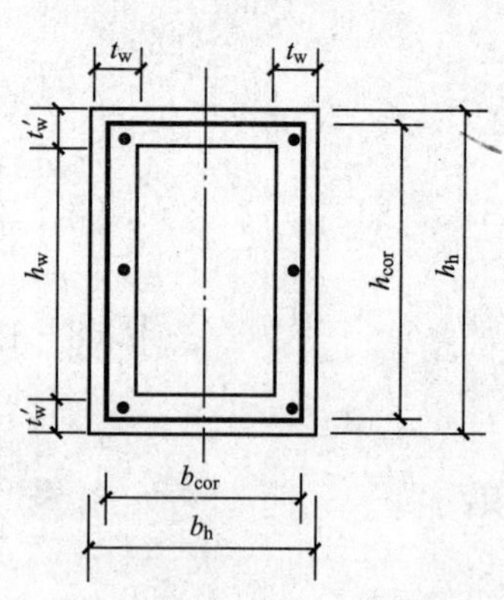

图 8－6 箱形截面（$t_w\leqslant t'_w$）

试验及理论研究表明，具有一定壁厚的箱形截面（图8－6），其受扭承载力与具有截面尺寸为 $b_h\times h_h$ 的实心矩形截面的受扭承载力基本相同。因此，箱形截面受扭承载力的计算公式是在矩形截面受扭承载力计算公式的基础上，考虑了截面壁厚的修正后得到，即

$$T\leqslant0.35\alpha_h f_t W_t+1.2\sqrt{\zeta}f_{yv}\frac{A_{st1}A_{cor}}{s} \tag{8-15}$$

式中 α_h——箱形截面壁厚影响系数：$\alpha_h=2.5t_w/b_h$，当 $\alpha_h>1.0$ 时，取 $\alpha_h=1.0$。

箱形截面公式中的 ζ 值仍按式（8－11）进行计算，且应符合 $0.6\leqslant\zeta\leqslant1.7$。当 $\zeta>1.7$ 时取 $\zeta=1.7$。

8.3　剪扭构件承载力计算

8.3.1　剪扭承载力的相关关系

试验研究表明，在剪力与扭矩的共同作用下，混凝土的抗扭承载力随剪力的增大而降低；反之，混凝土的抗剪承载力也随着扭矩的增大而降低。两者的相关关系近似符合 1/4 圆的规律，如图 8－7（a）所示。其表达式为

$$\left(\frac{V_c}{V_{c0}}\right)^2+\left(\frac{T_c}{T_{c0}}\right)^2=1 \tag{8-16}$$

式中　T_c、V_c——扭矩和剪力共同作用时的受扭承载力和受剪承载力；

T_{c0}——纯扭构件混凝土的受扭承载力；

V_{c0}——纯剪构件混凝土的受剪承载力。

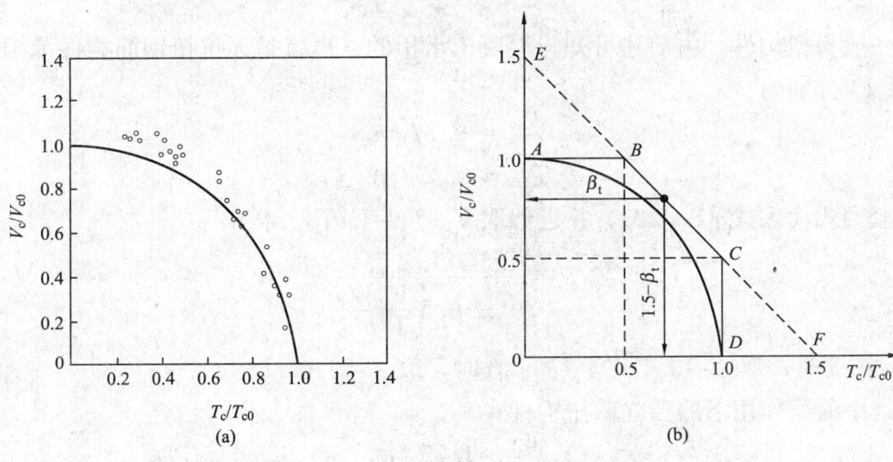

图 8－7　混凝土剪扭承载力的相关关系

(a) 剪扭复合受力的相关关系；(b) 三折线形的剪扭相关关系

8.3.2　矩形截面剪扭构件承载力计算

钢筋混凝土矩形截面剪扭构件的受剪及受扭承载力分别由混凝土的抗力及钢筋的抗力所组成，即

$$V_u=V_c+V_s \tag{8-17}$$

$$T_u=T_c+T_s \tag{8-18}$$

式中　V_u，T_u——剪扭构件的受剪承载力和受扭承载力；

V_c，T_c——剪扭构件中混凝土的受剪承载力和受扭承载力；

V_s，T_s——剪扭构件中箍筋的受剪承载力和抗扭钢筋的受扭承载力。

剪力、扭矩共同作用下的复合受力构件，各种承载力之间也存在相关关系，如果要完全考虑这种相关性，将会使计算非常困难。我国《规范》采用了部分相关、部分叠加的方法来计算复合受扭构件的承载力，即对混凝土抗力部分考虑相关性，对钢筋的抗力部分采用叠加的方法。根据此原则，式（8－17）和式（8－18）中的 V_s、T_s 分别按纯剪和纯扭构件的相应公式计算，而 V_c、T_c 应考虑剪扭相关关系。为简便起见，将 1/4 圆弧的相关方程用三段

直线组成的折线［图 8-7（b）中的ABCD线］来代替，即

当 $T_c/T_{c0}\leqslant 0.5$ 时（AB 段）

$$V_c/V_{c0}=1.0 \tag{8-19}$$

当 $V_c/V_{c0}\leqslant 0.5$ 时（CD 段）

$$T_c/T_{c0}=1.0 \tag{8-20}$$

当 $0.5<T_c/T_{c0}<1.0$ 时（BC 段）

$$T_c=\beta_t T_{c0},\ V_c=\alpha V_{c0} \tag{8-21}$$

式中 β_t，α——剪扭构件混凝土受扭、受剪承载力降低系数。

延长直线 BC，得坐标截距为 1.5（E、F 点），由图 8-7（b）所示几何关系，得 $\alpha=1.5-\beta_t$。因此

$$\beta_t=\frac{1.5}{1+\dfrac{V_c}{V_{c0}}\Big/\dfrac{T_c}{T_{c0}}} \tag{8-22}$$

对于一般剪扭构件，由前述可知，混凝土承担的（也就是无抗扭钢筋构件承担的）剪力 V_{c0} 和扭矩 T_{c0} 分别为

$$V_{c0}=0.7f_tbh_0 \tag{8-23}$$

$$T_{c0}=0.35f_tW_t \tag{8-24}$$

将以上两式代入式（8-22），并近似取 $V_c/T_c=V/T$，得

$$\beta_t=\frac{1.5}{1+0.5\dfrac{V}{T}\dfrac{W_t}{bh_0}} \tag{8-25}$$

当 $\beta_t<0.5$ 时，取 $\beta_t=0.5$；当 $\beta_t>1.0$ 时，取 $\beta_t=1.0$。

对于集中荷载作用下的独立剪扭构件

$$V_{c0}=\frac{1.75}{\lambda+1}f_tbh_0 \tag{8-26}$$

$$T_{c0}=0.35f_tW_t \tag{8-27}$$

将以上两式代入式（8-22），并近似取 $V_c/T_c=V/T$，得

$$\beta_t=\frac{1.5}{1+0.2(\lambda+1)\dfrac{V}{T}\dfrac{W_t}{bh_0}} \tag{8-28}$$

将上述有关公式分别代入式（8-17）和式（8-18），可得矩形截面一般剪扭构件受剪和受扭承载力的设计表达式分别为

$$V\leqslant V_u=0.7(1.5-\beta_t)f_tbh_0+f_{yv}\frac{A_{sv}}{s}h_0 \tag{8-29}$$

$$T\leqslant T_u=0.35\beta_tf_tW_t+1.2\sqrt{\zeta}f_{yv}\frac{A_{st1}A_{cor}}{s} \tag{8-30}$$

此处

$$\beta_t=\frac{1.5}{1+0.5\dfrac{V}{T}\dfrac{W_t}{bh_0}},\ (0.5\leqslant\beta_t\leqslant 1.0) \tag{8-31}$$

对于集中荷载作用下的独立剪扭构件，其受剪和受扭承载力的设计表达式分别为

$$V \leqslant V_u = \frac{1.75}{\lambda+1}(1.5-\beta_t) f_t b h_0 + f_{yv}\frac{A_{sv}}{s}h_0 \tag{8-32}$$

$$T \leqslant T_u = 0.35\beta_t f_t W_t + 1.2\sqrt{\zeta} f_{yv}\frac{A_{st1}A_{cor}}{s} \tag{8-33}$$

此处

$$\beta_t = \frac{1.5}{1+0.2(\lambda+1)\frac{V}{T}\frac{W_t}{bh_0}},(0.5 \leqslant \beta_t \leqslant 1.0) \tag{8-34}$$

其中，ζ 的取值范围同前；λ 为截面的剪跨比，与式（5-11）中 λ 的取值和规定相同。

8.3.3　T形和I形截面剪扭构件承载力计算

（1）T形和I形截面剪扭构件的受剪承载力，可按式（8-29）或式（8-32）计算，但在相应的 β_t 计算时，应将公式中的 T 及 W_t 分别用 T_w 及 W_{tw} 替代，即认为剪力全部由腹板来承受。

（2）T形和I形截面剪扭构件的受扭承载力，可按前述方法将截面划分为2个或3个矩形块分别进行计算，其中腹板为剪扭构件，其受扭承载力按式（8-30）或式（8-33）计算。计算时，式中的 T 及 W_t 分别以 T_w 及 W_{tw} 替代。不考虑受压翼缘和受拉翼缘承受剪力，故翼缘为纯扭构件，其受扭承载力按式（8-10）计算，计算时式中的 T 及 W_t 分别以 T'_f 及 W'_{tf} 或 T_f 及 W_{tf} 替代。

8.3.4　箱形截面剪扭构件承载力计算

（1）一般剪扭构件

$$V \leqslant V_u = 0.7(1.5-\beta_t) f_t b h_0 + f_{yv}\frac{A_{sv}}{s}h_0 \tag{8-35}$$

$$T \leqslant T_u = 0.35\alpha_h\beta_t f_t W_t + 1.2\sqrt{\zeta} f_{yv}\frac{A_{st1}A_{cor}}{s} \tag{8-36}$$

此处，β_t 按式（8-31）计算；W_t 按式（8-9）计算。式（8-31）及式（8-35）中的 b 为箱形截面的侧壁总厚度 $2t_w$。

（2）集中荷载作用下的独立剪扭构件

$$V \leqslant V_u = \frac{1.75}{\lambda+1}(1.5-\beta_t) f_t b h_0 + f_{yv}\frac{A_{sv}}{s}h_0 \tag{8-37}$$

$$T \leqslant T_u = 0.35\alpha_h\beta_t f_t W_t + 1.2\sqrt{\zeta} f_{yv}\frac{A_{st1}A_{cor}}{s} \tag{8-38}$$

此处，β_t 按式（8-34）计算。

8.4　弯扭构件承载力计算

在弯矩M和扭矩T共同作用下，构件的受弯承载力和受扭承载力之间存在相关性，其破坏特征及承载力与扭弯比 $\frac{T}{M}$、截面尺寸、配筋形式及数量等因素有关，因此弯扭承载力的相关关系比较复杂，要得到准确的计算公式还很困难。为了应用方便，《规范》对弯扭构件的承载力采用简单的叠加法进行计算，即按受弯承载力公式计算所需的抗弯纵筋，按受弯构件相应的要求布置；再按纯扭构件承载力公式计算所需的抗扭纵筋和箍筋，按受扭构件相应的要求布置。对截面同一位置处的抗弯纵筋和抗扭纵筋，将二者面积叠加后确定纵筋的直径和根数，最后在截面上统一配置。

8.5 弯剪扭构件承载力计算

8.5.1 截面尺寸限制条件及构造配筋要求

1. 截面尺寸条件

为保证构件不发生混凝土首先被压碎的超筋破坏，在弯矩、剪力和扭矩共同作用下，对 $h_w/b\leqslant6$ 的矩形、T 形、I 形截面和 $h_w/t_w\leqslant6$ 的箱形截面构件，其截面应符合下列条件

(1) 当 h_w/b（或 h_w/t_w）$\leqslant4$ 时

$$\frac{V}{bh_0}+\frac{T}{0.8W_t}\leqslant0.25\beta_c f_c \tag{8-39}$$

(2) 当 h_w/b（或 h_w/t_w）$=6$ 时

$$\frac{V}{bh_0}+\frac{T}{0.8W_t}\leqslant0.2\beta_c f_c \tag{8-40}$$

(3) 当 $4<h_w/b$（或 h_w/t_w）<6 时，按线性内插法确定。

式中 b——矩形截面的宽度，T 形或 I 形截面的腹板宽度、箱形截面的侧壁总厚度 $2t_w$；

h_0——截面有效高度；

h_w——截面的腹板高度，对矩形截面取有效高度 h_0，对 T 形截面取有效高度减去翼缘高度，对 I 形和箱形截面，取腹板净高；

t_w——箱形截面壁厚，其值不应小于 $b_h/7$，此处，b_h 为箱形截面的宽度；

β_c——混凝土强度影响系数，当混凝土强度等级不超过 C50 时，取 $\beta_c=1.0$，当混凝土强度等级为 C80 时，取 $\beta_c=0.8$，其间按线性内插法确定。

2. 构造配筋条件

在弯矩、剪力和扭矩共同作用下的构件，当满足下列条件时，可不进行剪扭承载力计算，而仅需根据构造要求（箍筋的最小配筋率、箍筋最大间距、受扭纵筋的最小配筋率、受扭纵筋的最大间距等）配置箍筋和纵向钢筋

$$\frac{V}{bh_0}+\frac{T}{W_t}\leqslant0.7f_t \tag{8-41}$$

或

$$\frac{V}{bh_0}+\frac{T}{W_t}\leqslant0.7f_t+0.07\frac{N}{bh_0} \tag{8-42}$$

式中 N——与剪力、扭矩设计值 V、T 相应的轴向压力设计值，当 $N>0.3f_cA$ 时，取 $N=0.3f_cA$，此处 A 为构件的截面面积。

8.5.2 弯剪扭构件承载力计算

钢筋混凝土构件在弯矩、剪力、扭矩共同作用下的受力状态十分复杂，准确的计算相当困难。《规范》采用了简化的计算方法，即对于弯矩的作用，按受弯构件正截面受弯承载力计算公式，单独计算其抗弯所需的配置在截面受拉区（或受拉与受压区）的纵向钢筋；对于剪力和扭矩的作用，则按“剪扭构件”的承载力计算公式分别算出抗剪所需的箍筋和抗扭所需的箍筋，以及对称配置在截面周边的抗扭纵向钢筋。将上述计算所需的纵筋和箍筋集合统

一配置，就得到弯剪扭构件所需的全部配筋。具体方法及计算步骤如下。

1. *叠加配筋方法*

1）按受弯构件计算仅在弯矩作用下所需的受弯纵向钢筋的截面面积 A_s 及 A'_s。

2）按剪扭构件计算受剪所需的箍筋截面面积$\frac{A_{sv}}{s}$和受扭所需的箍筋截面面积$\frac{A_{st1}}{s}$及受扭纵向钢筋总面积 A_{stl}。

3）叠加上面计算所需的纵向钢筋和箍筋截面面积，即得弯剪扭构件的配筋面积。

但应注意，受弯纵筋 A_s 配置在截面受拉区的底边，A'_s配置在截面受压区的顶边，而受扭纵筋 A_{stl}则应在截面周边对称均匀布置。纵向钢筋面积叠加后，顶、底边钢筋可统一配置，例如图 8-8 所示。受剪箍筋 A_{sv} 是指同一截面内箍筋各肢的截面面积之和，其值等于 nA_{sv1}，这里 n 为同一截面内箍筋的肢数，A_{sv1} 为单肢箍筋的截面面积。而受扭箍筋 A_{st1} 则是沿截面周边配置的单肢箍筋截面面积。因此由公式求得的$\frac{A_{sv}}{s}$与$\frac{A_{st1}}{s}$是不能直接相加的，只能以$\frac{A_{sv1}}{s}$与$\frac{A_{st1}}{s}$相加，然后统一配置在截面周边。当采用复合箍筋时，位于截面内部的箍筋只能抗剪而不能抗扭（图 8-9）。

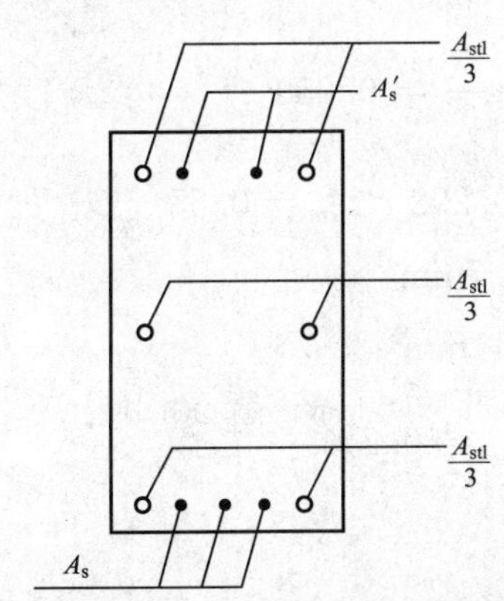

图 8-8　弯剪扭构件的纵向钢筋配置

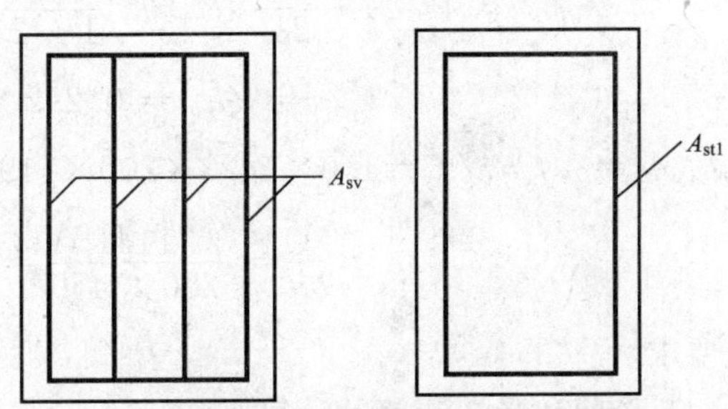

图 8-9　弯剪扭构件的箍筋配置

2. *近似方法*

在弯矩、剪力和扭矩共同作用下的矩形、T 形、I 形和箱形截面的弯剪扭构件，可按下列规定进行承载力计算：

1）当 $V\leqslant 0.35f_tbh_0$ 或 $V\leqslant 0.875f_tbh_0/(\lambda+1)$ 时，剪力对构件承载力的影响可以忽略不计，可仅按受弯构件的正截面受弯承载力和纯扭构件的受扭承载力分别进行计算。

2）当 $T\leqslant 0.175f_tW_t$ 或 $T\leqslant 0.175\alpha_h f_tW_t$ 时，扭矩对构件承载力的影响可以不予考虑，可仅按受弯构件的正截面受弯承载力和斜截面受剪承载力分别进行计算。

【例 8-1】　承受均布荷载的矩形截面梁，截面尺寸 $b\times h=200\text{mm}\times 450\text{mm}$，混凝土保护层厚度为 25mm，承受弯矩设计值 $M=120\text{kN}\cdot\text{m}$，剪力设计值 $V=90\text{kN}$，扭矩设计值 $T=8\text{kN}\cdot\text{m}$；采用 C30 混凝土（$\alpha_1=1.0$，$\beta_c=1.0$，$f_c=14.3\text{N/mm}^2$，$f_t=1.43\text{N/mm}^2$）；纵向钢筋为 HRB335 级（$f_y=300\text{N/mm}^2$），箍筋为 HPB300 级（$f_{yv}=270\text{N/mm}^2$）。试配置钢筋。

解　(1) 验算截面尺寸

受扭塑性抵抗矩

$$W_t=\frac{b^2}{6}(3h-b)=\frac{200^2}{6}(3\times450-200)=7.67\times10^6\text{mm}^3$$

取 $a_s=40$mm，则截面有效高度 $h_0=h-a_s=450-40=410$mm，对矩形截面，$h_w=h_0=410$mm，因此

$$h_w/b=410/200=2.05<4$$

$$\frac{V}{bh_0}+\frac{T}{0.8W_t}=\frac{90\times10^3}{200\times410}+\frac{8\times10^6}{0.8\times7.67\times10^6}$$

$$=2.40\text{N/mm}^2<0.25\beta_c f_c=0.25\times1.0\times14.3=3.58\text{N/mm}^2$$

故截面尺寸满足要求。

(2) 验算是否可按构造配筋

$$\frac{V}{bh_0}+\frac{T}{W_t}=\frac{90\times10^3}{200\times410}+\frac{8\times10^6}{7.67\times10^6}=2.14\text{N/mm}^2>0.7f_t$$

$$=0.7\times1.43=1.00\text{N/mm}^2$$

故应按计算确定剪扭钢筋。

(3) 受弯纵向钢筋 A_s 的确定

$$\alpha_s=\frac{M}{\alpha_1 f_c bh_0^2}=\frac{120\times10^6}{1.0\times14.3\times200\times410^2}=0.250$$

$$\xi=1-\sqrt{1-2\alpha_s}=1-\sqrt{1-2\times0.250}=0.292<\xi_b=0.55$$

$$x=\xi h_0=0.292\times410=119.7\text{mm}$$

故 $A_s=\alpha_1 f_c bx/f_y=1.0\times14.3\times200\times119.7/300=1141\text{mm}^2$

$$\rho=\frac{A_s}{bh}=\frac{1141}{200\times450}=1.3\%>\rho_{min}=0.2\%$$

满足要求。

(4) 受剪和受扭钢筋的计算

因 $0.35f_t bh_0=0.35\times1.43\times200\times410=41.0\text{kN}<V=90\text{kN}$，不能忽略剪力的影响。

因 $0.175f_t W_t=0.175\times1.43\times7.67=1.92\text{kN}\cdot\text{m}<T=8\text{kN}\cdot\text{m}$，不能忽略扭矩的影响。

故应按弯剪扭构件计算。

$$\beta_t=\frac{1.5}{1+0.5\dfrac{V}{T}\dfrac{W_t}{bh_0}}=\frac{1.5}{1+0.5\times\dfrac{90\times10^3}{8\times10^6}\times\dfrac{7.67\times10^6}{200\times410}}=0.98$$

受剪箍筋

$$\frac{A_{sv}}{s}=\frac{V-0.7f_t bh_0(1.5-\beta_t)}{f_{yv}h_0}=\frac{90\times10^3-0.7\times1.43\times200\times410\times(1.5-0.98)}{270\times410}$$

$$=0.43\text{mm}$$

计算受扭箍筋时，取 $\zeta=1.2$，得

$$\frac{A_{st1}}{s}=\frac{T-0.35\beta_t f_t W_t}{1.2\sqrt{\zeta}f_{yv}A_{cor}}=\frac{8\times10^6-0.35\times0.98\times1.43\times7.67\times10^6}{1.2\times\sqrt{1.2}\times270\times150\times400}=0.20\text{mm}$$

采用双肢箍筋（$n=2$），则单肢箍筋所需截面面积为

$$\frac{A_{svl}}{s}+\frac{A_{stl}}{s}=\frac{A_{sv}}{ns}+\frac{A_{stl}}{s}=\frac{0.43}{2}+0.20=0.42\text{mm}$$

选用 Φ10 箍筋（$A_{svl}=78.5\text{mm}^2$），则 $s=\frac{78.5}{0.42}=187\text{mm}$，

因此可取箍筋双肢 Φ10@150。

$$\rho_{sv}=\frac{A_{sv}}{bs}=\frac{2\times 78.5}{200\times 150}=0.52\%>0.28f_t/f_{yv}=\frac{0.28\times 1.43}{270}=0.148\%$$

满足要求。

受扭纵筋

$$A_{stl}=\frac{\zeta f_{yv}A_{st1}u_{cor}}{f_y\cdot s}=\frac{1.2\times 270\times 0.20\times 2\times(150+400)}{300}=238\text{mm}^2$$

$$\rho_{tl}=\frac{A_{stl}}{bh}=\frac{238}{200\times 450}=0.26\%>\rho_{tl,\min}=0.6\sqrt{\frac{T}{Vb}}\frac{f_t}{f_y}$$

$$=0.6\sqrt{\frac{8\times 10^6}{90\times 10^3\times 200}}\times\frac{1.43}{300}=0.19\%$$

按照构造要求，受扭纵筋的间距不应大于 200mm 和梁的宽度 200mm，故沿梁高分三层布置受扭纵筋。

顶层$\frac{A_{stl}}{3}=\frac{238}{3}=79\text{mm}^2$，选配 2Φ8（面积为 101mm^2）；

中层$\frac{A_{stl}}{3}=\frac{238}{3}=79\text{mm}^2$，选配 2Φ8（面积为 101mm^2）；

底层$\frac{A_{stl}}{3}+A_s=79+1141=1220\text{mm}^2$，选配 2Φ25+1Φ20（面积为 1296mm^2）。

8.6　压弯剪扭构件承载力计算

8.6.1　压扭构件的受扭承载力

试验表明，轴向压力能推迟混凝土的开裂，改善混凝土的咬合作用和纵筋的销栓作用，使截面核心混凝土能较好地参与工作，因而提高了构件的受扭承载力。在轴向压力和扭矩的共同作用下，矩形截面的受扭承载力可按下式计算

$$T\leqslant T_u=0.35f_tW_t+1.2\sqrt{\zeta}f_{yv}\frac{A_{st1}A_{cor}}{s}+0.07\frac{N}{A}W_t \tag{8-43}$$

式中　N——与扭矩设计值 T 相应的轴向压力设计值。当 $N>0.3f_cA$ 时，取 $N=0.3f_cA$。

A——构件截面面积。

以上公式中，ζ 值应满足 $0.6\leqslant\zeta\leqslant 1.7$；当 $\zeta>1.7$ 时，取 $\zeta=1.7$。

8.6.2　压弯剪扭构件的剪扭承载力

在轴向压力、弯矩、剪力和扭矩的共同作用下，矩形截面框架柱的剪扭承载力按下列公式计算。

(1) 受剪承载力

$$V \leqslant V_u = (1.5-\beta_t)\left(\frac{1.75}{\lambda+1}f_t b h_0 + 0.07N\right) + f_{yv}\frac{A_{sv}}{s}h_0 \tag{8-44}$$

(2) 受扭承载力

$$T \leqslant T_u = \beta_t\left(0.35f_t + 0.07\frac{N}{A}\right)W_t + 1.2\sqrt{\zeta}f_{yv}\frac{A_{st1}A_{cor}}{s} \tag{8-45}$$

以上两式中，β_t应按式（8－34）计算，λ 为截面的剪跨比，与式（5－12）中 λ 的取值规定相同；ζ 值与式（8－43）中 ζ 的规定相同。

当 $T \leqslant (0.175f_t + 0.035N/A)W_t$时，可仅计算偏心受压构件的正截面承载力和斜截面受剪承载力。

压弯剪扭矩形截面框架柱，其纵向钢筋截面面积应分别按偏心受压构件正截面承载力和剪扭构件的受扭承载力计算确定，并应配置在相应的位置。箍筋应分别按剪扭构件的受剪承载力和受扭承载力计算确定，并应配置在相应的位置。

8.7 拉弯剪扭构件承载力计算

8.7.1 拉扭构件的受扭承载力

试验表明，由于轴向拉力的存在，加速了拉扭构件中混凝土斜裂缝的出现和开展，降低了骨料之间的咬合作用，从而降低了构件的受扭承载力。在轴向拉力和扭矩的共同作用下，矩形截面的受扭承载力可按下式计算

$$T \leqslant T_u = 0.35f_t W_t + 1.2\sqrt{\zeta}f_{yv}\frac{A_{st1}A_{cor}}{s} - 0.2\frac{N}{A}W_t \tag{8-46}$$

式中 N——与扭矩设计值 T 相应的轴向拉力设计值。当 $N > 1.75f_t A$ 时，取 $N = 1.75f_t A$。

8.7.2 拉弯剪扭构件的剪扭承载力

在轴向拉力、弯矩、剪力和扭矩的共同作用下，矩形截面框架柱的剪扭承载力按下列公式计算：

(1) 受剪承载力

$$V \leqslant V_u = (1.5-\beta_t)\left(\frac{1.75}{\lambda+1}f_t b h_0 - 0.2N\right) + f_{yv}\frac{A_{sv}}{s}h_0 \tag{8-47}$$

(2) 受扭承载力

$$T \leqslant T_u = \beta_t\left(0.35f_t - 0.2\frac{N}{A}\right)W_t + 1.2\sqrt{\zeta}f_{yv}\frac{A_{st1}A_{cor}}{s} \tag{8-48}$$

式中 N——与剪力、扭矩设计值 V、T 相应的轴向拉力设计值。

当式（8－47）右边的计算值小于 $f_{yv}\frac{A_{sv}}{s}h_0$时，取 $f_{yv}\frac{A_{sv}}{s}h_0$；当式（8－48）右边的计算值小于 $1.2\sqrt{\zeta}f_{yv}\frac{A_{st1}A_{cor}}{s}$时，取 $1.2\sqrt{\zeta}f_{yv}\frac{A_{st1}A_{cor}}{s}$。

当 $T \leqslant (0.175f_t - 0.1N/A)W_t$时，可仅计算偏心受拉构件的正截面承载力和斜截面受剪承载力。

拉弯剪扭矩形截面框架柱，其纵向钢筋截面面积应分别按偏心受拉构件正截面承载力和

剪扭构件的受扭承载力计算确定，并应配置在相应的位置。箍筋应分别按剪扭构件的受剪承载力和受扭承载力计算确定，并应配置在相应的位置。

8.8　受扭构件的构造要求

8.8.1　受扭箍筋的构造要求

在弯剪扭构件中，箍筋的配筋率 ρ_{sv} 应符合下列要求

$$\rho_{sv} \geqslant \rho_{sv,\min} = \frac{0.28 f_t}{f_{yv}} \tag{8-49}$$

式中　ρ_{sv}——箍筋的配筋率，$\rho_{sv} = \frac{A_{sv}}{bs}$，$A_{sv}$ 为配置在同一截面内箍筋各肢的截面面积之和。对箱形截面，b 应以截面总宽度 b_h 代替。

箍筋间距应符合表 5－1 的规定，其中受扭所需的箍筋应做成封闭式，且应沿截面周边布置；当采用复合箍筋时，位于截面内部的箍筋不应计入受扭所需的箍筋面积；受扭所需箍筋的末端应做成 135°弯钩，弯钩端头平直段长度不应小于 $10d$（d 为箍筋直径）。

在超静定结构中，考虑协调扭转而配置的箍筋，其间距不宜大于 $0.75b$。此处，b 为矩形截面的宽度，T 形或 I 形截面的腹板宽度，箱形截面的侧壁总厚度 $2t_w$。

8.8.2　受扭纵筋的构造要求

受扭纵向钢筋的配筋率 ρ_{tl} 应符合下列要求

$$\rho_{tl} \geqslant \rho_{tl,\min} = 0.6\sqrt{\frac{T}{Vb}}\frac{f_t}{f_y} \tag{8-50}$$

式中　ρ_{tl}——受扭纵向钢筋的配筋率，$\rho_{tl} = \frac{A_{stl}}{bh}$，$A_{stl}$ 为沿截面周边布置的受扭纵向钢筋总截面面积。对箱形截面，b 应以截面总宽度 b_h 代替。

b——受剪的截面宽度，与式（8－39）和式（8－40）中 b 的取值及规定相同。

当 $\frac{T}{Vb} > 2.0$ 时，取 $\frac{T}{Vb} = 2.0$。

沿截面周边布置的受扭纵向钢筋的间距不应大于 200mm 和截面的短边长度。除应在截面四角设置受扭纵向钢筋外，其余受扭纵向钢筋宜沿截面周边均匀对称布置。受扭纵向钢筋应按受拉钢筋锚固在支座内。

在弯剪扭构件中，配置在截面弯曲受拉边的纵向受拉钢筋，其截面面积不应小于按受弯构件受拉钢筋最小配筋率计算出的钢筋截面面积与按式（8－50）给出的受扭纵向钢筋配筋率计算并分配到弯曲受拉边的钢筋截面面积之和。

本　章　小　结

1. 素混凝土矩形截面纯扭构件在扭矩的作用下，截面上各点均产生剪应力和相应的主应力，当主拉应力超过混凝土的抗拉强度时，构件开裂。最后的破坏面为三面开裂、一面受压的空间扭曲面。这种破坏属于脆性破坏，构件的受扭承载力很低。

2. 根据所配抗扭箍筋和抗扭纵筋数量的多少，钢筋混凝土受扭构件的破坏形态主要有

四种，即少筋破坏、适筋破坏、超筋破坏和部分超筋破坏，其中适筋破坏和部分超筋破坏时，钢筋强度能充分或基本充分利用，破坏有一定的塑性性质。为了使抗扭箍筋和纵筋的应力在构件受扭破坏时都能达到屈服强度，抗扭箍筋和纵筋的配筋强度比应满足 $0.6\leqslant\zeta\leqslant1.7$ 的要求，最佳的 ζ 取值为 1.2。

3. 钢筋混凝土构件在弯剪扭复合受力时的承载力计算非常复杂，准确的计算十分困难。《规范》采用简化的计算方法，按部分相关、部分叠加的原则，即对混凝土的抗力考虑剪扭相关性，而对抗弯、抗扭纵筋及抗剪、抗扭箍筋的抗力则采用分别计算然后叠加的方法。

4. 在一定范围内，轴向压力的存在，可以延缓裂缝的出现，增加混凝土骨料的咬合力和纵筋的销栓力，从而提高构件的受扭和受剪承载力。与此相反，轴向拉力促使了裂缝的出现和开展，降低了混凝土骨料之间的咬合作用，从而降低了构件的受扭和受剪承载力。

思考题

8-1 素混凝土矩形截面纯扭构件的破坏有何特点？

8-2 钢筋混凝土矩形截面纯扭构件有几种主要的破坏形态？其破坏特征是什么？

8-3 什么是抗扭钢筋的配筋强度比？为什么要对配筋强度比的范围加以限制？

8-4 什么是混凝土剪扭承载力的相关性？钢筋混凝土弯剪扭构件承载力计算的原则是什么？纵向钢筋和箍筋在构件截面上应如何布置？

8-5 在弯剪扭构件中，为什么要规定截面尺寸条件和受扭钢筋的最小配筋率？

8-6 轴向压力和拉力对构件的受扭承载力有何影响？在计算中如何考虑？

习题

8-1 钢筋混凝土矩形截面纯扭构件，截面尺寸 $b\times h=300\text{mm}\times600\text{mm}$。在截面的上、中、下对称配置 HRB400 级纵向钢筋 6 ⌀ 12，箍筋级别为 HPB300 级，采用双肢 Φ 8@100。混凝土强度等级为 C30，环境类别为一类。试计算该截面所能承受的扭矩设计值。

8-2 均布荷载作用下的矩形截面构件，截面尺寸 $b\times h=250\text{mm}\times500\text{mm}$。承受的弯矩设计值 $M=105\text{kN}\cdot\text{m}$，剪力设计值 $V=120\text{kN}$，扭矩设计值 $T=15\text{kN}\cdot\text{m}$。混凝土强度等级采用 C25，纵向钢筋为 HRB400 级，箍筋为 HPB300 级，环境类别为二类。试确定该构件的纵向钢筋和箍筋。

第9章　钢筋混凝土构件的裂缝、变形和耐久性

9.1　概　　述

所有结构构件都必须进行承载能力极限状态的计算。此外，对某些结构构件还应根据其使用条件，通过验算使变形和裂缝宽度不超过规定限值，同时还应满足正常使用及耐久性的其他要求与规定限值，例如混凝土保护层的最小厚度等。

钢筋混凝土构件在正常使用阶段往往是带裂缝工作的，如果裂缝宽度过大，将使构件的刚度降低和变形加大，钢筋锈蚀严重。对某些构件，变形过大还将影响精密仪器的使用、吊车的运行、非结构构件的损坏等。同时，裂缝宽度和变形达到一定限值后，有损结构美观，并给人造成不安全感。因此，必须对裂缝宽度和变形进行控制。但是，与不满足承载能力极限状态相比，结构构件不满足正常使用极限状态，对人生命财产的危害性相对要小，其目标可靠指标［β］值可以小些。因此，在正常使用极限状态验算时，材料强度均取标准值，荷载采用准永久组合并考虑长期作用的影响进行计算。混凝土结构应在设计使用年限内满足设计规定的功能要求，因此混凝土结构的耐久性非常重要，工程中应根据设计使用年限和环境类别进行耐久性设计。

9.2　钢筋混凝土构件的裂缝宽度验算

9.2.1　裂缝的形成和开展过程

以受弯构件纯弯段为例来说明裂缝的形成和开展过程。

在裂缝出现以前，受弯构件纯弯段内各截面受拉区混凝土的拉应力 σ_{ct} 大致相同，但各截面混凝土的实际抗拉强度不可能完全相同，因此，当受拉区边缘混凝土的拉应力达到其抗拉强度值 f_{tk} 或其拉应变达到混凝土的极限拉应变时，在混凝土最薄弱的截面处将首先出现第一条（批）裂缝①。如图9-1（a）所示。

第一条（批）裂缝出现后，裂缝截面处混凝土拉应力降低为零，拉力全部由钢筋承受，因而钢筋应力 σ_s 突然增大。原受拉张紧的混凝土分别向截面两侧回缩，混凝土与钢筋表面产生相对滑移，促进裂缝开展。由于钢筋与混凝土之间的粘结作用，裂缝截面处的钢筋应力又通过粘结应力逐渐传递给混凝土，使混凝土拉应力随离开裂缝截面距离的增大而增大，而钢筋的应力相应减小，直到钢筋和混凝土的应变相等，相对滑移和粘结应力降低为零［图9-1（b）］。

随着荷载继续增大，当离开第一条（批）裂缝一定距离 l 以外的另一薄弱截面的混凝土拉应力达到抗拉强度时，就会出现第二条（批）裂缝②，l 称为最小裂缝间距。按此规律，其余裂缝将陆续出现，裂缝间距不断减小，直到裂缝间距减小到裂缝间混凝土拉应力再也不能增大到混凝土的抗拉强度时，构件上就不会有新的裂缝出现。显然，理论上的最大裂缝间距为 $2l$，如图9-1（c）所示。实际的裂缝间距必定在 l 和 $2l$ 之间，平均裂缝间距为 $1.5l$。

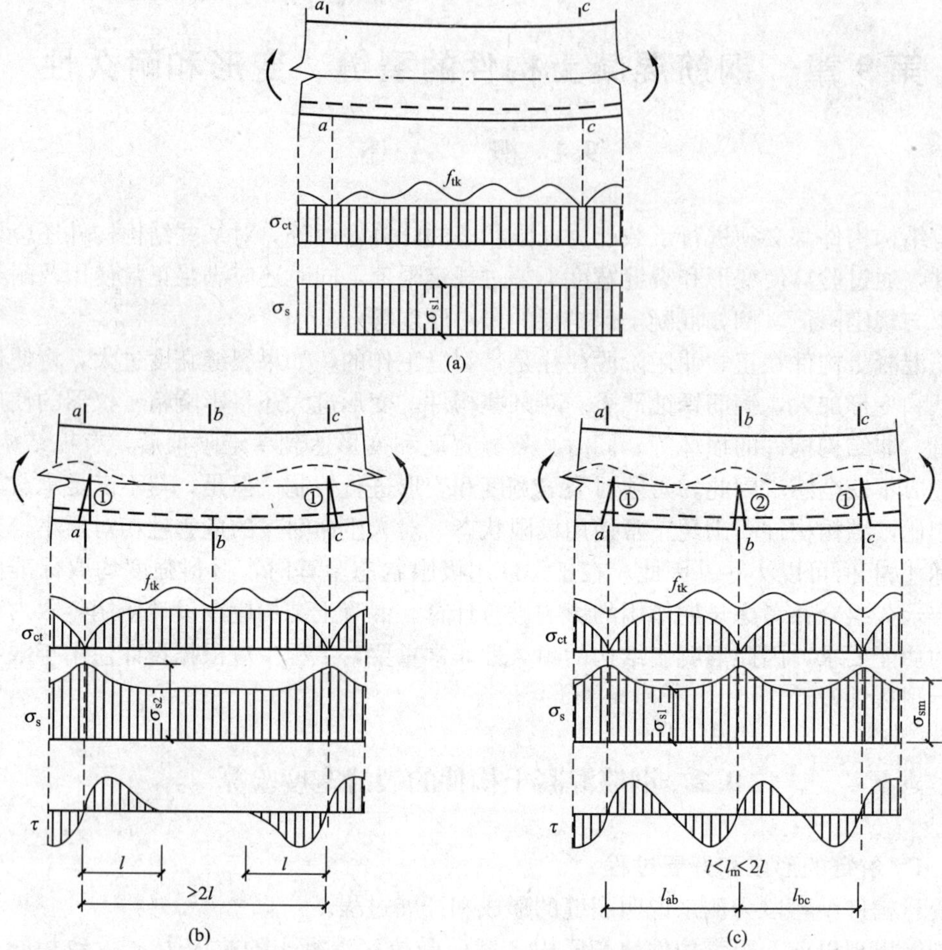

图 9-1 裂缝的形成和开展

(a) 裂缝即将出现；(b) 第一批裂缝出现；(c) 裂缝的分布及开展

9.2.2 平均裂缝间距

通过对大量试验数据进行统计分析，并参考工程实践经验，得到平均裂缝间距 l_m 的计算公式为

$$l_m = \beta\left(1.9c_s + 0.08\frac{d_{eq}}{\rho_{te}}\right) \tag{9-1}$$

$$d_{eq} = \frac{\sum n_i d_i^2}{\sum n_i \nu_i d_i} \tag{9-2}$$

$$\rho_{te} = \frac{A_s}{A_{te}} \tag{9-3}$$

式中 β——考虑构件受力特征的系数，对轴心受拉构件，取 $\beta=1.1$。对其他受力构件，均取 $\beta=1.0$。

c_s——最外层纵向受拉钢筋外边缘至受拉区底边的距离，mm。当 $c_s<20$ 时，取 $c_s=20$；当 $c_s>65$ 时，取 $c=65$。

d_{eq}——受拉区纵向钢筋的等效直径，mm。

n_i——受拉区第 i 种纵向钢筋的根数。

ν_i——受拉区第 i 种纵向钢筋的相对粘结特性系数，对光圆钢筋，$\nu_i=0.7$；对带肋钢筋，$\nu_i=1.0$。

d_i——受拉区第 i 种纵向钢筋的公称直径（mm）。

ρ_{te}——按有效受拉混凝土截面面积计算的纵向受拉钢筋配筋率；在最大裂缝宽度计算中，当 $\rho_{te}<0.01$ 时，取 $\rho_{te}=0.01$。

A_s——受拉区纵向钢筋截面面积。

A_{te}——有效受拉混凝土截面面积，对轴心受拉构件，取构件截面面积；对受弯、偏心受压和偏心受拉构件，取 $A_{te}=0.5bh+(b_f-b)h_f$，此处，b_f、h_f为受拉翼缘的宽度、高度。

9.2.3　平均裂缝宽度

1. 计算公式

平均裂缝宽度 ω_m 可由裂缝间纵向受拉钢筋的平均伸长与相应水平处混凝土纵向纤维的平均伸长之差求得，即

$$\omega_m=\varepsilon_{sm}l_m-\varepsilon_{cm}l_m=\varepsilon_{sm}\left(1-\frac{\varepsilon_{cm}}{\varepsilon_{sm}}\right)l_m \tag{9-4}$$

令

$$\alpha_c=1-\frac{\varepsilon_{cm}}{\varepsilon_{sm}} \tag{9-5}$$

$$\psi=\frac{\varepsilon_{sm}}{\varepsilon_s}=\varepsilon_{sm}\frac{E_s}{\sigma_s}$$

则

$$\varepsilon_{sm}=\psi\frac{\sigma_s}{E_s} \tag{9-6}$$

$$\psi=1.1-\frac{0.65f_{tk}}{\rho_{te}\sigma_s} \tag{9-7}$$

式中　ε_{sm}，ε_{cm}——纵向受拉钢筋、受拉混凝土的平均应变；

ε_s——裂缝截面受拉钢筋的应变；

α_c——裂缝间混凝土伸长对裂缝宽度的影响系数，可取 $\alpha_c=0.85$；

σ_s——按荷载准永久组合计算的构件裂缝截面纵向受拉钢筋的应力；

ψ——裂缝间纵向受拉钢筋应变不均匀系数；

f_{tk}——混凝土轴心抗拉强度标准值。

当 $\psi<0.2$ 时，取 $\psi=0.2$；当 $\psi>1$ 时，取 $\psi=1$；对直接承受重复荷载的构件，取 $\psi=1$。将式（9-5）、式（9-6）代入式（9-4），得

$$\omega_m=\alpha_c\psi\frac{\sigma_s}{E_s}l_m \tag{9-8}$$

2. 裂缝截面处的钢筋应力 σ_s

对于轴心受拉构件，裂缝截面处的钢筋应力 σ_s 可按下式计算

$$\sigma_s=\frac{N_q}{A_s} \tag{9-9}$$

式中　N_q——按荷载准永久组合计算的轴心拉力；

A_s——纵向受拉钢筋截面面积。

对于受弯构件

$$\sigma_s = \frac{M_q}{A_s \cdot \eta h_0} \tag{9-10}$$

式中　M_q——按荷载准永久组合计算的弯矩；

η——裂缝截面处内力臂系数，可近似取 $\eta=0.87$。

对于偏心受拉构件，其截面应力状态如图 9-2，若近似取截面内力臂长度 $\eta h_0 = h_0 - a_s'$，对受压钢筋合力作用点取矩，得

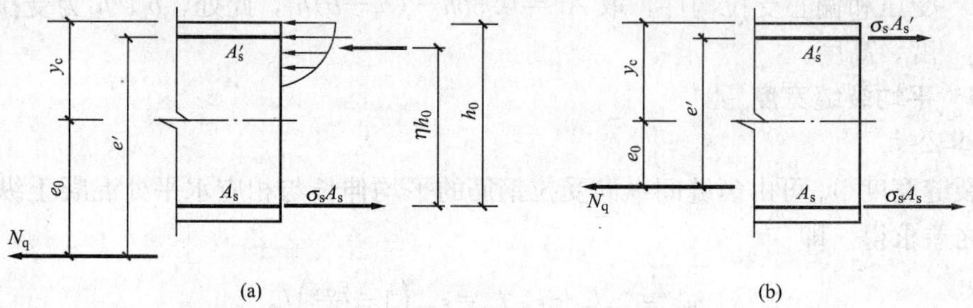

图 9-2　大、小偏心受拉构件钢筋应力计算图式

$$\sigma_s = \frac{N_q e'}{A_s(h_0 - a_s')} \tag{9-11}$$

对于偏心受压构件，其裂缝计算时的截面应力图形如图 9-3 所示，对受压区合力点取矩，得

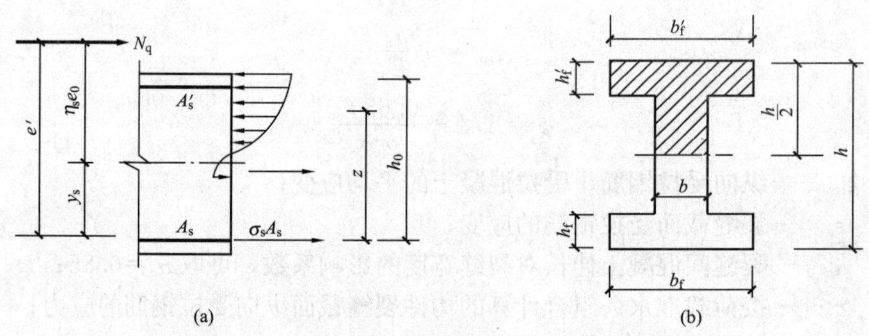

图 9-3　偏心受压构件钢筋应力计算图式

$$\sigma_s = \frac{N_q(e-z)}{A_s z} \tag{9-12}$$

$$z = \left[0.87 - 0.12(1-\gamma_f')\left(\frac{h_0}{e}\right)^2\right]h_0 \tag{9-13}$$

式中　z——纵向受拉钢筋合力点至受压区合力点的距离，且不大于 $0.87h_0$；

γ_f'——受压翼缘面积与腹板有效面积的比值，$\gamma_f' = \frac{(b_f'-b)h_f'}{bh_0}$，其中 b_f'、h_f' 为受压区翼缘的宽度、高度，当 $h_f' > 0.2h_0$ 时，取 $h_f' = 0.2h_0$；

e——N_q 至受拉钢筋合力点的距离。取 $e=\eta_s e_0+y_s$。此处，y_s 为截面重心至纵向受拉钢筋合力点的距离，η_s 是指使用阶段的轴向压力偏心距增大系数，可近似取

$$\eta_s=1+\frac{1}{4000e_0/h_0}\left(\frac{l_0}{h}\right)^2 \tag{9-14}$$

当 $l_0/h\leqslant14$ 时，取 $\eta_s=1.0$。

9.2.4　最大裂缝宽度

由于混凝土质量的不均匀性，裂缝的出现是随机的，裂缝间距和裂缝宽度的分散性较大。因此，短期荷载作用下的最大裂缝宽度可由 ω_m 乘以扩大系数 τ_s 求得。同时，在荷载的长期作用下，受拉区混凝土的收缩、钢筋与混凝土的粘结滑移、受压区混凝土的徐变以及外界环境的变化，又会使裂缝宽度进一步的扩大。故最终的最大裂缝宽度应再乘以长期使用影响的扩大系数 τ_l，从而有

$$\omega_{max}=\tau_s\tau_l\omega_m=\tau_s\tau_l\alpha_c\psi\frac{\sigma_s}{E_s}l_m \tag{9-15}$$

根据试验数据，对受弯、偏心受压构件，$\tau_s=1.66$；对轴心受拉和偏心受拉构件，$\tau_s=1.9$；τ_l 取 1.5。

将以上各值及式（9-1）代入式（9-15），得到按荷载准永久组合并考虑长期作用影响的最大裂缝宽度计算公式

$$\omega_{max}=\alpha_{cr}\psi\frac{\sigma_s}{E_s}\left(1.9c_s+0.08\frac{d_{eq}}{\rho_{te}}\right) \tag{9-16}$$

式中　α_{cr}——构件受力特征系数，对钢筋混凝土轴心受拉构件，取 $\alpha_{cr}=2.7$；受弯、偏心受压构件，取 $\alpha_{cr}=1.9$；偏心受拉构件，取 $\alpha_{cr}=2.4$。

对承受吊车荷载但不需作疲劳验算的受弯构件，可将式（9-16）求得的最大裂缝宽度乘以系数 0.85。

对 $e_0/h_0\leqslant0.55$ 的偏心受压构件，裂缝宽度很小，可不验算裂缝宽度。

9.2.5　最大裂缝宽度验算

对允许出现裂缝的构件，按荷载准永久组合并考虑长期作用影响的最大裂缝宽度应满足

$$\omega_{max}\leqslant\omega_{lim} \tag{9-17}$$

式中　ω_{lim}——允许的最大裂缝宽度限值，对钢筋混凝土结构：当裂缝控制等级为三级、处于一类使用环境时，取 $\omega_{lim}=0.3$mm；对处于年平均相对湿度小于 60%地区一类环境下的受弯构件，取 $\omega_{lim}=0.4$mm；处于二 a、二 b、三 a、三 b 环境时，取 $\omega_{lim}=0.2$mm。具体可参照附表 11。

当裂缝宽度不满足式（9-17）的要求时，说明裂缝宽度过大，应采取措施后重新验算。这时在钢筋截面面积不变的情况下，可选用较小直径的钢筋或变形钢筋。若采用上述措施仍不能满足要求，可考虑增加纵向受拉钢筋的配筋率、提高混凝土的强度等级。对于受弯构件，还可增大构件的截面高度。

【例 9-1】　钢筋混凝土矩形截面简支梁，截面尺寸 $b\times h=250\text{mm}\times500\text{mm}$，混凝土强度等级为 C30（$f_{tk}=2.01\text{N/mm}^2$），受拉区配置 4 ⌀ 18 钢筋（$A_s=1018\text{mm}^2$，$E_s=2.0\times10^5\text{N/mm}^2$），混凝土保护层厚度 $c=25$mm；按荷载准永久组合计算的跨中弯矩 $M_q=90\text{kN}\cdot\text{m}$，环境类别为一类，最大裂缝宽度限值 $\omega_{lim}=0.3$mm。试对该梁进行裂缝宽度验算。

解 假设箍筋的直径为8mm，则 $c_s=25+8=33\text{mm}$，$h_0=500-33-\frac{18}{2}=458\text{mm}$

$$d_{eq}=\frac{d}{\nu}=\frac{18}{1.0}=18\text{ mm}$$

$$\rho_{te}=\frac{A_s}{0.5bh}=\frac{1018}{0.5\times250\times500}=0.0163$$

$$\sigma_s=\frac{M_q}{0.87A_sh_0}=\frac{90\times10^6}{0.87\times1018\times458}=221.8\text{N/mm}^2$$

$$\psi=1.1-0.65\frac{f_{tk}}{\rho_{te}\sigma_s}=1.1-0.65\times\frac{2.01}{0.0163\times221.8}=0.74$$

$$\begin{aligned}\omega_{max}&=\alpha_{cr}\psi\frac{\sigma_s}{E_s}\left(1.9c_s+0.08\frac{d_{eq}}{\rho_{te}}\right)\\&=2.1\times0.74\times\frac{221.8}{2.0\times10^5}\times\left(1.9\times33+0.08\times\frac{18}{0.0163}\right)\\&=0.26\text{mm}<0.3\text{mm}\end{aligned}$$

故满足要求。

9.3 受弯构件挠度验算

9.3.1 钢筋混凝土构件抗弯刚度的计算原理

对于匀质弹性材料，受弯构件的挠度可按结构力学公式计算

$$f=\alpha\frac{Ml_0^2}{B} \tag{9-18}$$

式中 α——挠度系数，与荷载种类和支承条件有关，如承受均布荷载的简支梁，计算跨中挠度时，$\alpha=\frac{5}{48}$；

M——受弯构件的截面最大弯矩；

B——受弯构件的刚度；

l_0——计算跨度。

由式（9-18）可知，挠度与刚度成反比。因此，挠度计算实质上就是构件刚度 B 的计算。

对于由弹性材料组成的受弯构件，$B=EI$；对于钢筋混凝土受弯构件，在截面开裂前，可采用材料力学公式表达的抗弯刚度 EI。开裂后，随着弯矩的增大，刚度会不断降低，而且构件出现裂缝后，沿构件长度方向，其受拉钢筋及受压混凝土的应变分布是不均匀的，在裂缝截面处最大，裂缝中间截面处最小（图9-4）。相应的截面刚度则是裂

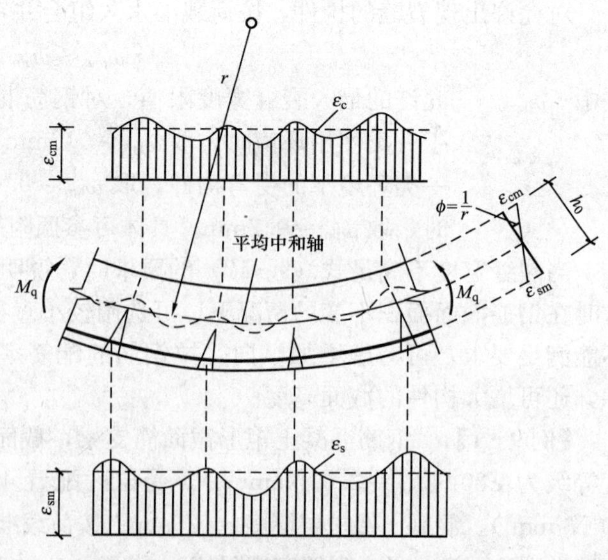

图9-4 梁纯弯段各截面应变及裂缝分布

缝截面处最小，裂缝之间截面处最大。这种变化就给挠度的计算带来了复杂性。但由于构件的挠度反映了沿构件长度方向变形的综合效应，因此，可以通过一个裂缝段的平均曲率和平均刚度来加以表征。

9.3.2　受弯构件短期刚度 B_s 的计算

大量试验表明，在钢筋屈服以前，沿截面高度量测的平均应变符合平截面假定。因此，截面的平均曲率为

$$\phi = \frac{1}{r} = \frac{\varepsilon_{sm} + \varepsilon_{cm}}{h_0} \tag{9-19}$$

根据截面弯曲刚度的定义，可得

$$B_s = \frac{M_q}{\phi} = \frac{M_q h_0}{\varepsilon_{sm} + \varepsilon_{cm}} \tag{9-20}$$

进而可求得钢筋混凝土受弯构件的短期刚度 B_s 的计算公式

$$B_s = \frac{E_s A_s h_0^2}{1.15\psi + 0.2 + \dfrac{6\alpha_E \rho}{1 + 3.5\gamma_f'}} \tag{9-21}$$

式中　E_s——受拉钢筋的弹性模量；

A_s——受拉纵筋的截面面积；

ψ——裂缝间纵向受拉钢筋应变的不均匀系数，按式（9-7）计算；

α_E——钢筋弹性模量与混凝土弹性模量的比值，$\alpha_E = E_s/E_c$；

ρ——纵向受拉钢筋配筋率，$\rho = A_s/(bh_0)$；

γ_f'——受压翼缘截面面积与腹板有效截面面积的比值，对矩形截面，$\gamma_f'=0$；T 形截面，$\gamma_f' = (b_f' - b)h_f'/(bh_0)$；当 $h_f' > 0.2h_0$ 时，取 $h_f' = 0.2h_0$。

9.3.3　受弯构件长期刚度 B 的计算

当荷载长期作用时，由于受压混凝土的徐变和收缩，使混凝土的受压应变随时间的增长而增大。受拉区混凝土与钢筋之间的粘结滑移徐变，使裂缝向上延伸，受拉混凝土不断退出工作，钢筋拉应变随时间增大，构件的挠度也就不断增加，即截面的刚度将随着荷载的长期作用而降低。因此，在挠度验算时，应取截面的长期刚度 B 为计算依据。长期刚度 B 可由构件的短期刚度 B_s 按下式求得

$$B = \frac{B_s}{\theta} \tag{9-22}$$

式中　B_s——受弯构件的短期刚度，按式（9-21）计算。

θ——考虑荷载长期作用对挠度增大的影响系数；对钢筋混凝土构件，当 $\rho'=0$ 时，取 $\theta=2.0$；当 $\rho'=\rho$ 时，取 $\theta=1.6$；当 ρ' 为中间数值时，θ 按线性内插法取用；在此，$\rho' = A_s'/(bh_0)$，$\rho = A_s/(bh_0)$；对翼缘位于受拉区的倒 T 形截面，θ 应增加 20%。

9.3.4　受弯构件的挠度计算

在一般情况下，构件各截面的弯矩是不相同的，即使是等截面梁，截面的抗弯刚度沿梁长也是变化的，弯矩大的截面抗弯刚度小，反之，弯矩小的截面抗弯刚度大，如图 9-5 所示。为简化计算，《规范》规定，在等截面构件中，可假定各同号弯矩区段内的刚度相等，并取用该区段内最大弯矩处的刚度（也就是最小刚度）作为挠度计算的依据，这就是受弯构

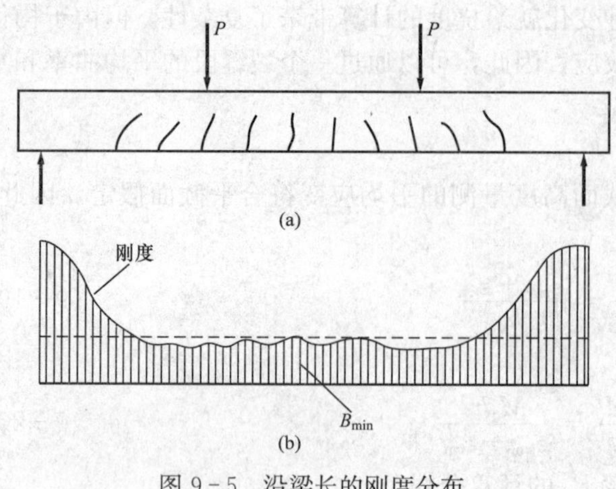

图 9-5　沿梁长的刚度分布

件挠度计算的最小刚度原则。用最小刚度原则来计算挠度，误差是不大的，而且使挠度计算值稍大，是偏于安全的。另一方面，因为在计算挠度时只考虑了弯曲变形和未计及剪切变形，特别是未考虑斜裂缝出现的不利影响，这将使挠度计算值偏小。一个偏大、一个偏小，大体可以相互抵消，因此按上述方法计算的挠度与试验值相当的吻合。

《规范》还规定，当计算跨度内的支座截面刚度不大于跨中截面刚度的两倍或不小于跨中截面刚度的二分之一时，该跨也可按等刚度构件进行计算，其构件刚度可取跨中最大弯矩截面的刚度。

用最小刚度代替匀质弹性材料梁截面的弯曲刚度 EI 后，就可按式（9-18）计算梁的挠度。

9.3.5　挠度验算

受弯构件的挠度应按荷载准永久组合并考虑长期作用的影响进行验算。最大挠度 f 应满足

$$f \leqslant f_{lim} \tag{9-23}$$

式中　f_{lim}——《规范》规定的受弯构件的挠度限值，按附表 12 取用。

当挠度验算不满足要求时，最有效减小构件挠度的方法是增加截面高度，或采用预应力混凝土构件。此外，也可考虑增大受拉钢筋配筋率、提高混凝土强度等级或采用双筋截面梁等。

【例 9-2】　矩形截面简支梁，计算跨度 $l_0=6\text{m}$，截面尺寸 $b\times h=200\text{mm}\times 550\text{mm}$，承受均布恒荷载 $g_k=10\text{kN/m}$，均布活荷载 $q_k=12\text{kN/m}$，活荷载的准永久值系数 $\psi_q=0.5$。混凝土强度等级为 C25（$E_c=2.8\times 10^4\text{mm}^2$，$f_{tk}=1.78\text{N/mm}^2$），受拉纵筋为 3⌀20（$E_s=2.0\times 10^5\text{N/mm}^2$，$A_s=941\text{mm}^2$），环境类别为一类。试验算该梁的挠度。

解　(1) 荷载效应计算

均布恒荷载　$$M_{gk}=\frac{1}{8}g_k l_0^2=\frac{1}{8}\times 10\times 6^2=45\text{kN}\cdot\text{m}$$

均布活荷载　$$M_{qk}=\frac{1}{8}q_k l_0^2=\frac{1}{8}\times 12\times 6^2=54\text{kN}\cdot\text{m}$$

荷载准永久组合下的弯矩

$$M_q=M_{gk}+\psi_q M_{qk}=45+0.5\times 54=72\text{kN}\cdot\text{m}$$

(2) 短期刚度 B_s 计算

混凝土保护层厚度为 25mm，假设箍筋的直径为 8mm，则

$$a_s=25+8+\frac{20}{2}=43\text{mm},\quad h_0=550-43=507\text{mm}$$

$$\sigma_s=\frac{M_q}{0.87A_s h_0}=\frac{72\times 10^6}{0.87\times 941\times 507}=173\text{N/mm}^2$$

$$\rho_{te}=\frac{A_s}{A_{te}}=\frac{A_s}{0.5bh}=\frac{941}{0.5\times200\times550}=0.0171$$

$$\psi=1.1-0.65\frac{f_{tk}}{\rho_{te}\sigma_s}=1.1-0.65\times\frac{1.78}{0.0171\times173}=0.71$$

$$\alpha_E=\frac{E_s}{E_c}=\frac{2.0\times10^5}{2.8\times10^4}=7.14$$

$$\rho=\frac{A_s}{bh_0}=\frac{941}{200\times507}=0.0093$$

矩形截面 $\gamma_f'=0$，则

$$B_s=\frac{E_sA_sh_0^2}{1.15\psi+0.2+6\alpha_E\rho}=\frac{2\times10^5\times941\times507^2}{1.15\times0.71+0.2+6\times7.14\times0.0093}=3.42\times10^{13}\text{N}\cdot\text{mm}^2$$

(3) 长期刚度 B 计算

因 $\rho'=0$，取 $\theta=2$，则

$$B=\frac{B_s}{\theta}=\frac{3.42\times10^{13}}{2}=1.71\times10^{13}\text{N}\cdot\text{mm}^2$$

(4) 挠度验算

$$f=\frac{5}{384}\frac{g_k+\psi_q q_k}{B}l_0^4$$

$$=\frac{5}{384}\times\frac{10+0.5\times12}{1.72\times10^{13}}\times6000^4$$

$$=15.7\text{mm}<f_{lim}=\frac{l_0}{200}=\frac{6000}{200}=30\text{mm}$$

满足要求。

9.4　混凝土结构的耐久性

混凝土是由多种材料组成的复合人工材料。由于结构本身的组成成分及承载受力特点，其抗力有初期增长和强盛的阶段，在外界环境和各种因素的作用下也存在逐渐削弱和衰减的时期，经过一定年代以后，甚至会因不能满足设计应有的功能而“失效”。因此，混凝土结构是有使用年限（寿命）的，即存在耐久性问题。

混凝土结构的耐久性问题主要表现为：混凝土的损伤（裂缝、破碎、酥裂、磨损、溶蚀等）；钢筋的锈蚀、脆化、疲劳、应力腐蚀以及钢筋与混凝土之间粘结锚固作用的削弱等方面。从短期效果而言，它影响结构的外观及使用功能；从长远来看则降低结构的安全度，引起构件承载力问题，甚至发生破坏。

影响混凝土结构耐久性的因素很多，主要有内部和外部两个方面。内部因素主要有混凝土的强度、密实性、水泥用量、氯离子和碱含量、外加剂用量、保护层厚度等，外部因素则主要是环境条件，包括温度、湿度、CO_2 浓度、侵蚀性介质等。混凝土结构的耐久性按正常使用极限状态控制，耐久性设计应从设计使用年限和环境类别两方面来考虑。

9.4.1　混凝土结构耐久性设计的内容

混凝土结构耐久性设计包括下列内容：

1）确定结构所处的环境类别；

2）提出材料的耐久性质量要求；

3）确定构件中钢筋的混凝土保护层厚度；

4）满足耐久性要求相应的技术措施；

5）在不利的环境条件下应采取的防护措施；

6）提出结构使用阶段检测与维护的要求。对临时性的混凝土结构，可不考虑混凝土的耐久性要求。

9.4.2 环境类别

混凝土结构暴露的环境类别应按表 9-1 的要求进行划分。

表 9-1 混凝土结构的环境类别

环境类别	条　件
一	室内正常环境； 无侵蚀性静水浸没环境
二 a	室内潮湿环境； 非严寒和非寒冷地区的露天环境； 非严寒和非寒冷地区与无侵蚀性的水或土壤直接接触的环境； 严寒和寒冷地区的冰冻线以下与无侵蚀性的水或土壤直接接触的环境
二 b	干湿交替环境；水位频繁变动环境； 严寒和寒冷地区的露天环境； 严寒和寒冷地区的冰冻线以上与无侵蚀性的水或土壤直接接触的环境
三 a	严寒和寒冷地区冬季水位变动区环境； 受除冰盐影响环境； 海风环境
三 b	盐渍土环境； 受除冰盐作用环境； 海岸环境
四	海水环境
五	受人为或自然的侵蚀性物质影响的环境

注 1. 室内潮湿环境是指构件表面经常处于结露或湿润状态的环境。

2. 严寒和寒冷地区的划分应符合现行国家标准《民用建筑热工设计规程》（GB 50176）的有关规定。

3. 海岸环境和海风环境宜根据当地情况，考虑主导风向及结构所处迎风、背风部位等因素的影响，由调查研究和工程经验确定。

4. 受除冰盐影响环境是指受到除冰盐盐雾影响的环境；受除冰盐作用环境是指被除冰盐溶液溅射的环境以及使用除冰盐地区的洗车房、停车楼等建筑。

5. 暴露的环境是指混凝土结构表面所处的环境。

9.4.3 混凝土结构耐久性设计的基本要求

影响耐久性的一个重要因素是混凝土本身的组成和质量。提高混凝土的密实度、减小其渗透性可从根本上提高抵抗碳化和有害介质入侵的速度，而这又与混凝土强度等级、水胶比等因素有关。此外，对耐久性有重大影响的氯离子含量及碱含量也应加以限制。一类、二类和三类环境中，设计使用年限为 50 年的混凝土结构，其混凝土材料宜符合表 9-2 的规定。应当注意：

1）氯离子含量是指其占胶凝材料总量的百分率。

2）预应力构件混凝土中的最大氯离子含量为 0.06%；其最低混凝土强度等级宜按表中的规定提高两个等级。

3）素混凝土构件的水胶比及最低强度等级的要求可适当放松。

4）有可靠工程经验时，二类环境中的最低混凝土强度等级可降低一个等级。

5）处于严寒和寒冷地区二 b、三 a 类环境中的混凝土应使用引气剂，并可采用括号中的有关参数。

6）当使用非碱活性骨料时，对混凝土中的碱含量可不作限制。

表 9－2　　结构混凝土耐久性的基本要求

<table>
<tr><th>环境类别</th><th>最大水胶比</th><th>最低强度等级</th><th>最大氯离子含量（%）</th><th>最大碱含量（kg/m³）</th></tr>
<tr><td>一</td><td>0.65</td><td>C20</td><td>0.30</td><td>不限制</td></tr>
<tr><td>二 a</td><td>0.55</td><td>C25</td><td>0.20</td><td rowspan="4">3.0</td></tr>
<tr><td>二 b</td><td>0.50（0.55）</td><td>C30（C25）</td><td>0.15</td></tr>
<tr><td>三 a</td><td>0.45（0.50）</td><td>C35（C30）</td><td>0.15</td></tr>
<tr><td>三 b</td><td>0.40</td><td>C40</td><td>0.10</td></tr>
</table>

混凝土结构及构件尚应采取下列耐久性技术措施：

1）预应力混凝土结构中的预应力筋应根据具体情况采取表面防护、孔道灌浆、加大混凝土保护层厚度等措施，外露的锚固端应采取封锚和混凝土表面处理等有效措施。

2）有抗渗要求的混凝土结构，混凝土的抗渗等级应符合有关标准的要求。

3）严寒及寒冷地区的潮湿环境中，结构混凝土应满足抗冻要求，混凝土抗冻等级应符合有关标准的要求。

4）处于二、三类环境中的悬臂构件宜采用悬臂梁-板的结构形式，或在其上表面增设防护层。

5）处于二、三类环境中的结构构件，其表面的预埋件、吊钩、连接件等金属部件应采取可靠的防锈措施，对于后张预应力混凝土外露金属锚具，采取相应的防护措施。

6）处在三类环境中的混凝土结构构件，可采用阻锈剂、环氧树脂涂层钢筋或其他具有耐腐蚀性能的钢筋、采取阴极防护措施或采用可更换的构件等措施。

表 9－2 是对使用年限为 50 年的一般结构混凝土质量的要求，而对设计使用年限更长的结构，耐久性应作更严格的规定。对处于一类环境中、设计使用年限为 100 年的混凝土结构，应符合下列规定：

1）钢筋混凝土结构的最低混凝土强度等级为 C30；预应力混凝土结构的最低强度等级为 C40。

2）混凝土中的最大氯离子含量为 0.06%。

3）宜使用非碱活性骨料，当使用碱活性骨料时，混凝土中的最大碱含量为 3.0kg/m³。

4）混凝土保护层厚度应在规范规定的数值基础上增加 40%；当采取有效的表面防护措施时，混凝土保护层厚度可适当减少。

二、三类环境中，设计使用年限 100 年的混凝土结构应采取专门的有效措施；耐久性环境类别为四类和五类的混凝土结构，其耐久性要求应符合有关标准的规定。

混凝土结构在设计使用年限内尚应遵守下列规定：

1）建立定期检测、维修制度。

2）设计中可更换的混凝土构件应按规定更换。

3）构件表面的防护层，应按规定维护或更换。

4）结构出现可见的耐久性缺陷时，应及时进行处理。

本 章 小 结

1. 钢筋混凝土构件的裂缝宽度和变形验算属于正常使用极限状态的验算，应按荷载准永久组合并考虑长期作用的影响进行验算。

2. 钢筋混凝土构件中裂缝的出现和开展是由于受拉混凝土的拉应力达到了其抗拉强度。裂缝宽度的形成是开裂截面之间混凝土与钢筋发生粘结滑移的结果。

3. 最大裂缝宽度的计算公式是在平均裂缝宽度计算值的基础上，考虑裂缝出现的随机性以及荷载的长期作用，乘以“扩大系数”后得到的。该系数根据试验资料的统计分析确定。

4. 钢筋混凝土受弯构件的挠度计算，可采用结构力学公式。但由于混凝土材料的弹塑性性质及构件上裂缝开展的不均匀性，截面的抗弯刚度不是常数。为简化计算，并考虑到挠度计算时没有计入构件剪切变形的影响，因此采用最小刚度原则。

5. 在荷载的长期作用下，由于受压混凝土的徐变和收缩以及受拉混凝土与钢筋之间的粘结滑移等因素的影响，截面的抗弯刚度还将进一步降低，这可通过挠度增大系数加以考虑。由此得到受弯构件的长期刚度，并取用长期刚度进行挠度验算。

6. 混凝土结构存在耐久性问题，应根据环境类别和设计使用年限进行耐久性设计，对混凝土强度等级、水胶比、混凝土中氯离子含量、混凝土中碱含量和保护层厚度等作出规定。

思 考 题

9-1　对钢筋混凝土构件，为什么要控制其裂缝宽度和变形？

9-2　简述钢筋混凝土受弯构件的裂缝出现和开展的机理和过程。

9-3　影响裂缝宽度的主要因素有哪些？当裂缝宽度验算不满足要求时可采取什么措施？

9-4　钢筋混凝土受弯构件的挠度计算为什么不能直接采用结构力学公式？

9-5　何谓“最小刚度原则”？为什么在荷载的长期作用下受弯构件的刚度要降低？

9-6　当受弯构件的挠度验算不符合要求时，可采取什么措施？其中最有效的措施是什么？

9-7　对混凝土结构为什么要考虑耐久性问题？其耐久性问题表现在哪些方面？

9-8　混凝土结构的耐久性设计主要取决于哪两方面的因素？

9-9　结构混凝土的耐久性有哪些基本要求？

习　　题

9-1　已知一室内正常环境中的矩形截面简支梁，截面尺寸 $b\times h=200\text{mm}\times 500\text{mm}$，梁的计算跨度 $l_0=5.6\text{m}$。在梁下部受拉区配置 4⌀16 的 HRB400 级受力钢筋，混凝土强度等级为 C25，保护层厚度 $c=25\text{mm}$。承受均布荷载，其中永久荷载（包括梁自重）标准值 $g_k=12.4\text{kN/m}$，可变荷载标准值 $q_k=8\text{kN/m}$，准永久值系数 $\psi_q=0.5$。试验算该梁的最大裂缝宽度是否满足要求。

9-2　已知条件同习题 9-1，梁的允许挠度为 $l_0/200$。试验算该梁的挠度是否满足要求。

第 10 章　预应力混凝土构件

10.1　预应力混凝土的基本知识

10.1.1　一般概念

普通钢筋混凝土构件是由钢筋和混凝土组合在一起共同工作的，由于混凝土的抗拉强度及极限拉应变很低，在使用荷载作用下，受拉区混凝土早已开裂，不但使构件的刚度降低，变形增大，而且使长期处于高湿度和侵蚀环境中构件的钢筋极易发生锈蚀，从而降低结构的耐久性。为了满足对变形和裂缝控制的要求，可以采用增大构件截面尺寸和增加用钢量等方法，但这样做不经济，同时由于构件自重增加，将导致其承受自重以外有效荷载的能力减小，因此特别不适用于大跨和重载结构。另外，提高混凝土强度等级和钢筋强度对改善构件的抗裂性和变形性能的效果也不明显或无效果。这是因为在高强度钢筋达到屈服强度时，受拉区混凝土的裂缝宽度可能早已超出了正常使用要求的限值，而提高混凝土的强度等级对增大其抗拉强度的作用也很小。因此在普通钢筋混凝土结构中，无论是高强度钢筋还是高强度混凝土都不能充分发挥作用。

为了使钢筋混凝土结构的裂缝不过早出现，在混凝土构件受荷载之前，可以对其受拉区预先施加预压应力，以减小或抵消后期由荷载在此部位引起的拉应力，使拉应力减小，甚至始终处于受压状态，这种对混凝土一定部位预先施加预压应力的构件称为预应力混凝土构件。

下面以图 10－1 所示的预应力混凝土简支梁为例，阐述预应力混凝土的工作原理。设在荷载作用之前，预先在梁的受拉区施加偏心压力 N_p，使梁的下边缘混凝土产生预压应力为 σ_{pc}，梁的上边缘产生预拉应力 σ_{pt}，如图 10－1（a）所示。当荷载 q（包括梁的自重）作用

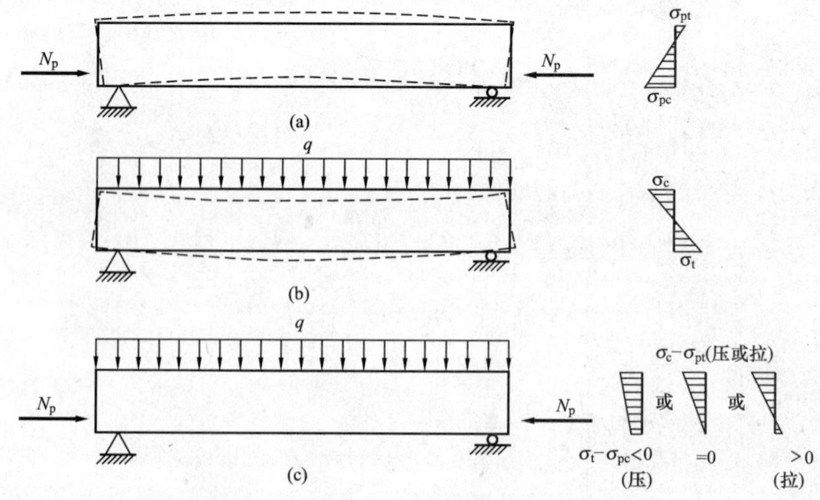

图 10－1　预应力混凝土简支梁的截面应力分析

(a) 预压力 N_p 作用；(b) 外荷载 q 作用；(c) 预压力 N_p 与外荷载 q 共同作用

时，如果梁跨中截面下边缘产生拉应力 σ_t，梁的上边缘产生压应力 σ_c，如图 10－1（b）所示。那么当预压力 N_p 和荷载 q 共同作用时，梁的下边缘拉应力将减至（$\sigma_t-\sigma_{pc}$），梁的上边缘应力为（$\sigma_c-\sigma_{pt}$），既可能是压应力，也可能是拉应力，取决于 σ_c 与 σ_{pt} 绝对值的相对大小，如图 10－1（c）所示。如果施加的预压力 N_p 足够大，那么在荷载作用下，梁的下边缘拉应力可以进一步减小，甚至可以一直处于受压状态。由此可见，预应力混凝土构件可以控制裂缝的出现或延缓混凝土构件的开裂，提高了构件的抗裂度和刚度，从而克服了钢筋混凝土易开裂等缺点。

其实预应力的概念和方法在日常生活和生产实践中早已有所运用。例如用铁环（或竹箍）箍紧多片木板，将其拼装成木桶，使木桶在盛水后不致漏水；建筑工地上用砖钳装卸砖块，被钳住提起的一叠砖不会滑落；预先绷紧自行车轮毂的钢丝，则行驶过程中的车轮在承受压力后，钢丝能保持受拉状态而不会弯折，等。

10.1.2　预应力混凝土的一般分类

1. 先张法与后张法

先张法是制作预应力混凝土构件时，先张拉预应力筋，然后浇筑混凝土的一种方法；而后张法是先浇筑混凝土，待混凝土达到规定强度后，再张拉预应力筋的一种预加应力方法。

2. 全预应力和部分预应力

全预应力是在使用荷载作用下，构件截面混凝土不出现拉应力，即为全截面受压。部分预应力是在使用荷载作用下，构件截面混凝土允许出现拉应力或开裂，即只有部分截面受压。其中，在全部使用荷载作用下受拉区已出现拉应力，但不出现裂缝的预应力混凝土构件，又称为有限预应力混凝土构件。

3. 有粘结预应力与无粘结预应力

有粘结预应力是在荷载作用下，预应力筋与周围的混凝土粘结、握裹在一起，变形协调。先张法预应力混凝土及预留孔道穿筋灌浆的后张法预应力混凝土都属有粘结预应力混凝土。无粘结预应力是指预应力筋伸缩、滑动自由，不与周围的混凝土粘结。这种无粘结预应力筋的表面涂有防锈材料，外套防老化的塑料管，防止与混凝土粘结。无粘结预应力混凝土结构通常与后张法预应力工艺相结合。无粘结预应力混凝土最显著的特点是施工方便。在施工时可将无粘结预应力筋像普通钢筋那样埋在混凝土中，混凝土硬结后即可进行预应力筋的张拉和锚固，有利于节约设备和缩短工期。但对锚具的要求较高。

4. 体内预应力与体外预应力

预应力筋布置在混凝土构件体内时称为体内预应力。先张法预应力混凝土结构和预设孔道穿筋的后张法预应力混凝土结构等都属此类。体外预应力混凝土结构为预应力筋（称为体外索）布置在混凝土构件体外的预应力混凝土结构。

10.1.3　施加预应力的方法

预应力筋的张拉方法主要有以下两种：先张法和后张法。

1. 先张法

先张拉钢筋，然后浇灌混凝土的方法称为先张法。如图 10－2 所示，先在张拉台座上按设计拉力张拉预应力筋，并用锚具（可重复使用，一般称为夹具）临时固定，然后浇筑混凝土，待混凝土达到一定强度（如设计强度的 70%以上，以保证具有足够的粘结强度，并避免徐变过大）时，放松（或放张）钢筋，使钢筋自然回缩并压缩混凝土，于是依靠混凝土与钢筋之间的粘结力在混凝土中建立预压应力。

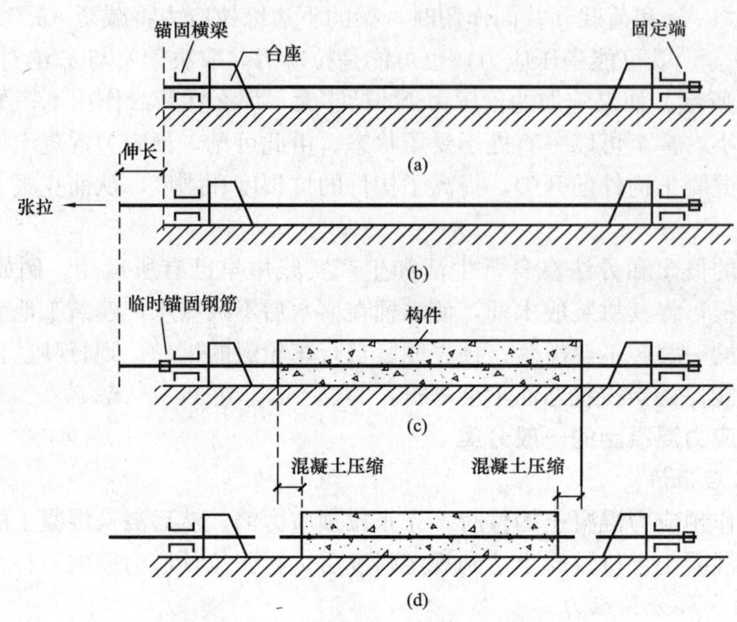

图 10－2　先张法主要施工工序

(a) 钢筋就位；(b) 张拉钢筋；(c) 临时固定钢筋，浇灌混凝土并养护；(d) 放松钢筋，钢筋回缩，混凝土受预压

用先张法制作预应力构件，一般均需要台座或钢模（小型构件使用）、拉伸机、传力架和夹具等设备，因此较适合工厂批量生产预制构件时使用。

先张法构件的预应力是靠钢筋与混凝土之间的粘结力来传递的。为了提高粘结力，先张法构件所用的预应力筋一般是高强钢丝、直径较小的钢绞线，以获得较好的自锚性能。先张法构件除采用直线布筋方式外，也可采用折线布筋方式。

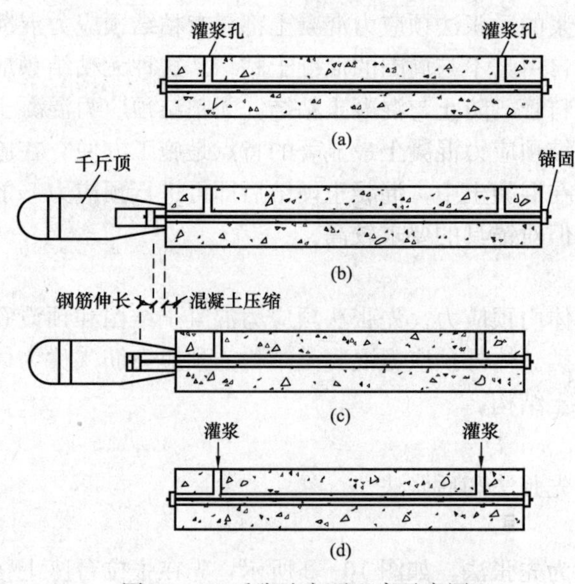

图 10－3　后张法主要工序示意图

(a) 制作构件，预留孔道，穿入预应力筋；(b) 安装千斤顶；(c) 张拉钢筋；(d) 张拉端钢筋锚固，拆除千斤顶，并对孔道压力灌浆

2. 后张法

先浇筑构件混凝土，待混凝土养护结硬后，再在构件上张拉预应力筋的方法称为后张法。如图 10－3 所示，浇筑混凝土时，在构件内预留孔道，待混凝土达到一定强度后，再往孔道内穿入预应力筋，张拉钢筋，再向孔道内进行压力灌浆，使预应力筋与混凝土形成整体，并保护预应力筋不被锈蚀，如图 10－3（d）所示，这就是有粘结预应力混凝土构件。如果不对孔道灌浆，完全通过构件两端的锚具来传递预压力，就成为了无粘结预应力混凝土构件。无论是有粘结还是无

粘结，后张法预应力混凝土构件主要依靠钢筋两端的锚具来传递和保持预应力。后张法预应力筋的布筋形式比较灵活，一般多采用曲线形布筋，也可以采用直线形或折线形。

10.1.4 锚具和夹具

锚具是在制作预应力构件时锚固预应力筋的工具。先张法构件中的锚具可重复使用，也称夹具或工作锚；后张法构件依靠锚具传递预应力，锚具将永远固定在构件上。夹具和锚具主要依靠摩阻、握裹和承压锚固来夹住或锚住钢筋。

为了在混凝土中建立稳定、可靠的预应力，预应力混凝土构件对锚具的要求主要是安全可靠、使用有效、节约钢材及构造简单。

应根据所用预应力筋形式的不同，采用不同类型的锚具。常见的锚具有以下几种：

1. 螺丝端杆锚具

螺丝端杆锚具（图 10－4）用于锚固粗钢筋，它是在单根预应力筋的两端各焊上一小段带螺纹的端杆，套以螺帽和垫板形成的一种最简单的锚具。

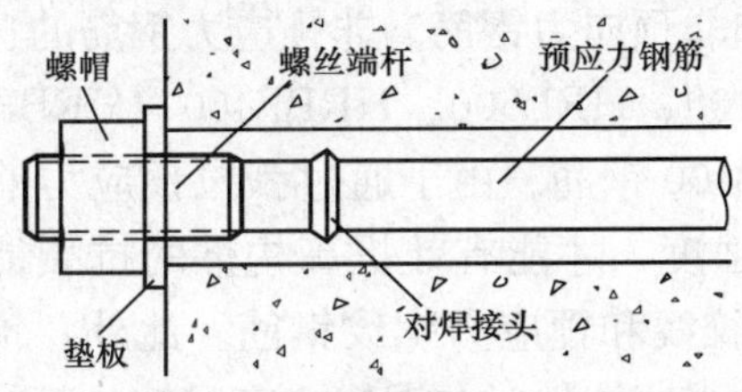

图 10－4 螺丝端杆锚具

这种锚具的优点是操作比较简单、预应力筋滑移小，尤其适用于预应力筋长度较短的情况。

2. 镦头锚具

镦头锚具（图 10－5）用于锚固钢丝束。预应力筋的预拉力依靠镦头的承压力传到锚环，并通过螺纹上的承压力传到螺帽，再经过垫板传到混凝土构件上。这种锚具的锚固性能可靠，锚固力大，张拉操作方便，但对钢筋或钢丝的下料长度要求很高。

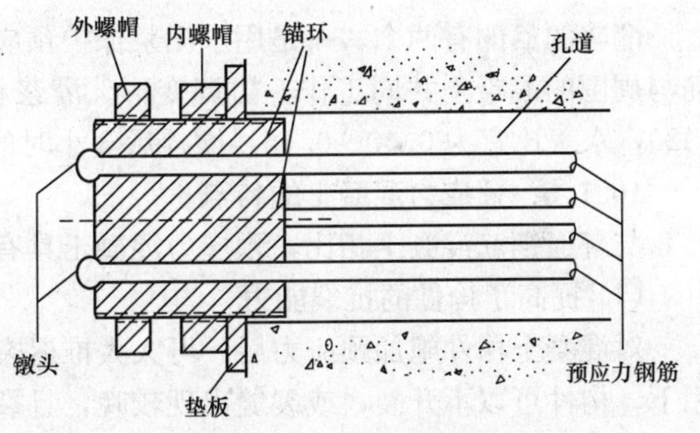

图 10－5 镦头锚具构造示意图

3. 夹片式锚具

夹片式锚具由锚环和夹片组成，可锚固多根钢绞线或钢丝束。夹片式锚具主要有 JM12 型（图 10－6）、OVM 型、QM 型、XM 型等形式。JM12 型锚具的主要缺点是钢筋内缩量较大，

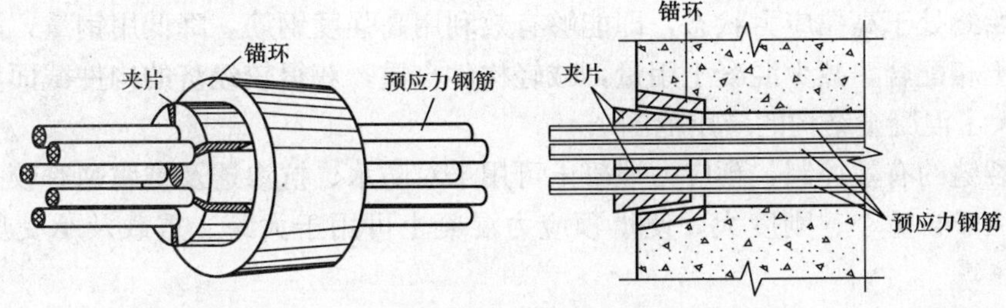

图 10－6 JM12 锚具

其余几种锚具有锚固较可靠、自锚性能好、张拉钢筋的根数多、施工操作简便等优点。

4. 锥形锚具

锥形锚具主要用于锚固多根平行钢丝束或钢绞线束。它由带锥孔的锚环和锥形锚塞组成。其工作原理是预应力筋依靠摩擦力将预拉力传到锚环，再由锚环通过承压力将预拉力传到混凝土构件上。

这种锚具的优点是效率高，但缺点是滑移大，而且不容易保证每根钢筋或钢丝中的应力均匀。

10.1.5 预应力混凝土的材料

1. 混凝土

在预应力混凝土结构中，应采用高强度、低徐变和低收缩以及快硬、早强型混凝土。因此《规范》规定，预应力混凝土结构的混凝土强度等级不宜低于 C40，且不应低于 C30。

2. 钢筋

预应力混凝土结构中的钢筋包括预应力筋和非预应力钢筋。非预应力钢筋的选用与普通钢筋混凝土结构中的钢筋相同，即宜采用 HRB400、HRB500、HRBF400、HRBF500 钢筋，也可采用 HPB300、HRB335、HRBF335、RRB400 钢筋。由于通过张拉预应力筋给混凝土施加预压应力，因此预应力筋必须具有很高的强度，才能有效提高构件的抗裂能力。因此《规范》规定，预应力筋宜采用预应力钢丝、钢绞线和预应力螺纹钢筋。此外，预应力筋还应具有一定的塑性、良好的加工性能以及用于先张法构件时与混凝土有足够的粘结力。

3. 灌浆材料

灌浆的目的有两个，一是用水泥浆保护预应力筋，避免预应力筋的锈蚀；二是使预应力筋与周围的混凝土共同工作，协调变形。灌浆材料一般采用纯水泥浆，强度等级不应低于 M20，水灰比宜为 0.40～0.45。搅拌后 3 小时的泌水率宜控制在 2%，最大不超过 3%。

10.1.6 预应力混凝土的特点

与普通钢筋混凝土相比，预应力混凝土具有以下优点。

(1) 提高了构件的抗裂能力

对混凝土构件施加预应力后，可大大推迟裂缝的出现或不出现裂缝，在正常使用荷载作用下，构件可以不开裂，或裂缝出现较晚，且裂缝宽度较小，提高了构件的耐久性。

(2) 增大了构件刚度，减小变形

由于预应力混凝土构件的开裂程度较轻或不开裂，混凝土基本上在弹性阶段工作，其刚度大为提高，构件的变形很小，因此可适用于一些对变形控制要求较高的结构。

(3) 充分利用高强度材料

在预应力混凝土构件中，预应力筋先被预拉，而后在外荷载作用下钢筋的拉应力进一步增大，因而始终处于高拉应力状态，即能够有效利用高强度钢筋，降低用钢量，同时与高强度等级混凝土相配合，减少混凝土用量，减轻构件自重，获得较经济的构件截面尺寸。

(4) 扩大了混凝土结构的应用范围

由于对裂缝的有效控制，预应力混凝土可用于对防水、抗渗透及抗腐蚀有较高要求的结构中。而且由于自重小、刚度大，使得预应力混凝土可用于大跨、重载及承受反复荷载的结构。

预应力混凝土尽管具有以上突出优点，但也存在一些缺点，如施工工序多、对施工技术的要求高且需要张拉设备、锚具和夹具以及劳动力费用较高，使其工程应用受到一定的限制。

10.2 预应力混凝土构件设计的一般规定

10.2.1 张拉控制应力 σ_{con}

张拉控制应力是指预应力筋在进行张拉时所控制达到的最大应力值，可由张拉设备（如千斤顶）上的测力计所指示的总张拉力除以预应力筋截面面积得到，以 σ_{con} 表示。

张拉控制应力值取得过低和过高都不合适。当张拉控制应力取值过低时，预应力筋经过各种损失后，在混凝土中建立的预压应力不足，会降低预应力混凝土构件的抗裂度和刚度。但当张拉控制应力取值过高时，又可能带来以下问题：

1）在施加预应力时，构件的某些部位受到过大拉力而开裂，或造成后张法构件端部混凝土局部受压承载力不足而破坏。

2）构件的开裂荷载与破坏荷载接近，使构件在破坏前无明显的预兆，构件的延性较差。

3）在对构件进行超张拉以减少预应力损失时，有可能使个别钢筋的应力超过其实际屈服强度，钢筋产生较大塑性变形或发生脆断。

4）钢筋应力松弛增大，由此引起的预应力损失也有所增大。

根据长期积累的设计和施工经验，《规范》规定，在一般情况下，预应力筋的张拉控制应力应符合下列规定：

消除应力钢丝、钢绞线

$$\sigma_{con} \leqslant 0.75 f_{ptk}$$

中强度预应力钢丝

$$\sigma_{con} \leqslant 0.70 f_{ptk}$$

预应力螺纹钢筋

$$\sigma_{con} \leqslant 0.85 f_{pyk}$$

式中 f_{ptk}——预应力筋极限强度标准值；

f_{pyk}——预应力螺纹钢筋屈服强度标准值。

消除应力钢丝、钢绞线、中强度预应力钢丝的张拉控制应力值不应小于 $0.4f_{ptk}$；预应力螺纹钢筋的张拉控制应力值不宜小于 $0.5f_{pyk}$。

当符合下列情况之一时，上述张拉控制应力限值可相应提高 $0.05f_{ptk}$ 或 $0.05f_{pyk}$：

1）要求提高构件在施工阶段的抗裂性能而在使用阶段受压区内设置的预应力筋。

2）要求部分抵消由于应力松弛、摩擦、钢筋分批张拉以及预应力筋与张拉台座之间的温差等因素产生的预应力损失。

10.2.2 预应力损失

预应力混凝土构件在施工及使用过程中，由于张拉工艺和材料特性等原因，预应力筋中的预拉应力值是不断降低的，这种预应力值的降低称为预应力损失。引起预应力损失的因素较多，一般根据影响预应力损失的主要因素，将预应力混凝土构件的预应力损失分为以下六种。

1．张拉端锚具变形和钢筋内缩引起的预应力损失 σ_{l1}

当把直线预应力筋张拉到 σ_{con} 后便锚固在台座或构件上时，由于锚具、垫板与构件之间的缝隙被挤紧，以及由于钢筋和楔形锚塞或夹片在锚具内的滑移，使得被拉紧的钢筋发生一定内缩 a，从而引起预应力损失 σ_{l1}，其值按下式计算

$$\sigma_{l1}=\frac{a}{l}E_s \quad (\text{N/mm}^2) \tag{10-1}$$

式中 a——张拉端锚具变形和钢筋内缩值，mm，按表 10－1 取用；

l——张拉端至锚固端之间的距离，mm；

E_s——预应力筋的弹性模量，按附表 5 取用。

表 10－1 锚具变形和预应力筋内缩值 a mm

锚具类别		a
支承式锚具（钢丝束镦头锚具等）	螺帽缝隙	1
	每块后加垫板的缝隙	1
夹片式锚具	有顶压时	5
	无顶压时	6～8

注 1．表中的锚具变形和预应力筋内缩值也可根据实测数值确定。
2．其他类型的锚具变形和预应力筋内缩值应根据实测数据确定。

当预应力构件采用一端张拉时，由于锚固端在张拉过程中已被挤紧，故锚具损失只考虑张拉端而不考虑锚固端的损失。

对于先张法构件，当台座长度在 100m 以上时，也可忽略锚具损失 σ_{l1}。

对于块体拼成的结构，其预应力损失尚应考虑块体间填缝的预压变形。当采用混凝土或砂浆填缝材料时，每条填缝的预压变形值可取为 1mm。

减少 σ_{l1} 的措施有：

1）选择锚具变形小或使预应力筋内缩小的锚具、夹具，并尽量少用垫板，因为每增加一块垫板，a 值就增加 1mm。

2）先张法构件可增加台座长度，因为 σ_{l1} 值与台座长度 l 成反比。

对于配置曲线形或折线形预应力筋的后张法构件，由锚具变形和预应力筋内缩引起的预应力损失 σ_{l1}，应考虑预应力筋与孔道壁之间反向摩擦的影响。如图 10－7（b）所示，在张拉预应力筋时，由于摩擦影响，预应力筋应力大致沿 ABC 分布，当锚固钢筋后，因锚具发生变形，预应力筋内缩，预应力减小，但受到孔道反向摩擦力的阻碍，钢筋不能完全自由内

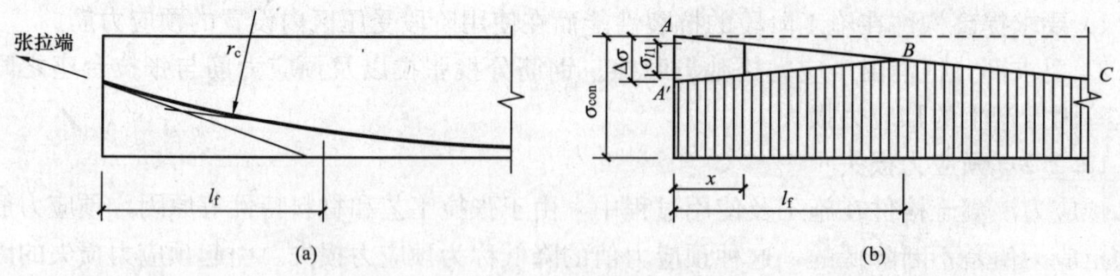

图 10－7 圆弧曲线形预应力筋因锚具变形和钢筋内缩引起的预应力损失 σ_{l1} 计算简图

（a）圆弧形曲线预应力筋；（b）预应力损失值 σ_{l1} 的分布

缩，离张拉端越远，钢筋内缩量越小，预应力损失越少，在 B 点左侧，钢筋张拉变形量扣除内缩量后的总变形等于 B 点右侧张拉时的变形量，即锚具变形和内缩值等于反摩擦力引起的钢筋变形值，从而达到平衡，预应力筋最终应力沿 $A'BC$ 分布。其中，张拉端至平衡点 B 点的水平距离称为反向摩擦影响长度 l_f。

当预应力筋为抛物线形时，可近似按圆弧形曲线考虑。当其对应的圆心角不大于30°时，张拉时预应力筋与孔道之间摩擦引起的预应力损失，其应力变化近似按直线取值。根据上述平衡原理，可以建立 l_f(m) 的计算公式为

$$l_f = \sqrt{\frac{aE_s}{1000\sigma_{con}\left(\kappa + \frac{\mu}{r_c}\right)}} \tag{10-2}$$

式中　κ——考虑孔道每米长度局部偏差的摩擦系数，按表10-2取用；

μ——预应力筋与孔道壁之间的摩擦系数，按表10-2取用；

r_c——圆弧形曲线预应力筋的曲率半径，m。

表10-2　摩擦系数 κ、μ 的取值

孔道成型方式	κ	μ	
		钢绞线、钢丝束	预应力螺纹钢筋
预埋金属波纹管	0.0015	0.25	0.50
预埋塑料波纹管	0.0015	0.15	—
预埋钢管	0.0010	0.30	—
抽芯成型	0.0014	0.55	0.60
无粘结预应力	0.0040	0.09	—

注　摩擦系数也可根据实测数据确定。

于是，在距离张拉端为 x 的任意截面处，由锚具变形和钢筋内缩引起的预应力损失值 σ_{l1} 可按下式计算

$$\sigma_{l1} = 2\sigma_{con} l_f \left(\frac{\mu}{r_c} + \kappa\right)\left(1 - \frac{x}{l_f}\right) \tag{10-3}$$

式中　x——张拉端至计算截面的距离（m），且应符合 $x \leqslant l_f$。

常用束形的后张预应力筋在反向摩擦影响长度 l_f 范围内的预应力损失 σ_{l1} 可按《规范》附录J的规定计算。

2. 预应力筋与孔道壁之间的摩擦引起的预应力损失 σ_{l2}

后张法构件存在这种损失（图10-8）。摩擦阻力主要来自两个方面，一是由于孔道位置局部偏差以及孔道内壁凸凹不平使预应力筋的某些部位接触到孔道壁而产生摩擦阻力，与长度有关，可用（κdx）来反映，其中 κ 是单位长度考虑孔道偏差及孔道内壁粗糙性的摩擦系数；二是由于曲线

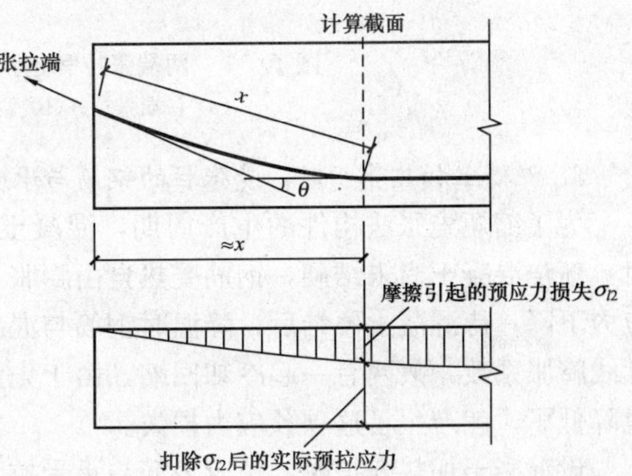

图10-8　孔道摩擦引起的预应力损失

形预应力筋在张拉时与弯曲孔道壁紧贴而产生摩擦阻力，与孔道的转角有关，可用（$\mu\theta$）来反映，μ 是预应力筋与孔道壁之间的摩擦系数。两方面因素引起的预应力损失相加，经简化处理后，可得 σ_{l2} 的计算公式

$$\sigma_{l2}=\sigma_{\rm con}\left[1-{\rm e}^{-(\kappa x+\mu\theta)}\right]\quad({\rm N/mm^2})\tag{10-4}$$

当 $\kappa x+\mu\theta\leqslant 0.3$ 时，σ_{l2} 可用下面的近似公式计算

$$\sigma_{l2}=\sigma_{\rm con}(\kappa x+\mu\theta)\tag{10-5}$$

式中 x——张拉端至计算截面的孔道长度，m，也可近似地取该段孔道在纵轴上的投影长度；

θ——从张拉端至计算截面曲线孔道部分切线的夹角，rad。

减少 σ_{l2} 的措施有：

1）当构件较长或孔道弯曲角度较大时，可进行两端张拉，则在计算中孔道长度可取为构件长度的一半。如图 10-9（b）所示，采用两端张拉后，孔道的最大长度缩短，因而摩擦损失减少。但这个措施会引起 σ_{l1} 增加，需加以注意。

2）采用超张拉。超张拉的程序为：$0\longrightarrow 1.1\sigma_{\rm con}\xrightarrow{\text{停 2min}}0.85\sigma_{\rm con}\xrightarrow{\text{停 2min}}\sigma_{\rm con}$。如图 10-9（c）所示，当张拉端 A 超张拉至 $1.1\sigma_{\rm con}$ 时，钢筋中的预拉应力将沿曲线 EHD 分布；当张拉应力降至 $0.85\sigma_{\rm con}$ 时，由于孔道与钢筋之间产生反向摩擦，预应力筋的应力将沿曲线 $FGHD$ 分布；当张拉力再增大到 $\sigma_{\rm con}$ 时，预应力筋的应力将沿曲线 $CGHD$ 分布，与图 10-9（a）一端张拉时所建立的预拉应力相比要均匀些，预应力损失也小些。

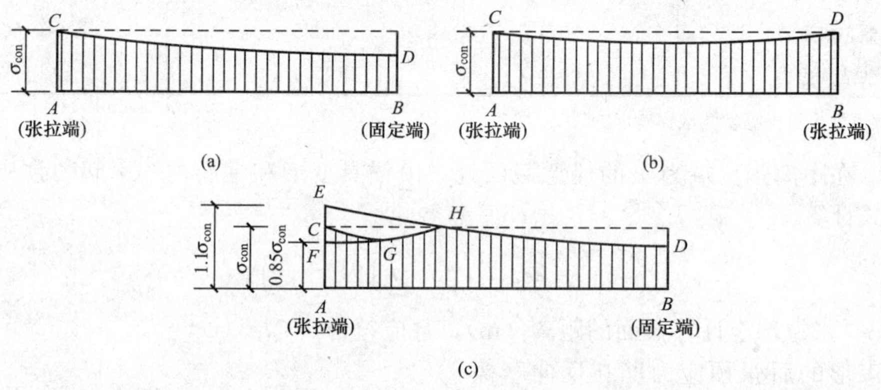

图 10-9 两端张拉和超张拉对减少摩擦损失的影响

（a）一端张拉；（b）两端张拉；（c）超张拉

3. 混凝土加热养护时，受张拉的钢筋与承受拉力的设备之间的温差引起的预应力损失 σ_{l3}

为了缩短先张法构件的生产周期，混凝土浇筑后常采用蒸汽养护来加速其硬化。升温时，新浇混凝土尚未结硬，钢筋受热自由膨胀，但台座两端固定，间距保持不变，所以钢筋应力下降；待混凝土硬结后，降温时钢筋与混凝土已存在粘结力，且由于两者具有相近的温度线膨胀系数，故两者一起冷却回缩，由于先前钢筋张拉应力已降低，对混凝土的预压应力也降低了，就产生了这项预应力损失。

设混凝土加热养护时，预应力筋与承受拉力的设备（台座）之间的温差为 Δt（℃），钢筋的线膨胀系数为 $\alpha=1.0\times10^{-5}/$℃，则 σ_{l3} 可按下式计算

$$\sigma_{l3}=\varepsilon_s E_s=\frac{\Delta l}{l}E_s=\frac{\alpha l\Delta t}{l}E_s=\alpha\Delta t E_s=1.0\times10^{-5}\times2.0\times10^{5}\times\Delta t=2\Delta t\ (\text{N/mm}^2)\tag{10-6}$$

减少 σ_{l3} 的措施有：

1）采用两阶段升温养护。先升温 20～25℃，待混凝土强度达到一定强度（如 7.5～10N/mm²）时，再逐渐升温至规定的养护温度，此时可认为钢筋与混凝土已粘结成整体，能够一起胀缩而不引起预应力损失。

2）在钢模上张拉预应力筋。由于钢模与预应力筋同步升温，两者伸长量相等，钢筋应力不会降低，因此可以不考虑此项损失。

4. 预应力筋的应力松弛引起的预应力损失 σ_{l4}

在持续高应力状态下，钢筋的塑性变形具有随时间而增长的性质，在钢筋长度保持不变的条件下，随着时间的增长，钢筋应力会逐渐降低，这种现象称为钢筋的应力松弛；或者在钢筋应力保持不变的条件下，随着时间的增长，钢筋应变逐渐增大，这种现象称为钢筋的徐变。钢筋的松弛和徐变都将引起预应力筋中的应力损失，这种损失统称为钢筋应力松弛损失 σ_{l4}。

试验表明，钢筋应力松弛与下列因素有关：

1）与时间有关。开始发展较快，第 1h 的松弛损失可达全部松弛损失的 50%左右，24h 后可达 80%左右，此后发展缓慢。

2）与钢材品种有关。热处理钢筋的应力松弛值比钢丝、钢绞线的小。

3）与初应力有关。张拉控制应力值越高，应力松弛越大，反之，则越小。当初应力小于 $0.7f_{ptk}$时，松弛与初应力成线性关系，初应力高于 $0.7f_{ptk}$时，松弛显著增大。

据此，《规范》按照预应力筋品种和张拉控制应力值的大小，对 σ_{l4} 作如下计算规定：

（1）消除应力钢丝、钢绞线

1）普通松弛

$$\sigma_{l4}=0.4\left(\frac{\sigma_{con}}{f_{ptk}}-0.5\right)\sigma_{con}\tag{10-7}$$

2）低松弛

当 $\sigma_{con}\leqslant0.7f_{ptk}$时

$$\sigma_{l4}=0.125\left(\frac{\sigma_{con}}{f_{ptk}}-0.5\right)\sigma_{con}\tag{10-8}$$

当 $0.7f_{ptk}<\sigma_{con}\leqslant0.8f_{ptk}$时

$$\sigma_{l4}=0.2\left(\frac{\sigma_{con}}{f_{ptk}}-0.575\right)\sigma_{con}\tag{10-9}$$

（2）中强度预应力钢丝

$$\sigma_{l4}=0.08\sigma_{con}\tag{10-10}$$

（3）预应力螺纹钢筋

$$\sigma_{l4}=0.03\sigma_{con}\tag{10-11}$$

当按上述公式计算应力松弛损失值时，张拉程序应符合现行国家标准《混凝土结构工程施工及验收规范》（GB 50204）的要求。

当 $\sigma_{con}\leqslant0.5f_{ptk}$时，可取 $\sigma_{l4}=0$。

减少 σ_{l4} 的措施是进行超张拉，张拉程序是：

$0 \longrightarrow (1.05 \sim 1.1)\sigma_{con} \xrightarrow{\text{持荷 2min～5min}}$ 卸荷至 $0 \longrightarrow \sigma_{con}$。

其原理是利用较高的应力水平来加快钢筋的松弛过程，使钢筋提前完成大部分应力松弛。

5．*混凝土的收缩和徐变引起的预应力损失* σ_{l5}、σ'_{l5}

混凝土在一般温度条件下结硬时体积会发生收缩，而在预应力作用下，沿压力方向混凝土发生徐变。两者均使构件的长度缩短，预应力筋也随之缩短，从而引起预应力损失，对受拉区纵向预应力筋的预应力损失用 σ_{l5} 表示，对受压区纵向预应力筋的预应力损失用 σ'_{l5} 表示。当构件中还配置有非预应力钢筋时，此两项变形将在非预应力钢筋中产生应力增量 σ_{l5} 或 σ'_{l5}（压应力）。收缩与徐变虽是两种性质完全不同的现象，但它们的影响因素、变化规律较为相似，所以《规范》将这两种因素引起的预应力损失一起考虑。

σ_{l5}、σ'_{l5} 可按下列公式计算：

（1）一般情况

先张法构件

$$\sigma_{l5} = \frac{60 + 340\dfrac{\sigma_{pc}}{f'_{cu}}}{1 + 15\rho} \tag{10-12}$$

$$\sigma'_{l5} = \frac{60 + 340\dfrac{\sigma'_{pc}}{f'_{cu}}}{1 + 15\rho'} \tag{10-13}$$

后张法构件

$$\sigma_{l5} = \frac{55 + 300\dfrac{\sigma_{pc}}{f'_{cu}}}{1 + 15\rho} \tag{10-14}$$

$$\sigma'_{l5} = \frac{55 + 300\dfrac{\sigma'_{pc}}{f'_{cu}}}{1 + 15\rho'} \tag{10-15}$$

式中 σ_{pc}，σ'_{pc}——受拉区、受压区预应力筋合力点处的混凝土法向压应力。此时，预应力损失值仅考虑混凝土预压前（第一批）的损失，其非预应力钢筋中的应力 σ_{l5}、σ'_{l5} 值应取为 0。σ_{pc}、σ'_{pc} 值不得大于 $0.5f'_{cu}$；当 σ'_{pc} 为拉应力时，则公式(10-13)、(10-15) 中的 σ'_{pc} 应取为 0。计算混凝土法向应力 σ_{pc}、σ'_{pc} 时，可根据构件制作情况考虑自重的影响。

f'_{cu}——施加预应力时的混凝土立方体抗压强度。

ρ，ρ'——受拉区、受压区预应力筋和非预应力钢筋的配筋率。

对先张法构件

$$\rho = \frac{A_p + A_s}{A_0}, \quad \rho' = \frac{A'_p + A'_s}{A_0} \tag{10-16}$$

对后张法构件

$$\rho = \frac{A_p + A_s}{A_n}, \quad \rho' = \frac{A'_p + A'_s}{A_n} \tag{10-17}$$

此处，A_p、A_s 分别是受拉区的预应力筋和非预应力钢筋截面面积；A'_p、A'_s 分别是受压区的预应力筋和非预应力钢筋截面面积；A_0 为构件的换算截面面积，A_n 为构件的净截面面积。

对于对称配置预应力筋和非预应力钢筋的轴心受拉构件，配筋率 ρ、ρ' 应分别按钢筋总截面面积的一半计算。

由于后张法构件在构件上直接施加预应力，张拉以前混凝土已完成了一部分收缩和徐变，因此后张法构件 σ_{l5} 值比先张法构件低。

减少 σ_{l5} 的措施有：

1）采用高强度等级水泥，减少水泥用量，降低水灰比，采用干硬性混凝土。

2）采用级配较好的骨料，加强振捣，提高混凝土的密实性。

3）加强养护，以减少混凝土的收缩。

（2）重要的结构构件

当需要考虑与时间相关的混凝土收缩、徐变及钢筋应力松弛预应力损失值时，可按《规范》附录 K 计算。

6. *用螺旋式预应力筋作配筋的环形构件，由于混凝土的局部挤压引起的预应力损失* σ_{l6}

采用螺旋式预应力筋作配筋的环形构件，由于预应力筋对混凝土的挤压，使环形构件的直径减小，导致已锚固好的预应力筋中的拉应力降低，从而引起预应力损失 σ_{l6}。

σ_{l6} 的大小与环形构件的直径 d 成反比，直径越小，损失越大，所以《规范》规定：

当 $d \leqslant 3\text{m}$ 时，$\sigma_{l6}=30\text{N/mm}^2$；当 $d>3\text{m}$ 时，$\sigma_{l6}=0$。

10.2.3 预应力损失值的组合

实际上，上述六种预应力损失并不同时发生，而且发生与否还与预应力筋张拉方法有关。为了便于分析和计算，《规范》按混凝土预压前的损失和预压后的损失对各项损失值进行分批组合，分为第一批损失（$\sigma_{l\text{I}}$）和第二批损失（$\sigma_{l\text{II}}$），根据张拉方法的不同，各批损失的组合项也不同，见表 10－3。

表 10－3　各阶段预应力损失值的组合

预应力损失值的组合	先张法构件	后张法构件
混凝土预压前（第一批）的损失 $\sigma_{l\text{I}}$	$\sigma_{l1}+\sigma_{l2}+\sigma_{l3}+\sigma_{l4}$	$\sigma_{l1}+\sigma_{l2}$
混凝土预压后（第二批）的损失 $\sigma_{l\text{II}}$	σ_{l5}	$\sigma_{l4}+\sigma_{l5}+\sigma_{l6}$

注　先张法构件由于钢筋应力松弛引起的损失值 σ_{l4} 在第一批和第二批损失中所占的比例，如需区分，可根据实际情况确定；一般将 σ_{l4} 全部计入第一批损失中。

考虑到各项预应力损失值的离散性，实际损失值有可能比按上述方法计算的值高，因此《规范》规定，当计算求得的预应力总损失值 σ_l（$=\sigma_{l\text{I}}+\sigma_{l\text{II}}$）小于下列数值时，应按下列数值取用：

先张法构件：100N/mm^2；

后张法构件：80N/mm^2。

10.2.4 先张法构件预应力筋的传递长度

先张法预应力混凝土构件的预压应力是依靠构件两端一定长度范围内钢筋与混凝土之间的粘结力来传递的，也就是说，从端点到开始建立起稳定不变的预压应力须经一段距离，该距离称为先张法构件预应力筋的传递长度，用 l_{tr} 表示。

如图 10－10 所示，取距离构件端部为 x 的预应力筋段为隔离体，在放张钢筋时，钢筋

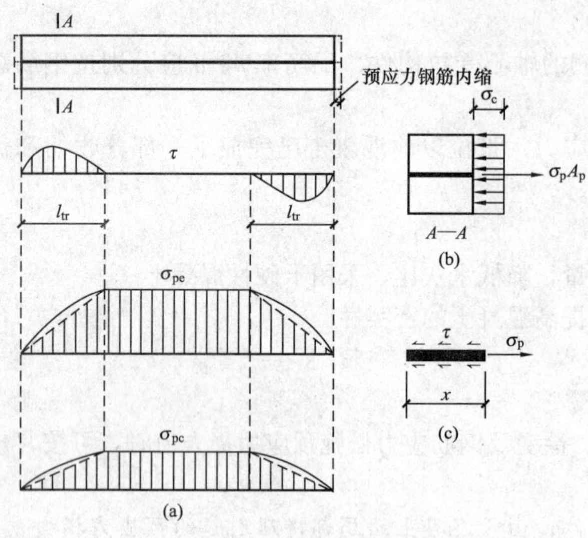

图 10-10 先张法构件预应力的传递
(a) 粘结应力、钢筋预拉应力及混凝土预压应力沿构件长度的分布；(b) A—A 截面的应力分布；(c) 预应力筋表面的粘结应力 τ 与钢筋预拉应力平衡

发生内缩或滑移，此时，端部为自由端，预应力筋的预拉应力为零，而在构件端面以内，钢筋的内缩受到周围混凝土的阻止，使得钢筋受拉，产生预拉应力 σ_p，周围混凝土受压，即预压应力 σ_c。随着 x 的增大，粘结力逐渐积累，预应力筋的预拉应力 σ_p 及周围混凝土中的预压应力 σ_c 将不断增大，当 x 达到一定长度 l_{tr} 时，所累积起来的粘结力与预拉力 $\sigma_{pe}A_p$ 达到平衡，预应力筋至此才建立起稳定的预拉应力 σ_{pe}，周围混凝土也建立起有效的预压应力 σ_{pc}。当 x 继续增大时，σ_{pe} 和 σ_{pc} 都不再增大。由于粘结应力为非均匀分布，则 l_{tr} 范围内钢筋与混凝土的预应力应为曲线变化。但为了简化计算，可近似按线性变化考虑，如图 10-10 中虚线所示。《规范》规定，先张法构件预应力筋的预应力传递长度 l_{tr} 可按下式计算

$$l_{tr}=\alpha\frac{\sigma_{pe}}{f'_{tk}}d \tag{10-18}$$

式中 σ_{pe}——放张时预应力筋的有效预应力值；

d——预应力筋的公称直径，可由附表 17 和附表 18 查得；

α——预应力筋的外形系数，按表 2-2 取用；

f'_{tk}——与放张时混凝土立方体抗压强度 f'_{cu} 相应的轴心抗拉强度标准值，可按附表 8 以线性内插法确定。

当采用骤然放松预应力筋的施工工艺时，锚固长度或 l_{tr} 的起点应从距构件末端 $0.25l_{tr}$ 处开始计算。

10.3 预应力混凝土轴心受拉构件

10.3.1 轴心受拉构件应力分析

预应力混凝土轴心受拉构件从张拉钢筋开始直到构件破坏，截面中混凝土和钢筋应力的变化可以分为两个阶段，即施工阶段和使用阶段。施工阶段是制作、运输、安装预应力构件的阶段，即从张拉钢筋到锚固钢筋（后张法）或钢筋自锚（先张法）、在混凝土中建立起预压应力的阶段，该阶段同时完成了某些预应力损失，但构件尚不承受除了自重之外的使用荷载。使用阶段是指预应力构件制作完成并投入使用的阶段，此时构件开始承受使用荷载，直到破坏。两个阶段又分别包含了若干特征受力过程，因此，在设计预应力混凝土构件时，除应进行使用荷载作用下的承载力、抗裂度或裂缝宽度计算外，还应对各个特征受力过程的承载力和抗裂度进行验算。在作截面应力分析时应当注意，只要混凝土与预应力筋及非预应力

钢筋之间不发生粘结破坏，根据变形协调条件可知，当混凝土的应力发生变化$\Delta\sigma_c$时，预应力筋和非预应力钢筋相应的应力变化量分别为$\alpha_E\Delta\sigma_c$和$\alpha_{Es}\Delta\sigma_c$，其中$\alpha_E$和$\alpha_{Es}$分别为预应力筋和非预应力钢筋的弹性模量与混凝土弹性模量之比。

1. 先张法构件

(1) 施工阶段

1) 张拉预应力筋。在台座上张拉截面面积为A_p的预应力筋至张拉控制应力σ_{con}，这时钢筋的总拉力为$\sigma_{con}A_p$。

2) 完成第一批预应力损失。张拉钢筋完毕，将预应力筋锚固在台座上，浇灌混凝土，养护构件。因锚具变形、温差和部分钢筋松弛而产生第一批预应力损失$\sigma_{l\,\mathrm{I}}$。预应力筋的拉应力由σ_{con}降低到$\sigma_{pe}=\sigma_{con}-\sigma_{l\,\mathrm{I}}$。此时，由于预应力筋尚未放松，混凝土预压应力$\sigma_{pc}=0$，非预应力钢筋应力$\sigma_s=0$。

3) 放松预应力筋。当混凝土达到设计强度的75%以上后，放松预应力筋，预应力筋回缩，依靠钢筋与混凝土之间的粘结力使混凝土受压缩，钢筋随之缩短，拉应力减小。设放松钢筋时混凝土预压应力由0增至$\sigma_{pc\,\mathrm{I}}$，即应力增量为$\sigma_{pc\,\mathrm{I}}$，由于钢筋与混凝土两者的变形协调，所以预应力筋的拉应力相应减小了$\alpha_E\sigma_{pc\,\mathrm{I}}$，即

$$\sigma_{pe\,\mathrm{I}}=\sigma_{con}-\sigma_{l\,\mathrm{I}}-\alpha_E\sigma_{pc\,\mathrm{I}} \tag{10-19}$$

同时，非预应力钢筋也得到预压应力$\sigma_{s\,\mathrm{I}}$，其数值$\sigma_{s\,\mathrm{I}}=\alpha_{Es}\sigma_{pc\,\mathrm{I}}$。

由力平衡条件得

$$\sigma_{pe\,\mathrm{I}}A_p=\sigma_{pc\,\mathrm{I}}A_c+\sigma_{s\,\mathrm{I}}A_s$$

将$\sigma_{pe\,\mathrm{I}}$和$\sigma_{s\,\mathrm{I}}$的表达式代入上式，可得

$$\sigma_{pc\,\mathrm{I}}=\frac{(\sigma_{con}-\sigma_{l\,\mathrm{I}})A_p}{A_c+\alpha_{Es}A_s+\alpha_E A_p}=\frac{N_{p\,\mathrm{I}}}{A_n+\alpha_E A_p}=\frac{N_{p\,\mathrm{I}}}{A_0} \tag{10-20}$$

式中 A_c——扣除预应力筋和非预应力钢筋截面面积后的混凝土截面面积；

A_0——换算截面面积，即混凝土截面面积A_c以及全部纵向预应力筋和非预应力钢筋截面面积换算成混凝土后的截面面积之和，$A_0=A_c+\alpha_{Es}A_s+\alpha_E A_p$，当截面由不同混凝土强度等级组成时，应根据混凝土弹性模量比值换算成同一混凝土强度等级的截面面积；

A_n——净截面面积，即换算截面面积减去全部纵向预应力筋换算成混凝土的截面面积，即$A_n=A_0-\alpha_E A_p$；

$N_{p\,\mathrm{I}}$——完成第一批损失后预应力筋的总预拉力，$N_{p\,\mathrm{I}}=(\sigma_{con}-\sigma_{l\,\mathrm{I}})A_p$。

4) 完成第二批预应力损失。随着时间的增长，因预应力筋进一步松弛，混凝土发生收缩、徐变而产生第二批预应力损失$\sigma_{l\,\mathrm{II}}$。这时，混凝土和钢筋将进一步缩短，混凝土的预压应力由$\sigma_{pc\,\mathrm{I}}$降至$\sigma_{pc\,\mathrm{II}}$，预应力筋的拉应力也由$\sigma_{pe\,\mathrm{I}}$降低至$\sigma_{pe\,\mathrm{II}}$，非预应力钢筋的压应力降至$\sigma_{s\,\mathrm{II}}$，于是

$$\sigma_{pe\,\mathrm{II}}=\sigma_{con}-\sigma_{l\,\mathrm{I}}-\alpha_E\sigma_{pc\,\mathrm{I}}-\sigma_{l\,\mathrm{II}}+\alpha_E(\sigma_{pc\,\mathrm{I}}-\sigma_{pc\,\mathrm{II}})=\sigma_{con}-\sigma_l-\alpha_E\sigma_{pc\,\mathrm{II}} \tag{10-21}$$

式中，$\alpha_E(\sigma_{pc\,\mathrm{I}}-\sigma_{pc\,\mathrm{II}})$项是由于混凝土压应力减小，构件的弹性压缩有所恢复，其差值所引起的预应力筋中拉应力的增加值。

由力平衡条件可得

$$\sigma_{pe\,\mathrm{II}}A_p=\sigma_{pc\,\mathrm{II}}A_c+\sigma_{s\,\mathrm{II}}A_s \tag{10-22}$$

此时，非预应力钢筋的压应力为 $\alpha_{Es}\sigma_{pc\text{II}}$，又考虑到由混凝土收缩、徐变在非预应力钢筋中引起的压应力为 σ_{l5}，所以

$$\sigma_{s\text{II}}=\alpha_{Es}\sigma_{pc\text{II}}+\sigma_{l5} \tag{10-23}$$

将 $\sigma_{pc\text{II}}$ 和 $\sigma_{s\text{II}}$ 的表达式代入式（10-22），可得

$$\sigma_{pc\text{II}}=\frac{(\sigma_{con}-\sigma_l)A_p-\sigma_{l5}A_s}{A_c+\alpha_{Es}A_s+\alpha_E A_p}=\frac{N_{p\text{II}}-\sigma_{l5}A_s}{A_0} \tag{10-24}$$

式中 $\sigma_{pc\text{II}}$——完成全部预应力损失后，混凝土中所建立起的预压应力，称为有效预压应力；

σ_{l5}——非预应力钢筋由于混凝土收缩、徐变所引起的应力；

$N_{p\text{II}}$——完成全部损失 σ_l 后预应力筋的总预拉力，即 $N_{p\text{II}}=(\sigma_{con}-\sigma_l)A_p$。

（2）使用阶段

1）加载至混凝土截面应力降为零。设轴向拉力 N_0 产生的混凝土拉应力恰好全部抵消混凝土的有效预压应力 $\sigma_{pc\text{II}}$，使截面处于消压状态，即 $\sigma_{pc}=0$。此时，因为混凝土应力变化量为 $\sigma_{pc\text{II}}$，所以预应力筋的拉应力变化量为 $\alpha_E\sigma_{pc\text{II}}$，即

$$\sigma_{p0}=\sigma_{pe\text{II}}+\alpha_E\sigma_{pc\text{II}} \tag{10-25}$$

其中，σ_{p0} 是消压状态下预应力筋的拉应力。此时，非预应力钢筋仍为压应力。将式（10-21）代入上式，可得

$$\sigma_{p0}=\sigma_{con}-\sigma_l \tag{10-26}$$

非预应力钢筋的应力变化量为 $\alpha_{Es}\sigma_{pc\text{II}}$，即

$$\sigma_s=\sigma_{s\text{II}}-\alpha_{Es}\sigma_{pc\text{II}}=\alpha_{Es}\sigma_{pc\text{II}}+\sigma_{l5}-\alpha_{Es}\sigma_{pc\text{II}}=\sigma_{l5} \tag{10-27}$$

轴向拉力 N_0 可由力的平衡条件求得，即

$$N_0=\sigma_{p0}A_p-\sigma_{l5}A_s=(\sigma_{con}-\sigma_l)A_p-\sigma_{l5}A_s=N_{p\text{II}}-\sigma_{l5}A_s \tag{10-28}$$

由式（10-24）可知

$$N_{p\text{II}}-\sigma_{l5}A_s=\sigma_{pc\text{II}}A_0 \tag{10-29}$$

所以

$$N_0=\sigma_{pc\text{II}}A_0 \tag{10-30}$$

式中 N_0——使混凝土截面应力降低至零时的轴向拉力，也称消压拉力。

2）加载至裂缝即将出现。当轴向拉力继续增大超过 N_0 后，混凝土开始受拉，其数值随着荷载的增加而增大，当荷载加至开裂轴力 N_{cr} 时，混凝土拉应力应达到混凝土轴心抗拉强度标准值 f_{tk}，混凝土即将出现裂缝。这一阶段混凝土的应力增量为 f_{tk}，所以预应力筋和非预应力钢筋的应力变化量分别为 $\alpha_E f_{tk}$ 和 $\alpha_{Es}f_{tk}$。设 σ_{pcr} 是混凝土即将开裂时预应力筋的拉应力，则

$$\sigma_{pcr}=\sigma_{p0}+\alpha_E f_{tk}=\sigma_{con}-\sigma_l+\alpha_E f_{tk} \tag{10-31}$$

非预应力钢筋的应力 σ_s 为

$$\sigma_s=\alpha_{Es}f_{tk}-\sigma_{l5} \tag{10-32}$$

开裂轴向拉力 N_{cr} 可由力的平衡条件求得

$$N_{cr}=\sigma_{pcr}A_p+\sigma_s A_s+f_{tk}A_c \tag{10-33}$$

将 σ_{pcr}、σ_s 的表达式代入上式，可得

$$N_{cr}=(\sigma_{pc\text{II}}+f_{tk})A_0 \tag{10-34}$$

与钢筋混凝土轴心受拉构件相比，预应力混凝土轴心受拉构件的开裂轴力 N_{cr} 增大了 $\sigma_{pc\mathrm{II}}A_0$，由于预压应力 $\sigma_{pc\mathrm{II}}$ 比 f_{tk} 大得多，所以预应力混凝土构件的开裂轴力 N_{cr} 比钢筋混凝土轴心受拉构件的大得多，抗裂度因而大大提高。

3）加载至破坏。当轴拉力继续增大并超过 N_{cr} 后，混凝土开裂，裂缝处的混凝土退出工作，不再承受拉力，轴拉力全部由预应力筋和非预应力钢筋承担。破坏时，预应力筋及非预应力钢筋的应力分别达到抗拉强度设计值 f_{py} 和 f_y。

由力的平衡条件，破坏时的轴向拉力 N_u 为

$$N_u = f_{py}A_p + f_yA_s \tag{10-35}$$

2. 后张法构件

(1) 施工阶段

1）浇灌混凝土并进行养护，直至张拉钢筋前，截面中基本不产生任何应力。

2）张拉预应力筋。张拉钢筋至 σ_{con}，这时千斤顶的反作用力通过传力架施加给混凝土，使混凝土受到压应力 σ_{pc}，故非预应力钢筋中的压应力由 0 增至 $\sigma_s=\alpha_{Es}\sigma_{pc}$。而预应力筋产生摩擦损失 σ_{l2}，所以预应力筋中的拉应力 $\sigma_{pe}=\sigma_{con}-\sigma_{l2}$。

由力的平衡条件，即

$$\sigma_{pe}A_p = \sigma_{pc}A_c + \sigma_sA_s \tag{10-36}$$

将 σ_{pe}、σ_s 的表达式代入上式，可得

$$(\sigma_{con}-\sigma_{l2})A_p = \sigma_{pc}A_c + \alpha_{Es}\sigma_{pc}A_s$$

即

$$\sigma_{pc} = \frac{(\sigma_{con}-\sigma_{l2})A_p}{A_c+\alpha_{Es}A_s} = \frac{(\sigma_{con}-\sigma_{l2})A_p}{A_n} \tag{10-37}$$

式中 A_c—扣除非预应力钢筋截面面积以及预留孔道面积后的混凝土截面面积。

3）完成第一批预应力损失。锚固预应力筋后，因锚具变形和钢筋内缩引起预应力损失 σ_{l1}，此时预应力筋的拉应力由（$\sigma_{con}-\sigma_{l2}$）降低至（$\sigma_{con}-\sigma_{l2}-\sigma_{l1}$），即

$$\sigma_{pe\mathrm{I}} = \sigma_{con}-\sigma_{l2}-\sigma_{l1} = \sigma_{con}-\sigma_{l\mathrm{I}} \tag{10-38}$$

设此时混凝土的压应力为 $\sigma_{pc\mathrm{I}}$，所以非预应力钢筋中的压应力为 $\sigma_{s\mathrm{I}}=\alpha_{Es}\sigma_{pc\mathrm{I}}$。

根据力的平衡条件

$$\sigma_{pe\mathrm{I}}A_p = \sigma_{pc\mathrm{I}}A_c + \sigma_{s\mathrm{I}}A_s$$

将 $\sigma_{pe\mathrm{I}}$ 和 $\sigma_{s\mathrm{I}}$ 的表达式代入，可得

$$(\sigma_{con}-\sigma_{l\mathrm{I}})A_p = \sigma_{pc\mathrm{I}}A_c + \alpha_{Es}\sigma_{pc\mathrm{I}}A_s$$

$$\sigma_{pc\mathrm{I}} = \frac{(\sigma_{con}-\sigma_{l\mathrm{I}})A_p}{A_c+\alpha_{Es}A_s} = \frac{N_{p\mathrm{I}}}{A_n} \tag{10-39}$$

4）完成第二批损失。此过程的预应力损失为 σ_{l4}、σ_{l5}、（以及 σ_{l6}），预应力筋的拉应力由 $\sigma_{pe\mathrm{I}}$ 降至 $\sigma_{pe\mathrm{II}}$，即 $\sigma_{pe\mathrm{II}}=\sigma_{con}-\sigma_{l\mathrm{I}}-\sigma_{l\mathrm{II}}=\sigma_{con}-\sigma_l$。

非预应力钢筋中的压应力为

$$\sigma_{s\mathrm{II}} = \alpha_{Es}\sigma_{pc\mathrm{II}} + \sigma_{l5}$$

由力的平衡条件

$$\sigma_{pe\mathrm{II}}A_p = \sigma_{pc\mathrm{II}}A_c + \sigma_{s\mathrm{II}}A_s$$

将 $\sigma_{pe\mathrm{II}}$ 和 $\sigma_{s\mathrm{II}}$ 的表达式代入上式，可得

$$(\sigma_{con}-\sigma_l)A_p=\sigma_{pcⅡ}A_c+(\alpha_E\sigma_{pcⅡ}+\sigma_{l5})A_s$$

$$\sigma_{pcⅡ}=\frac{(\sigma_{con}-\sigma_l)A_p-\sigma_{l5}A_s}{A_c+\alpha_{Es}A_s}=\frac{(\sigma_{con}-\sigma_l)A_p-\sigma_{l5}A_s}{A_n}=\frac{N_{pⅡ}-\sigma_{l5}A_s}{A_n} \tag{10-40}$$

(2) 使用阶段

1) 加载至混凝土应力为零。设此时轴向拉力 N_0 产生的混凝土拉应力刚好全部抵消混凝土的有效预压应力 $\sigma_{pcⅡ}$，使截面处于消压状态，即 $\sigma_{pc}=0$。与上一过程相比，混凝土的应力变化量为 $\sigma_{pcⅡ}$（拉），所以预应力筋拉应力 σ_{p0} 的变化量为 $\alpha_E\sigma_{pcⅡ}$，即

$$\sigma_{p0}=\sigma_{peⅡ}+\alpha_E\sigma_{pcⅡ}=\sigma_{con}-\sigma_l+\alpha_E\sigma_{pcⅡ}$$

非预应力钢筋的应力 σ_s 为

$$\sigma_s=\sigma_{sⅡ}-\alpha_{Es}\sigma_{pcⅡ}=\alpha_{Es}\sigma_{pcⅡ}+\sigma_{l5}-\alpha_{Es}\sigma_{pcⅡ}=\sigma_{l5}$$

同理，由力的平衡条件可得消压轴向拉力 N_0 为

$$N_0=\sigma_{p0}A_p-\sigma_{l5}A_s=(\sigma_{con}-\sigma_l+\alpha_E\sigma_{pcⅡ})A_p-\sigma_{l5}A_s \tag{10-41}$$

由式（10-40）可得

$$(\sigma_{con}-\sigma_l)A_p-\sigma_{l5}A_s=\sigma_{pcⅡ}(A_c+\alpha_{Es}A_s)$$

与式（10-41）比较可得

$$N_0=\sigma_{pcⅡ}(A_c+\alpha_{Es}A_s)+\alpha_E\sigma_{pcⅡ}A_p=\sigma_{pcⅡ}(A_c+\alpha_{Es}A_s+\alpha_EA_p)=\sigma_{pcⅡ}A_0 \tag{10-42}$$

2) 加载至裂缝即将出现。此时混凝土受拉，且拉应力达到 f_{tk}，与上一过程相比，混凝土的应力变化量为 f_{tk}（拉），所以预应力筋的拉应力 σ_{pcr} 为

$$\sigma_{pcr}=\sigma_{p0}+\alpha_Ef_{tk}=(\sigma_{con}-\sigma_l+\alpha_E\sigma_{pcⅡ})+\alpha_Ef_{tk}$$

非预应力钢筋的应力值 $\sigma_s=\alpha_{Es}f_{tk}-\sigma_{l5}$

由力的平衡条件，可得开裂轴向拉力 N_{cr} 为

$$N_{cr}=\sigma_{pcr}A_p+\sigma_sA_s+f_{tk}A_c$$

将 σ_{pcr}、σ_s 的表达式代入上式，可得

$$N_{cr}=(\sigma_{con}-\sigma_l+\alpha_E\sigma_{pcⅡ})A_p-\sigma_{l5}A_s+f_{tk}(A_c+\alpha_{Es}A_s+\alpha_EA_p)$$

再由式（10-41）和式（10-42）可得

$$N_0=\sigma_{pcⅡ}A_0=(\sigma_{con}-\sigma_l+\alpha_E\sigma_{pcⅡ})A_p-\sigma_{l5}A_s$$

所以

$$N_{cr}=\sigma_{pcⅡ}A_0+f_{tk}A_0=(\sigma_{pcⅡ}+f_{tk})A_0 \tag{10-43}$$

3) 加载至破坏。与先张法相同，破坏时混凝土完全退出工作，拉力完全由预应力筋和非预应力钢筋承担，且两者的拉应力均达到抗拉强度设计值 f_{py} 和 f_y。根据力的平衡条件，可得破坏时的轴向拉力 N_u 为

$$N_u=f_{py}A_p+f_yA_s \tag{10-44}$$

根据前述受力过程的分析，可将预应力轴心受拉构件的一些规律总结如下：

1) 在施工阶段，先张和后张两种构件 $\sigma_{pcⅡ}$ 的计算公式形式基本相同，只是先张法构件采用换算截面面积 A_0，而后张法构件采用净截面面积 A_n，而且 σ_l 的具体计算值也不相同。因此在相同条件下，如果采用相同的张拉控制应力 σ_{con} 张拉钢筋，由于 $A_0>A_n$，于是后张法构件对混凝土建立的有效预压应力值 $\sigma_{pcⅡ}$ 较高。

2) 不论是先张法还是后张法，使用阶段的 N_0、N_{cr}、N_u 的计算公式形式都相同，但由于两种构件的 $\sigma_{pcⅡ}$ 值不同，所以 N_0 和 N_{cr} 的计算值也不相同。

3）预应力筋的强度分别用于对混凝土施加预压力和抵抗外荷载的作用效应两方面，因此它始终处于高拉应力状态，而混凝土在承受消压轴向拉力之前始终处于受压状态，可见预应力混凝土构件不但能充分利用两种材料的强度优势，还能发挥出高强材料的性能。

4）由于开裂轴力大为提高，所以预应力混凝土构件的裂缝出现较晚，构件抗裂度明显提高，但出现开裂荷载值与破坏荷载值比较接近，说明预应力混凝土构件的延性较差。

5）当材料的强度等级和截面尺寸相同时，预应力混凝土轴心受拉构件与钢筋混凝土受拉构件的承载力相同，说明预应力混凝土构件并不能提高承载力，只能推迟裂缝的出现，提高抗裂度。

10.3.2 轴心受拉构件使用阶段计算

预应力混凝土轴心受拉构件的计算包括：使用阶段承载力计算、抗裂度验算或裂缝宽度验算、施工阶段张拉（后张法）或放松（先张法）预应力筋时构件的承载力验算，以及后张法构件端部锚固区的局部受压验算。

1. 使用阶段承载力的计算

截面的计算简图如图 10-11 所示，构件正截面受拉承载力按下式计算

$$\gamma_0 N \leqslant N_u = f_{py}A_p + f_y A_s \tag{10-45}$$

式中 γ_0——结构重要性系数；

N——构件的轴向拉力设计值；

f_{py}，f_y——预应力筋及非预应力钢筋抗拉强度设计值；

A_p，A_s——预应力筋及非预应力钢筋的截面面积。

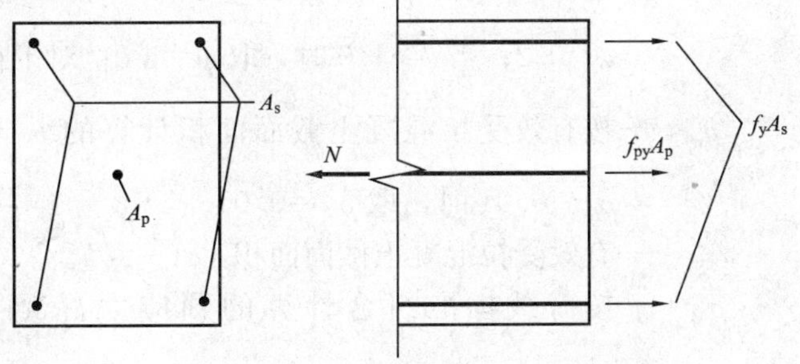

图 10-11 预应力构件轴心受拉使用阶段承载力的计算简图

2. 抗裂度验算及裂缝宽度验算

根据预应力构件所处的环境类别和功能要求，选用不同的裂缝控制等级。《规范》将预应力混凝土构件的受力裂缝控制等级分为三级，等级划分及要求应符合下列规定：

1）一级——严格要求不出现裂缝的构件

按荷载标准值组合计算时，构件受拉边缘混凝土不应产生拉应力，即

$$\sigma_{ck} - \sigma_{pc} \leqslant 0 \tag{10-46}$$

2）二级——一般要求不出现裂缝的构件

按荷载标准组合计算时，构件受拉边缘混凝土拉应力不应大于混凝土抗拉强度的标准值，即

$$\sigma_{ck} - \sigma_{pc} \leqslant f_{tk} \tag{10-47}$$

其中

$$\sigma_{ck} = \frac{N_k}{A_0} \tag{10-48}$$

式中 N_k——按荷载标准组合计算的轴向力；

A_0——混凝土的换算截面面积，$A_0 = A_c + \alpha_E A_p + \alpha_{Es} A_s$；

σ_{ck}——荷载标准组合下抗裂验算边缘的混凝土法向应力；

σ_{pc}——扣除全部预应力损失后，在抗裂验算边缘的混凝土预压应力，按式（10-24）

和式（10－40）计算；

f_{tk}——混凝土轴心抗拉强度标准值。

3）三级——允许出现裂缝的构件

按荷载标准组合并考虑长期作用影响计算的最大裂缝宽度 ω_{max} 应符合：

$$\omega_{max} \leqslant \omega_{lim} \tag{10-49}$$

对环境类别为二 a 类的预应力混凝土构件，在荷载准永久组合下尚应符合下列规定

$$\sigma_{cq} - \sigma_{pc} \leqslant f_{tk} \tag{10-50}$$

$$\omega_{max} = \alpha_{cr}\psi\frac{\sigma_{sk}}{E_s}\left(1.9c_s + 0.08\frac{d_{eq}}{\rho_{te}}\right) \tag{10-51}$$

$$d_{eq} = \frac{\sum n_i d_i^2}{\sum n_i v_i d_i} \tag{10-52}$$

式中 σ_{cq}——荷载准永久组合下抗裂验算边缘的混凝土法向应力，$\sigma_{cq}=\frac{N_q}{A_0}$，$N_q$ 为按荷载准永久组合计算的轴向力。

α_{cr}——构件受力特征系数，对预应力轴心受拉构件，取 $\alpha_{cr}=2.2$。

ψ——裂缝间纵向受拉钢筋应变不均匀系数，$\psi=1.1-\frac{0.65f_{tk}}{\rho_{te}\sigma_{sk}}$。当 $\psi<0.2$ 时，取 $\psi=0.2$；当 $\psi>1.0$ 时，取 $\psi=1.0$；对于直接承受重复荷载的构件，取 $\psi=1.0$。

ρ_{te}——按有效受拉混凝土截面面积计算的纵向受拉钢筋配筋率，$\rho_{te}=\frac{A_p+A_s}{A_{te}}$。当 $\rho_{te}<0.01$ 时，取 $\rho_{te}=0.01$。

A_{te}——有效受拉混凝土截面面积，$A_{te}=bh$。

σ_{sk}——按荷载标准组合计算的预应力混凝土构件纵向受拉钢筋的等效应力，$\sigma_{sk}=\frac{N_k-N_{p0}}{A_p+A_s}$。

N_{p0}——混凝土法向预压应力等于零即消压状态时，全部纵向预应力筋和非预应力筋的合力。

c_s——最外层纵向受拉钢筋外边缘至受拉区底边的距离，mm。当 $c_s<20$mm 时，取 $c_s=20$；当 $c_s>65$ 时，取 $c=65$。

A_p，A_s——受拉区纵向预应力筋、非预应力筋的截面面积。

d_{eq}——配有多种纵向受拉钢筋时的等效钢筋直径，mm。

d_i——受拉区第 i 种纵向受拉钢筋的公称直径，mm。

n_i——受拉区第 i 种纵向受拉钢筋的根数。

v_i——受拉区第 i 种纵向受拉钢筋的相对粘结特性系数，可按表 10－4 取用。

ω_{lim}——最大裂缝宽度限值，按附表 11 取用。

表 10－4　　钢筋的相对粘结特性系数

钢筋类别	非预应力筋		先张法预应力筋		后张法预应力筋		
	光圆钢筋	带肋钢筋	带肋钢筋	螺旋肋钢丝	带肋钢筋	钢绞线	光面钢丝
v_i	0.7	1.0	1.0	0.8	0.8	0.5	0.4

注　对环氧树脂涂层带肋钢筋，其相对粘结特性系数应按表中系数的 0.8 倍取用。

10.3.3　轴心受拉构件施工阶段验算

当放张预应力筋（先张法）或张拉预应力筋（后张法）时，混凝土将受到最大的预压应力 σ_{cc}，而此时混凝土的实际强度通常只有设计强度的 75%，所以应验算构件强度，以免因强度不足造成破坏。验算内容包括两个方面。

1. 张拉（或放松）预应力筋时，构件的承载力验算

此时混凝土的预压应力应满足

$$\sigma_{cc} \leqslant 0.8 f'_{ck} \tag{10-53}$$

式中　f'_{ck}——张拉（或放松）预应力筋时，与混凝土立方体抗压强度 f'_{cu} 相应的轴心抗压强度标准值，可按附表 8 以线性内插法取用。

先张法构件在放松钢筋时，仅完成第一批损失，所以

$$\sigma_{cc} = \frac{(\sigma_{con} - \sigma_{l\,\mathrm{I}})A_p}{A_0} \tag{10-54}$$

后张法构件张拉钢筋完毕至 σ_{con} 而又未锚固时，可不考虑预应力损失，则

$$\sigma_{cc} = \frac{\sigma_{con} A_p}{A_n} \tag{10-55}$$

2. 后张法构件端部锚固区混凝土局部受压承载力验算

如前所述，后张法预应力混凝土构件的预应力是由锚具经过垫板传给混凝土的。由于锚具下垫板的面积不可能很大，因此构件端部所承受的预压力是集中在一个小范围内的，即构件端部需要承受很大的局部应力，有可能使垫板下的混凝土将出现裂缝或因局部受压承载力不足而发生破坏。因此必须对构件端部锚固区的混凝土进行局部承压验算。

(1) 局部受压面积验算

构件端部局部受压区面积越小，锚具下混凝土受到的局部压应力越大，锚固区混凝土越容易发生局部受压破坏，因此应验算构件端部局部受压区面积，使其不致过小。对锚固区配置有间接钢筋的混凝土结构构件，局部受压区的截面尺寸应满足

$$F_l \leqslant 1.35 \beta_c \beta_l f_c A_{ln} \tag{10-56}$$

$$\beta_l = \sqrt{\frac{A_b}{A_l}} \tag{10-57}$$

式中　F_l——局部受压面上作用的局部压力设计值。对后张法预应力混凝土构件，取 $F_l = 1.2\sigma_{con} A_p$。

f_c——混凝土轴心抗压强度设计值，在后张法预应力混凝土构件的张拉阶段验算中，应根据相应阶段的混凝土立方体抗压强度 f'_{cu} 值，按线性内插法确定对应的混凝土轴心抗压强度设计值。

β_c——混凝土强度影响系数：当混凝土强度等级不超过 C50 时，取 $\beta_c = 1.0$；当混凝土强度等级等于 C80 时，取 $\beta_c = 0.8$，其间按线性内插法取用。

β_l——混凝土局部受压时的强度提高系数。

A_{ln}——混凝土局部受压净面积：对后张法构件，应在混凝土局部受压面积中扣除孔道、凹槽部分的面积。

A_b——局部受压的计算底面积，可根据局部受压面积与计算底面积按同心、对称的原则确定，对常用情况可按图 10-12 取用。

A_l——混凝土的局部受压面积；当有垫板时可考虑预压力沿锚具垫圈边缘在垫板中按 45°扩散后传至混凝土的受压面积，如图 10-13 所示。

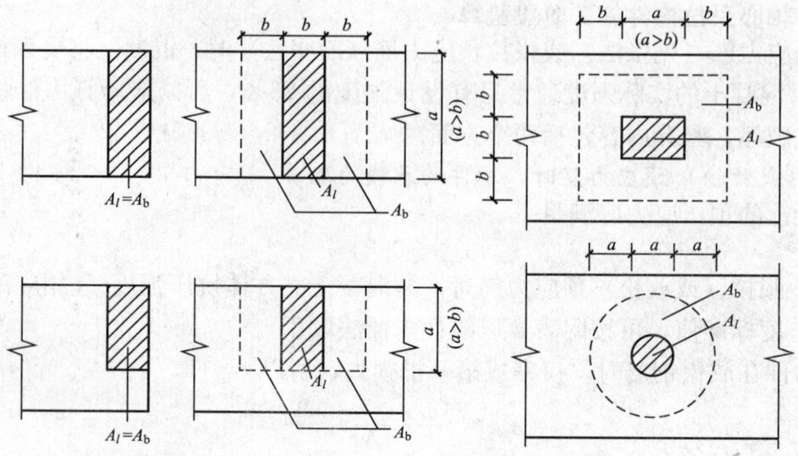

图 10-12　局部受压计算底面积 A_b 的确定

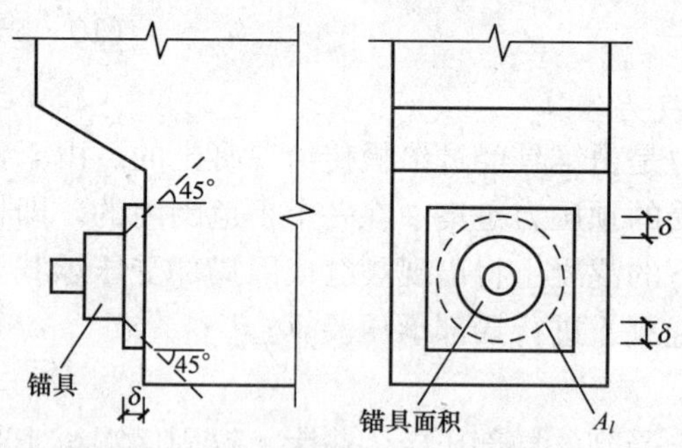

图 10-13　有垫板时预应力传到混凝土的局部受压面积

当不满足式（10-56）时，应加大端部锚固区的截面尺寸、调整锚具位置或提高混凝土强度等级。

(2) 局部受压承载力验算

在锚固区配置有间接钢筋（焊接钢筋网或螺旋式钢筋）可以有效地提高锚固区段的局部受压强度，防止局部受压破坏。当配置方格网式或螺旋式间接钢筋，且其核心面积 $A_{cor} \geqslant A_l$ 时，如图 10-14 所示，局部受压承载力应按下列公式计算

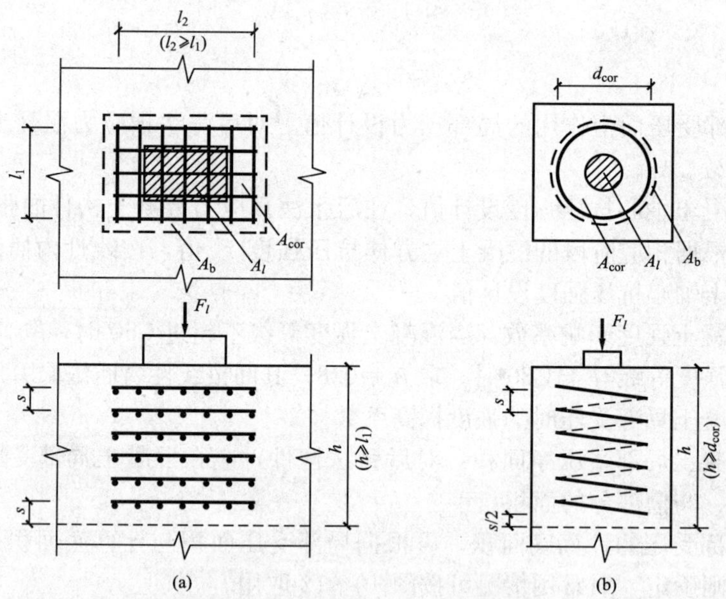

图 10-14　局部受压间接钢筋

(a) 方格网配筋；(b) 螺旋式配筋

$$F_l \leqslant 0.9(\beta_c\beta_l f_c + 2\alpha\rho_v\beta_{cor}f_{yv})A_{ln} \tag{10-58}$$

$$\beta_{cor} = \sqrt{\frac{A_{cor}}{A_l}} \tag{10-59}$$

式中 β_{cor}——配置间接钢筋的局部受压承载力提高系数；

α——间接钢筋对混凝土约束的折减系数；

A_{cor}——配置方格网或螺旋式间接钢筋内表面范围以内的混凝土核心面积（不扣除孔道面积），但不应大于 A_b，且其重心应与 A_l 的重心相重合，当 A_{cor} 不大于 A_l 的 1.25 倍时，β_{cor} 取 1.0；

f_{yv}——间接钢筋的抗拉强度设计值；

ρ_v——间接钢筋的体积配筋率（核心面积 A_{cor} 范围内的单位混凝土体积所含间接钢筋体积），且要求 $\rho_v \geqslant 0.5\%$。

当为方格网配筋时［图 10－14（a）］，

$$\rho_v = \frac{n_1A_{s1}l_1 + n_2A_{s2}l_2}{A_{cor}s} \tag{10-60}$$

此时，钢筋网两个方向上的单位长度内，钢筋截面面积的比值不宜大于 1.5 倍。

当为螺旋式配筋时［图 10－14（b）］

$$\rho_v = \frac{4A_{ss1}}{d_{cor}s} \tag{10-61}$$

式中 n_1，A_{s1}——方格网沿 l_1 方向的钢筋根数、单根钢筋的截面面积；

n_2，A_{s2}——方格网沿 l_2 方向的钢筋根数、单根钢筋的截面面积；

A_{ss1}——单根螺旋式间接钢筋的截面面积；

d_{cor}——螺旋式间接钢筋内表面范围以内的混凝土截面直径；

s——方格网式或螺旋式间接钢筋的间距，一般可取 30～80mm。

其他符号含义同前。

按式（10－58）计算的间接钢筋应配置在图 10－14 所规定的 h 范围内，方格网钢筋不应少于 4 片，螺旋式钢筋不应少于 4 圈。

如验算不能满足式（10－58）时，对于方格钢筋网，应增加钢筋根数，加大钢筋直径，减小钢筋网的间距；对于螺旋钢筋，应加大直径，减小螺距。

【例 10－1】 试设计某 24m 跨度预应力混凝土屋架的下弦杆，设计条件见表 10－5。

表 10－5　　设计条件

材料	混凝土	预应力钢筋	非预应力钢筋
品种和强度等级	C60	钢绞线	HRB400
截面	280mm×180mm 孔道 2ϕ55	$\phi^S 1\times7$（d=15.2mm）	按构造要求配置 4⌀12（$A_s=452mm^2$）
材料强度（N/mm²）	$f_c=27.5$，$f_{ck}=38.5$ $f_t=2.04$，$f_{tk}=2.85$	$f_{ptk}=1860$ $f_{py}=1320$	$f_{yk}=400$ $f_y=360$
弹性模量（N/mm²）	$E_c=3.6\times10^4$	$E_p=1.95\times10^5$	$E_s=2.0\times10^5$
张拉控制应力	$\sigma_{con}=0.7f_{ptk}=0.7\times1860=1302N/mm^2$		
张拉时混凝土强度	$f'_{cu}=60N/mm^2$，$f'_{ck}=38.5N/mm^2$		
张拉工艺	后张法，一端张拉，采用夹片式锚具（直径为 120mm），孔道为预埋金属波纹管		

续表

构件内力	永久荷载标准值产生的轴向拉力 $N_{Gk}=820kN$ 可变荷载标准值产生的轴向拉力 $N_{Qk}=320kN$
结构重要性系数	$\gamma_0=1.1$
裂缝控制等级	二级

解 （1）使用阶段承载力计算

由式（10－45）可得

$$A_p=\frac{\gamma_0 N-f_yA_s}{f_{py}}=\frac{1.1(1.2\times820\times10^3+1.4\times320\times10^3)-360\times452}{1320}=1070\text{mm}^2$$

采用2束高强低松弛钢绞线，每束4ϕ^S1×7（$A_p=2\times4\times140=1120\text{mm}^2$），如图10－15（c）所示。

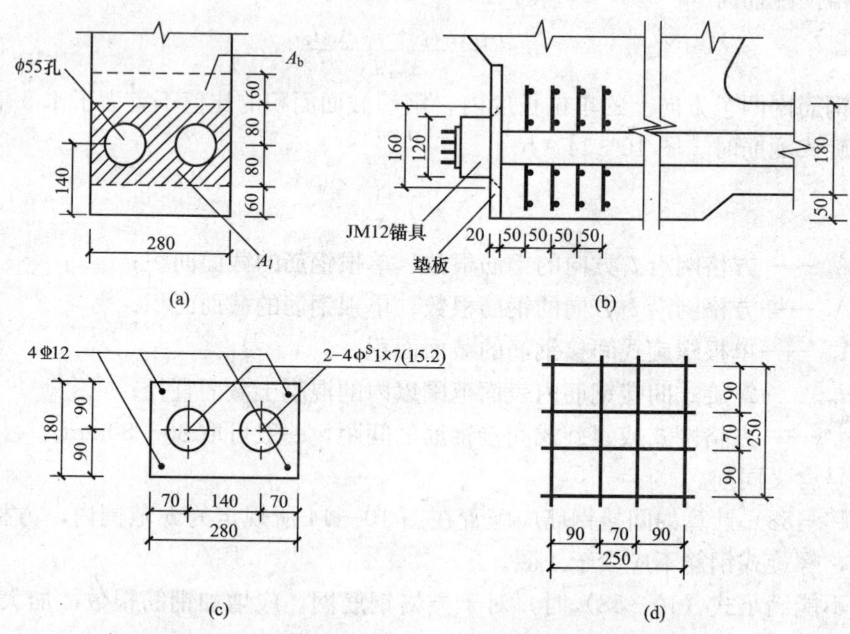

图10－15　屋架下弦杆配筋详图

(a) 受压面积图；(b) 下弦端节点；(c) 下弦截面配筋；(d) 间接钢筋网片

（2）使用阶段抗裂度验算

1）截面几何特征

预应力筋
$$\alpha_E=\frac{E_p}{E_c}=\frac{1.95\times10^5}{3.6\times10^4}=5.42$$

非预应力筋
$$\alpha_{Es}=\frac{E_s}{E_c}=\frac{2.00\times10^5}{3.6\times10^4}=5.56$$

$$A_n=A_c+\alpha_{Es}A_s=(A-A_{孔}-A_s)+\alpha_{Es}A_s$$
$$=280\times180-2\times\frac{\pi}{4}\times55^2-452+5.56\times452=47\ 709\text{mm}^2$$
$$A_0=A_n+\alpha_EA_p=47\ 709+5.42\times1120=53\ 779\text{mm}^2$$

2）计算预应力损失

① 锚具变形损失 σ_{l1}

由表 10－2 可得，夹片式锚具，a=5mm，所以

$$\sigma_{l1}=\frac{a}{l}E_{s}=\frac{5}{24\ 000}\times 1.95\times 10^{5}=40.63\text{N/mm}^{2}$$

② 孔道摩擦损失 σ_{l2}

按锚固端计算该项损失，则 l=24m，直线配筋 $\theta=0°$，$\kappa x=0.0015\times 24=0.036$，于是

$$\sigma_{l2}=\sigma_{con}\left(1-\frac{1}{e^{\kappa x+\mu\theta}}\right)=1302\left(1-\frac{1}{e^{0.036}}\right)=46.04\text{N/mm}^{2}$$

则第一批损失为

$$\sigma_{l\text{I}}=\sigma_{l1}+\sigma_{l2}=40.63+46.04=86.67\text{N/mm}^{2}$$

③ 预应力筋的应力松弛损失 σ_{l4}

$$\sigma_{l4}=0.125\left(\frac{\sigma_{con}}{f_{ptk}}-0.5\right)\sigma_{con}=0.125\left(\frac{1302}{1860}-0.5\right)\times 1302=32.55\text{N/mm}^{2}$$

④ 混凝土的收缩和徐变损失 σ_{l5}

$$\sigma_{pc\text{I}}=\frac{(\sigma_{con}-\sigma_{l\text{I}})A_{p}}{A_{n}}=\frac{(1302-86.67)\times 1120}{47\ 709}=28.53\text{N/mm}^{2}$$

$$\frac{\sigma_{pc\text{I}}}{f'_{cu}}=\frac{28.53}{60}=0.48<0.5$$

$$\rho=\frac{A_{p}+A_{s}}{2A_{n}}=\frac{1120+452}{2\times 47\ 709}=0.0165$$

$$\sigma_{l5}=\frac{55+300\dfrac{\sigma_{pc\text{I}}}{f'_{cu}}}{1+15\rho}=\frac{55+300\times 0.48}{1+15\times 0.0165}=159.52\text{N/mm}^{2}$$

则第二批损失为

$$\sigma_{l\text{II}}=\sigma_{l4}+\sigma_{l5}=32.55+159.52=192.07\text{N/mm}^{2}$$

总损失为

$$\sigma_{l}=\sigma_{l\text{I}}+\sigma_{l\text{II}}=86.67+192.07=278.74\text{N/mm}^{2}>80\text{N/mm}^{2}$$

3）抗裂度验算

计算混凝土有效预压应力

$$\sigma_{pc\text{II}}=\frac{(\sigma_{con}-\sigma_{l})A_{p}-\sigma_{l5}A_{s}}{A_{n}}=\frac{(1302-278.74)\times 1120-159.52\times 452}{47\ 709}=22.51\text{N/mm}^{2}$$

在荷载标准组合下

$$N_{k}=820+320=1140\text{kN}$$

$$\sigma_{ck}=\frac{N_{k}}{A_{0}}=\frac{1140\times 10^{3}}{53\ 779}=21.20\text{N/mm}^{2}$$

所以

$$\sigma_{ck}-\sigma_{pc\text{II}}=21.20-22.51=-1.31\text{N/mm}^{2}<f_{tk}=2.85\text{N/mm}^{2}$$

满足要求。

(3) 施工阶段验算

最大张拉力为

$$N_p = \sigma_{con} A_p = 1302 \times 1120 = 1\ 458\ 240 \quad N = 1458\text{kN}$$

截面上混凝土的压应力

$$\sigma_{cc} = \frac{N_p}{A_n} = \frac{1\ 458\ 000}{47\ 709} = 30.56\text{N/mm}^2 < 0.8 f'_{ck} = 0.8 \times 38.5 = 30.8\text{N/mm}^2$$

满足要求。

（4）锚具下局部受压验算

1）端部受压区截面尺寸验算

锚具的直径为120mm，锚具下垫板厚取20mm，局部受压面积可按压力 F_l 从锚具边缘在垫板中按45°扩散的面积计算，在计算局部受压计算底面积时，近似地可按图10-15（a）两实线所围的矩形面积代替两个圆面积。

$$A_l = 280 \times (120 + 2 \times 20) = 44\ 800\text{mm}^2$$

锚具下混凝土局部受压计算底面积为

$$A_b = 280 \times (160 + 2 \times 60) = 78\ 400\text{mm}^2$$

混凝土局部受压净面积为

$$A_{ln} = 44800 - 2 \times \frac{\pi}{4} \times 55^2 = 40\ 048\text{mm}^2$$

所以

$$\beta_l = \sqrt{\frac{A_b}{A_l}} = \sqrt{\frac{78\ 400}{44\ 800}} = 1.323$$

当 $f_{cu,k} = 60\text{N/mm}^2$ 时，按线性内插法算得 $\beta_c = 0.933$，则按式（10-56）可得

$$F_l = 1.2\sigma_{con} A_p = 1.2 \times 1302 \times 1120 = 1\ 750\ 000\text{N} = 1750\text{kN} < 1.35\beta_c \beta_l f_c A_{ln}$$
$$= 1.35 \times 0.933 \times 1.323 \times 27.5 \times 40\ 048 = 1835 \times 10^3\text{N} = 1835\text{kN}$$

满足要求。

2）局部受压承载力计算

间接钢筋采用4片 ϕ8方格焊接网片（HPB300钢筋），如图10-15（b）所示，间距 $s=$ 50mm，网片尺寸如图10-15（d）所示。

$$A_{cor} = 250 \times 250 = 62\ 500\text{mm}^2 > A_l = 44\ 800\text{mm}^2$$

$$\beta_{cor} = \sqrt{\frac{A_{cor}}{A_l}} = \sqrt{\frac{62\ 500}{44\ 800}} = 1.181$$

间接钢筋的体积配筋率为

$$\rho_v = \frac{n_1 A_{s1} l_1 + n_2 A_{s2} l_2}{A_{cor} s} = \frac{4 \times 50.3 \times 250 + 4 \times 50.3 \times 250}{62\ 500 \times 50} = 0.032 > 0.5\%$$

由式（10-58）得

$$0.9(\beta_c \beta_l f_c + 2\alpha\rho_v \beta_{cor} f_{yv}) A_{ln} = 0.9 \times (0.933 \times 1.323 \times 27.5$$
$$+ 2 \times 0.95 \times 0.032 \times 1.181 \times 270) \times 40\ 048$$
$$= 1922 \times 10^3\text{N} = 1922\text{kN} > F_l = 1750\text{kN}$$

满足要求。

10.4 预应力混凝土受弯构件的计算

10.4.1 受弯构件的应力分析

与预应力轴心受拉构件类似，预应力混凝土受弯构件的受力过程也分为两个阶段，即施

工阶段和使用阶段。

在预应力混凝土受弯构件中，预应力筋 A_p 一般都放置在使用阶段的截面受拉区。但对梁底受拉区需配置较多预应力筋的大型构件，当梁自重在梁顶产生的压应力不足以抵消偏心预压力在梁顶预拉区所产生的预拉应力时，往往在梁顶也需配置预应力筋 A_p'。对于在预压力作用下允许预拉区出现裂缝的中小型构件，可不配置 A_p'，但需控制其裂缝宽度。为了防止在制作、运输和吊装等施工阶段出现裂缝，在梁的受拉区和受压区通常也配置一些非预应力钢筋 A_s 和 A_s'。

如果截面只配置 A_p，则预应力筋的总拉力 N_p 对截面是偏心的压力，所以混凝土受到的预应力是不均匀的，上边缘的预应力和下边缘的预压应力分别用 σ_{pc}' 和 σ_{pc} 表示，如图 10－16（a）所示。如果同时配置 A_p 和 A_p'（一般 $A_p > A_p'$），则预应力筋 A_p 和 A_p' 的张拉力的合力 N_p 位于 A_p 和 A_p' 之间，此时混凝土的预应力图形有两种可能：如果 A_p' 少，应力图形为两个三角形，σ_{pc}' 为拉应力；如果 A_p' 较多，应力图形为梯形，σ_{pc}' 为压应力，其值小于 σ_{pc}，如图 10－16（b）所示。

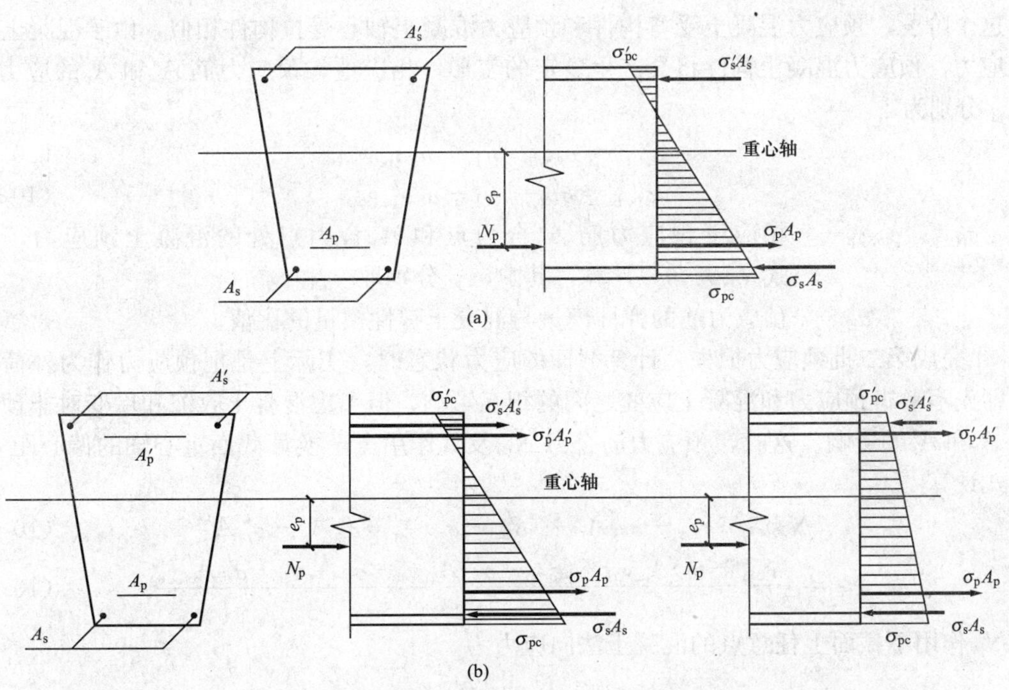

图 10－16　预应力混凝土受弯构件截面混凝土的应力

（a）受拉区配置预应力筋的截面应力；（b）受拉区、受压区都配置预应力筋的截面应力

由于对混凝土施加了预应力，使构件在使用阶段截面不产生拉应力或不开裂，因此，不论出现哪种应力图形，都可把预应力筋的合力视为作用在换算截面上的偏心压力，并把混凝土看作理想弹性体。按材料力学公式计算混凝土的预应力。

1. 施工阶段

（1）先张法预应力混凝土受弯构件

1）放松预应力筋前：在这一阶段，预应力筋的第一批预应力损失已经产生，预应力筋合力 $N_{p0\,\mathrm{I}}$ 及其作用点至换算截面重心轴的偏心距 $e_{p0\,\mathrm{I}}$ 可按下式计算

$$N_{p0\,\mathrm{I}}=(\sigma_{con}-\sigma_{l\,\mathrm{I}})A_p+(\sigma'_{con}-\sigma'_{l\,\mathrm{I}})A'_p \tag{10-62}$$

$$e_{p0\,\mathrm{I}}=\frac{(\sigma_{con}-\sigma_{l\,\mathrm{I}})A_p y_p-(\sigma'_{con}-\sigma'_{l\,\mathrm{I}})A'_p y'_p}{N_{p0\,\mathrm{I}}} \tag{10-63}$$

式中 y_p，y'_p——受拉区和受压区的预应力筋 A_p 合力点和 A'_p 合力点至换算截面重心的距离；

$\sigma_{l\,\mathrm{I}}$，$\sigma'_{l\,\mathrm{I}}$——在预应力筋 A_p 和 A'_p 中产生的第一批预应力损失。

2）放松预应力筋：这一阶段可以把预应力混凝土受弯构件视为承受外力为 $N_{p0\,\mathrm{I}}$、偏心距为 $e_{p0\,\mathrm{I}}$ 的偏心受压构件。此时，截面上任意点的混凝土法向应力为

$$\sigma_{pc\,\mathrm{I}}=\frac{N_{p0\,\mathrm{I}}}{A_0}\pm\frac{N_{p0\,\mathrm{I}}e_{p0\,\mathrm{I}}}{I_0}y_0 \tag{10-64}$$

式中 A_0——换算截面面积；

I_0——换算截面惯性矩；

y_0——所计算纤维至换算截面重心轴的距离。

这个阶段，预应力混凝土受弯构件和预应力混凝土轴心受拉构件相似，由于混凝土受到预压应力，预应力混凝土构件将会产生一定的变形，相应地，预应力筋 A_p 和 A'_p 的应力 $\sigma_{pe\,\mathrm{I}}$ 和 $\sigma'_{pe\,\mathrm{I}}$ 分别为

$$\sigma_{pe\,\mathrm{I}}=\sigma_{con}-\sigma_{l\,\mathrm{I}}-\alpha_E\sigma_{pc\,\mathrm{I}\,p} \tag{10-65}$$

$$\sigma'_{pe\,\mathrm{I}}=\sigma'_{con}-\sigma'_{l\,\mathrm{I}}-\alpha_E\sigma'_{pc\,\mathrm{I}\,p} \tag{10-66}$$

式中 $\sigma_{pc\,\mathrm{I}\,p}$，$\sigma'_{pc\,\mathrm{I}\,p}$——相应于预应力筋 A_p 合力点和 A'_p 合力点处的混凝土预应力，可按式（10-64）计算，其中，y_0 分别取 y_p 和 y'_p；

α_E——预应力筋的弹性模量与混凝土弹性模量的比值。

3）完成第二批预应力损失：计算截面的应力状态时，实际上是把预应力作为外荷载处理，即先不考虑预应力和混凝土应变之间的相互影响，但考虑混凝土收缩和徐变对非预应力钢筋 A_s 和 A'_s 的影响。这时，预应力筋合力 N_{p0} 及其作用点至换算截面重心轴的偏心距 e_{p0} 可按下式计算

$$N_{p0}=(\sigma_{con}-\sigma_l)A_p+(\sigma'_{con}-\sigma'_l)A'_p-\sigma_{l5}A_s-\sigma'_{l5}A'_s \tag{10-67}$$

$$e_{p0}=\frac{(\sigma_{con}-\sigma_l)A_p y_p-(\sigma'_{con}-\sigma'_l)A'_p y'_p-\sigma_{l5}A_s y_s+\sigma'_{l5}A'_s y'_s}{N_{p0}} \tag{10-68}$$

N_{p0} 作用下截面上任意点的混凝土法向应力为

$$\sigma_{pc\,\mathrm{II}}=\frac{N_{p0}}{A_0}\pm\frac{N_{p0}e_{p0}}{I_0}y_0 \tag{10-69}$$

相应地，预应力筋 A_p 和 A'_p 的应力 σ_{pe} 和 σ'_{pe} 分别为

$$\sigma_{pe}=\sigma_{con}-\sigma_l-\alpha_E\sigma_{pcp} \tag{10-70}$$

$$\sigma'_{pe}=\sigma'_{con}-\sigma'_l-\alpha_E\sigma'_{pcp} \tag{10-71}$$

式中 σ_l，σ'_l——在预应力筋 A_p 和 A'_p 中产生的全部预应力损失；

σ_{pcp}，σ'_{pcp}——相应于预应力筋 A_p 合力点和 A'_p 合力点处的混凝土预应力，可按式（10-69）计算，其中，y_0 分别取 y_p 和 y'_p。

（2）后张法预应力混凝土受弯构件

1）张拉预应力筋，完成第一批预应力损失：在这一阶段，预应力筋合力 $N_{pe\,\mathrm{I}}$ 及其作用点至净截面重心轴的偏心距 $e_{pn\,\mathrm{I}}$、预应力筋 A_p 和 A'_p 的应力 $\sigma_{pe\,\mathrm{I}}$ 和 $\sigma'_{pe\,\mathrm{I}}$，以及截面上任意点

混凝土的预压应力 $\sigma_{pc\,\mathrm{I}}$ 可按下列公式计算：

$$N_{pe\,\mathrm{I}}=\sigma_{pe\,\mathrm{I}}A_p+\sigma'_{pe\,\mathrm{I}}A'_p \tag{10-72}$$

$$e_{pn\,\mathrm{I}}=\frac{\sigma_{pe\,\mathrm{I}}A_p y_{pn}-\sigma'_{pe\,\mathrm{I}}A'_p y'_{pn}}{N_{pe\,\mathrm{I}}} \tag{10-73}$$

$$\sigma_{pe\,\mathrm{I}}=\sigma_{con}-\sigma_{l\,\mathrm{I}} \tag{10-74}$$

$$\sigma'_{pe\,\mathrm{I}}=\sigma'_{con}-\sigma'_{l\,\mathrm{I}} \tag{10-75}$$

$$\sigma_{pc\,\mathrm{I}}=\frac{N_{pe\,\mathrm{I}}}{A_n}\pm\frac{N_{pe\,\mathrm{I}}e_{pn\,\mathrm{I}}}{I_n}y_n \tag{10-76}$$

式中 y_{pn}，y'_{pn}——受拉区和受压区的预应力筋 A_p 合力点和 A'_p 合力点至净截面重心的距离；

$\sigma_{l\,\mathrm{I}}$，$\sigma'_{l\,\mathrm{I}}$——在预应力筋 A_p 和 A'_p 中产生的第一批预应力损失；

I_n——净截面惯性矩；

y_n——所计算纤维至净截面重心轴的距离。

2）完成第二批预应力损失：在这一阶段，预应力筋合力 N_{pe} 及其作用点至净截面重心轴的偏心距 e_{pn}、预应力筋 A_p 和 A'_p 的应力 σ_{pe} 和 σ'_{pe}，以及截面上任意点混凝土的预压应力 σ_{pc} 可按下列公式计算

$$N_{pe}=(\sigma_{con}-\sigma_l)A_p+(\sigma'_{con}-\sigma'_l)A'_p-\sigma_{l5}A_s-\sigma'_{l5}A'_s \tag{10-77}$$

$$e_{pn}=\frac{(\sigma_{con}-\sigma_l)A_p y_{pn}-(\sigma'_{con}-\sigma'_l)A'_p y'_{pn}-\sigma_{l5}A_s y_{sn}+\sigma'_{l5}A'_s y'_{sn}}{N_{pe}} \tag{10-78}$$

$$\sigma_{pe}=\sigma_{con}-\sigma_l \tag{10-79}$$

$$\sigma'_{pe}=\sigma'_{con}-\sigma'_l \tag{10-80}$$

$$\sigma_{pc\,\mathrm{II}}=\frac{N_{pe}}{A_n}\pm\frac{N_{pe}e_{pn}}{I_n}y_n \tag{10-81}$$

在式（10-81）中，等号右边第二项的应力为受压时取正号，受拉时取负号。

2. 使用阶段

(1) 开裂前阶段

在开裂前，预应力混凝土受弯构件处于弹性阶段。截面下边缘的预压应力为

先张法预应力混凝土构件

$$\sigma_{pc\,\mathrm{II}}=\frac{N_{p0}}{A_0}\pm\frac{N_{p0}e_{p0}}{I_0}y_{max} \tag{10-82}$$

后张法预应力混凝土构件

$$\sigma_{pc\,\mathrm{II}}=\frac{N_{pe}}{A_n}\pm\frac{N_{pe}e_{pn}}{I_n}y_{max,n} \tag{10-83}$$

式中 y_{max}，$y_{max,n}$——截面下边缘至换算截面和净截面重心轴的距离。

设在荷载作用下，截面承受弯矩 M，则截面下边缘混凝土的法向拉应力为

$$\sigma=\frac{M}{W_0} \tag{10-84}$$

欲使这一拉应力抵消截面下边缘混凝土的预压应力 $\sigma_{pc\,\mathrm{II}}$，即 $\sigma-\sigma_{pc\,\mathrm{II}}=0$，则有

$$M_0=\sigma_{pc\,\mathrm{II}}W_0 \tag{10-85}$$

式中 M_0——由外荷载引起的恰好使截面受拉边缘混凝土预压应力为零时的弯矩；

W_0——换算截面受拉边缘的弹性抵抗矩。

这时，只有截面下边缘混凝土的应力为零，截面上其他各点的应力都不等于零。

(2) 加载至受拉区混凝土即将开裂

混凝土受拉区的拉应力达到混凝土抗拉强度标准值 f_{tk}时，截面上受到的弯矩为 M_{cr}，相当于截面在承受弯矩 $M_0=\sigma_{pc\mathrm{II}}W_0$以后，再增加了钢筋混凝土构件的开裂弯矩 $\overline{M}_{cr}$（其中 $\overline{M}_{cr}=\gamma f_{tk}W_0$）。

因此，预应力混凝土受弯构件的开裂弯矩等于

$$M_{cr}=M_0+\overline{M}_{cr}=\sigma_{pc\mathrm{II}}W_0+\gamma f_{tk}W_0=(\sigma_{pc\mathrm{II}}+\gamma f_{tk})W_0 \tag{10-86}$$

(3) 加载至破坏

当受拉区混凝土出现垂直裂缝时，裂缝截面上受拉区混凝土退出工作，拉力全部由钢筋承担。对于配筋适当的受弯构件，最终受拉区预应力筋和非预应力钢筋都达到屈服强度，受压区混凝土被压碎，构件破坏。破坏时，正截面上的应力状态与前面讲述的钢筋混凝土受弯构件正截面承载力相似，计算方法也基本相同。

10.4.2 受弯构件使用阶段计算

1. 破坏阶段的截面应力状态

试验表明，预应力混凝土受弯构件发生正截面受弯破坏时，如果 $\xi\leqslant\xi_b$，破坏时截面上受拉区的预应力筋先达到屈服强度，然后受压区边缘的混凝土达到其极限压应变而使截面破坏。这时非预应力钢筋 A_s、A_s'的应力一般均能达到屈服强度。受压区的预应力筋 A_p'可能受拉，也可能受压，但并未屈服。

(1) 界限破坏时截面相对受压区高度 ξ_b的计算

设受拉区预应力筋合力点处混凝土预压应力为零时，预应力筋的应力为 σ_{p0}，预拉应变为 $\varepsilon_{p0}=\dfrac{\sigma_{p0}}{E_s}$。界限破坏时，预应力筋应力达到抗拉强度设计值 f_{py}，因而截面上受拉区预应力筋的应力增量为 $(f_{py}-\sigma_{p0})$，相应的应变增量为 $(f_{py}-\sigma_{p0})/E_s$。根据平截面假定，界限破坏时相对界限受压区高度 ξ_b可按图 10-17 所示的几何关系确定

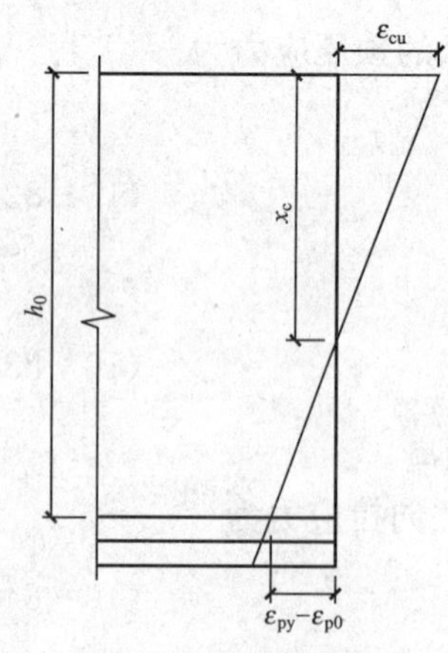

图 10-17 界限破坏时相对受压区高度

$$\frac{x_c}{h_0}=\frac{\varepsilon_{cu}}{\varepsilon_{cu}+(\varepsilon_{py}-\varepsilon_{p0})}$$

设界限破坏时，界限受压区高度为 x_b，则有 $x_b=\beta_1x_c$，代入上式得

$$\frac{x_b}{\beta_1h_0}=\frac{\varepsilon_{cu}}{\varepsilon_{cu}+(\varepsilon_{py}-\varepsilon_{p0})}$$

即

$$\xi_b=\frac{\beta_1}{1+\dfrac{\varepsilon_{py}-\varepsilon_{p0}}{\varepsilon_{cu}}} \tag{10-87}$$

对于无明显屈服点的预应力筋（钢丝、钢绞线、预应力螺纹钢筋），根据条件屈服点的定义，如图 10-18 所示，钢筋应力达到条件屈服点时的拉应变为

$$\varepsilon_{py}=0.002+\frac{f_{py}}{E_s}$$

于是可将式（10-87）改写为

$$\xi_b = \frac{\beta_1}{1+\frac{0.002}{\varepsilon_{cu}}+\frac{f_{py}-\sigma_{p0}}{E_s\varepsilon_{cu}}} \tag{10-88}$$

式中 σ_{p0}——受拉区纵向预应力筋合力点处混凝土法向应力等于零时预应力筋的应力。

如果在受弯构件的截面受拉区内配置不同种类的钢筋或预压力值不同，其相对界限受压区高度应分别计算，并取较小值。

(2) 受压区预应力筋应力 σ'_{pe}的计算

随着荷载的不断增大，在预应力筋 A'_p重心处的混凝土压应力和压应变都有所增加，预应力筋 A'_p的拉应力随之减小，故截面破坏时，A'_p的应力可能仍为拉应力，也可能变为压应力，但其应力值 σ'_p一般达不到抗压强度设计值 f'_{py}，可近似地取

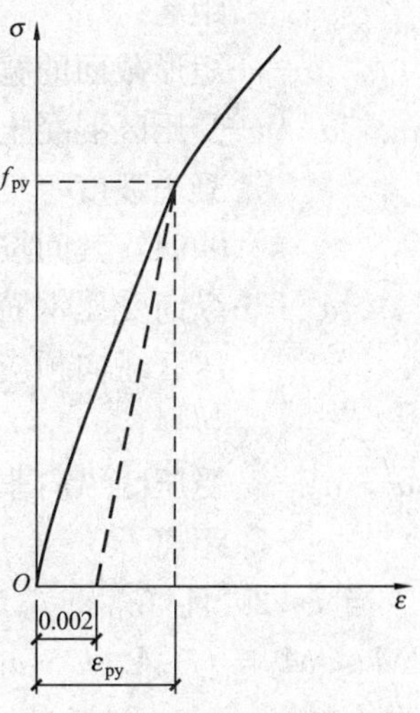

图10-18 无明显屈服点钢筋的应力-应变曲线

$$\sigma'_p = \sigma'_{p0} - f'_{py} \tag{10-89}$$

2. 正截面受弯承载力计算

(1) 矩形截面或翼缘位于受拉边的倒T形截面

根据预应力混凝土受弯构件正截面的破坏特点，可以建立其正截面受弯承载力的计算公式（图10-19）

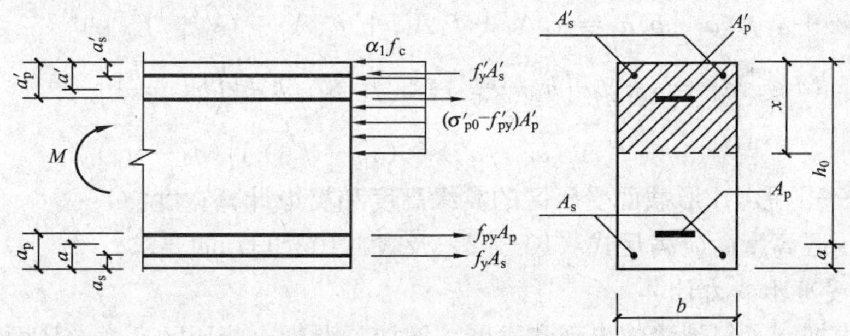

图10-19 矩形截面预应力受弯构件正截面承载力计算

$$\alpha_1 f_c bx = f_y A_s - f'_y A'_s + f_{py} A_p + (\sigma'_{p0} - f'_{py})A'_p \tag{10-90}$$

$$M \leqslant M_u = \alpha_1 f_c bx\left(h_0 - \frac{x}{2}\right) + f'_y A'_s(h_0 - a'_s) - (\sigma'_{p0} - f'_{py})A'_p(h_0 - a'_p) \tag{10-91}$$

混凝土受压区高度应符合下列适用条件

$$x \leqslant \xi_b h_0 \tag{10-92}$$

$$x \geqslant 2a' \tag{10-93}$$

式中 M——弯矩设计值；

A_s，A'_s——受拉区、受压区纵向非预应力钢筋的截面面积；

A_p，A'_p——受拉区、受压区纵向预应力筋的截面面积；

h_0——截面的有效高度，为受拉区预应力和非预应力钢筋合力点至截面受压区边缘的

距离；

b——矩形截面的宽度或倒T形截面的腹板宽度；

α_1——受压区混凝土矩形应力图的应力值与混凝土轴心抗压强度设计值的比值，当混凝土强度等级不超过C50时，$\alpha_1=1.0$，当混凝土强度等级为C80时，$\alpha_1=0.94$，其间按线性内插法取用；

a'——纵向受压钢筋合力点至受压区边缘的距离，当受压区未配置纵向预应力筋或受压区纵向预应力筋应力（$\sigma'_{p0}-f'_{py}$）为拉应力时，式（10-93）中的a'用a'_s替换；

a'_s，a'_p——受压区纵向非预应力钢筋合力点、受压区纵向预应力筋合力点至受压区边缘的距离。

当$x<2a'$且（$\sigma'_{p0}-f'_{py}$）为拉应力时，取$x=2a'$，则正截面受弯承载力为

$$M \leqslant M_u = f_{py}A_p(h-a_p-a'_s)+f_yA_s(h-a_s-a'_s)+(\sigma'_{p0}-f'_{py})A'_p(a'_p-a'_s) \tag{10-94}$$

式中 a_s，a_p——受拉区纵向非预应力钢筋、受拉区纵向预应力筋至受拉边缘的距离。

（2）T形截面及I形截面

对于翼缘位于受压区的T形截面及I形截面，应按下列公式计算：

1）第一类T形截面（中和轴在翼缘内）

当$x\leqslant h'_f$，即当$f_yA_s+f_{py}A_p\leqslant\alpha_1 f_c b'_f h'_f+f'_yA'_s-(\sigma'_{p0}-f'_{py})A'_p$时，可按照宽度为$b'_f$的矩形截面计算。

2）第二类T形截面（中和轴在腹板内）

当$x>h'_f$，即当$f_yA_s+f_{py}A_p>\alpha_1 f_c b'_f h'_f+f'_yA'_s-(\sigma'_{p0}-f'_{py})A'_p$时，可按照下列公式计算：

$$\alpha_1 f_c bx+\alpha_1 f_c(b'_f-b)h'_f=f_yA_s-f'_yA'_s+f_{py}A_p+(\sigma'_{p0}-f'_{py})A'_p \tag{10-95}$$

$$\begin{aligned} M \leqslant M_u = {} & \alpha_1 f_c bx\left(h_0-\frac{x}{2}\right)+\alpha_1 f_c(b'_f-b)h'_f\left(h_0-\frac{h'_f}{2}\right) \\ & +f'_yA'_s(h_0-a'_s)-(\sigma'_{p0}-f'_{py})A'_p(h_0-a'_p) \end{aligned} \tag{10-96}$$

式中 h'_f，b'_f——T形、I形截面受压区的翼缘高度和翼缘计算宽度。

混凝土受压区高度尚应满足式（10-92）及式（10-93）的要求。

3. 斜截面受剪承载力计算

由于预应力抑制了斜裂缝的出现和发展，增加了混凝土剪压区高度，从而提高了混凝土剪压区的受剪承载力，因此预应力混凝土受弯构件的斜截面受剪承载力比钢筋混凝土受弯构件的要大些。

对于仅配置箍筋的矩形、T形和I形截面的一般预应力混凝土受弯构件，其斜截面受剪承载力可按下列公式计算

$$V\leqslant V_u=V_{cs}+V_p \tag{10-97}$$

$$V_p=0.05N_{p0} \tag{10-98}$$

式中 V——剪力设计值；

V_{cs}——构件斜截面上混凝土和箍筋的受剪承载力设计值，其计算公式与普通钢筋混凝土受弯构件相同；

V_p——由预应力所提高的受弯构件斜截面受剪承载力设计值；

N_{p0}——计算截面上混凝土法向应力等于零时的预应力筋及非预应力钢筋的合力，当

$N_{p0}>0.3f_cA_0$ 时，取 $N_{p0}=0.3f_cA_0$，此处，A_0 为构件的换算截面面积。

对预应力混凝土受弯构件，N_{p0}按下式计算

$$N_{p0}=\sigma_{p0}A_p+\sigma'_{p0}A'_p-\sigma_{l5}A_s-\sigma'_{l5}A'_s \tag{10-99}$$

当 N_{p0}引起的截面弯矩与由荷载产生的截面弯矩方向相同时，以及预应力混凝土连续梁和允许出现裂缝的预应力混凝土简支梁，均取 $V_p=0$。对先张法预应力混凝土构件，在计算 N_{p0}时应考虑预应力筋传递长度的影响。

对于配有箍筋、弯起钢筋和预应力弯起钢筋时，其斜截面受剪承载力按下列公式计算

$$V\leqslant V_u=V_{cs}+V_p+0.8f_yA_{sb}\sin\alpha_s+0.8f_{py}A_{pb}\sin\alpha_p \tag{10-100}$$

式中 V——配置弯起钢筋处的剪力设计值；

V_p——由预压应力提高的斜截面受剪承载力设计值，按式（10-98）计算，但在计算 N_{p0}时不考虑预应力弯起钢筋的作用；

A_{sb}，A_{pb}——同一弯起平面内非预应力弯起钢筋、预应力弯起钢筋的截面面积；

α_s，α_p——斜截面上非预应力弯起钢筋、预应力弯起钢筋的切线与构件纵向轴线的夹角。

为了防止斜压破坏，受剪承载力计算截面应满足以下截面最小尺寸的要求：

当$\frac{h_w}{b}\leqslant 4$ 时

$$V\leqslant 0.25\beta_cf_cbh_0 \tag{10-101}$$

当$\frac{h_w}{b}\geqslant 6$ 时

$$V\leqslant 0.2\beta_cf_cbh_0 \tag{10-102}$$

当 $4<\frac{h_w}{b}<6$ 时，按线性内插法取值；

式中 V——剪力设计值；

β_c——混凝土强度影响系数，当混凝土强度等级不超过 C50 时，取 $\beta_c=1.0$；当混凝土强度等级为 C80 时，取 $\beta_c=0.8$，其间按线性内插法取值；

b——矩形截面的宽度、T 形截面或 I 形截面的腹板宽度；

h_w——截面的腹板高度，矩形截面取有效高度 h_0，T 形截面取有效高度扣除翼缘高度，I 形截面取腹板净高。

矩形、T 形、I 形截面的一般预应力混凝土受弯构件，当满足以下公式时，可不进行斜截面受剪承载力计算，仅需按构造要求配置箍筋

$$V\leqslant 0.7f_tbh_0+0.05N_{p0} \tag{10-103}$$

集中荷载作用下的独立梁

$$V\leqslant\frac{1.75}{\lambda+1.0}f_tbh_0+0.05N_{p0} \tag{10-104}$$

上述斜截面受剪承载力计算公式的适用范围和计算位置与钢筋混凝土受弯构件相同。

4. 受弯构件裂缝验算

(1) 正截面抗裂验算

对预应力混凝土受弯构件，应按所处环境类别和结构类型选用相应的裂缝控制等级，并进行受拉边缘法向应力或正截面裂缝宽度验算。

1) 一级——严格要求不出现裂缝的构件

在荷载标准组合下，应符合下列规定：

$$\sigma_{ck}-\sigma_{pc}\leqslant 0 \tag{10-105}$$

2）二级——一般要求不出现裂缝的构件

在荷载标准组合下，应符合下列规定：

$$\sigma_{ck}-\sigma_{pc}\leqslant f_{tk} \tag{10-106}$$

$$\sigma_{ck}=\frac{M_k}{W_0} \tag{10-107}$$

式中 σ_{pc}——扣除全部预应力损失后在受拉边缘混凝土的预压应力，对先张法和后张法构件，分别按式（10-69）和式（10-81）计算，其中 y_0 和 y_n 分别取截面受拉边缘至换算截面重心轴和净截面重心轴的距离；

σ_{ck}——荷载标准组合下受拉边缘混凝土的法向应力；

M_k——按荷标准组合计算的弯矩值；

W_0——构件换算截面受拉边缘的弹性抵抗矩；

f_{tk}——混凝土轴心抗拉强度标准值。

对在施工阶段预拉区出现裂缝的区段，式（10-105）、式（10-106）中的 σ_{pc} 应乘以系数 0.9。

3）三级——允许出现裂缝的构件

按荷载标准组合并考虑长期作用影响计算的最大裂缝宽度 ω_{max} 应符合下列规定

$$\omega_{max}\leqslant\omega_{lim} \tag{10-108}$$

其中最大裂缝宽度 ω_{max} 仍按式（10-51）计算，但此时取 $\alpha_{cr}=1.5$，有效受拉混凝土截面面积 A_{te} 及受拉区纵向钢筋的等效应力分别按下列公式计算

$$A_{te}=0.5bh+(b_f-b)h_f \tag{10-109}$$

$$\sigma_{sk}=\frac{M_k-N_{p0}(z-e_p)}{(A_p+A_s)z} \tag{10-110}$$

$$z=\left[0.87-0.12(1-\gamma_f')\left(\frac{h_0}{e}\right)^2\right]h_0 \tag{10-111}$$

$$e=\frac{M_k}{N_{p0}}+e_p \tag{10-112}$$

式中 z——受拉区纵向预应力筋和非预应力钢筋合力点至受压区压力合力点的距离；

γ_f'——受压翼缘截面积与腹板有效截面积的比值，即 $\gamma_f'=\frac{(b_f'-b)h_f'}{bh_0}$，其中，$b_f'$、$h_f'$ 分别是受压翼缘的宽度和高度，当 $h_f'>0.2h_0$ 时，取 $h_f'=0.2h_0$；

e_p——混凝土法向预应力等于零时，全部纵向预应力和非预应力钢筋的合力 N_{P0} 的作用点至受拉区纵向预应力和非预应力受拉钢筋合力点的距离；

M_k——按荷载标准组合计算的弯矩值。

最大裂缝宽度限值 ω_{lim} 见附表 11。

对环境类别为二 a 的三级预应力混凝土构件，在荷载准永久组合下尚应符合下列规定

$$\sigma_{cq}-\sigma_{pc}\leqslant f_{tk} \tag{10-113}$$

式中 σ_{cq}——荷载准永久组合下抗裂验算截面边缘的混凝土法向应力，$\sigma_{cq}=\frac{M_q}{W_0}$；$M_q$ 为按荷

载准永久组合计算的弯矩值。

(2) 斜截面抗裂验算

预应力混凝土受弯构件斜截面的抗裂验算，主要是验算截面上的主拉应力 σ_{tp} 和主压应力 σ_{cp} 不超过一定的限值。

1) 混凝土主拉应力 σ_{tp} 验算

对严格要求不出现裂缝的构件，应符合下列规定

$$\sigma_{tp} \leqslant 0.85 f_{tk} \tag{10-114}$$

对一般要求不出现裂缝的构件，应符合下列规定

$$\sigma_{tp} \leqslant 0.95 f_{tk} \tag{10-115}$$

式中，f_{tk} 为混凝土轴心抗拉强度标准值。

2) 混凝土主压应力 σ_{cp} 验算

对严格要求和一般要求不出现裂缝的构件，均应符合下列规定

$$\sigma_{cp} \leqslant 0.6 f_{ck} \tag{10-116}$$

式中，f_{ck} 为混凝土轴心抗压强度标准值。

3) 混凝土主拉应力 σ_{tp} 和主压应力 σ_{cp} 的计算

预应力混凝土受弯构件在斜截面开裂前，基本上处于弹性工作状态，混凝土的主拉应力 σ_{tp} 和主压应力 σ_{cp} 可按材料力学的方法求得。

$$\frac{\sigma_{tp}}{\sigma_{cp}} = \frac{\sigma_x + \sigma_y}{2} \pm \sqrt{\left(\frac{\sigma_x - \sigma_y}{2}\right)^2 + \tau^2} \tag{10-117}$$

$$\sigma_x = \sigma_{pc} + \frac{M_k y_0}{I_0} \tag{10-118}$$

$$\sigma_y = \frac{0.6F_k}{bh} \tag{10-119}$$

$$\tau = \frac{(V_k - \sum \sigma_{pe} A_{pb} \sin\alpha_p) S_0}{bI_0} \tag{10-120}$$

式中 σ_x——由预应力和弯矩值 M_k 在计算纤维处产生的混凝土法向应力；

σ_y——由集中荷载标准值 F_k 产生的混凝土竖向压应力；

τ——由剪力值 V_k 和预应力弯起钢筋的预应力在计算纤维处产生的混凝土剪应力；

F_k——集中荷载标准值；

M_k——按荷载标准组合计算的弯矩值；

V_k——按荷载标准组合计算的剪力值；

σ_{pe}——预应力弯起钢筋的有效预应力；

S_0——计算纤维以上部分的换算截面面积对构件换算截面重心的面积矩；

σ_{pc}——扣除全部预应力损失后，在计算纤维处由于预应力产生的混凝土法向应力；

y_0，I_0——换算截面重心至所计算纤维处的距离和换算截面惯性矩；

A_{pb}——计算截面上同一弯起平面内的预应力弯起钢筋的截面面积；

α_p——计算截面上预应力弯起钢筋的切线与构件纵向轴线的夹角。

上述公式中的 σ_x、σ_y、σ_{pc} 和 $\frac{M_k y_0}{I_0}$，当为拉应力时，以正值代入；当为压应力时，以负值代入。

4）斜截面抗裂验算位置

计算混凝土主应力时，应选择跨内的不利位置截面，如弯矩和剪力较大的截面或截面尺寸有突变的截面，并且在沿截面高度上，应选择该截面的换算截面重心处和截面宽度有突变处，如I形截面上、下翼缘与腹板交接处等主应力较大的部位。

5. 受弯构件的变形验算

预应力受弯构件的挠度由两部分叠加而成：一部分是由荷载产生的挠度 f_{1l}，另一部分是由预应力产生的反拱 f_{2l}。

(1) 荷载作用下构件的挠度

挠度 f 可按一般材料力学的方法计算，即

$$f=\alpha\frac{M}{B}l^2 \tag{10-121}$$

其中，α 为挠度系数，M 为弯矩值，l 为构件计算跨度，截面抗弯刚度 B 应按下列不同情况分别计算：

1) 在荷载标准组合作用下，预应力混凝土受弯构件的短期刚度 B_s，可按下列公式计算

对于使用阶段要求不出现裂缝的构件（裂缝控制等级为一级、二级）

$$B_s=0.85E_cI_0 \tag{10-122}$$

式中 E_c——混凝土的弹性模量；

I_0——换算截面惯性矩；

0.85——刚度折减系数，考虑混凝土受拉区开裂前出现的塑性变形。

对于使用阶段允许出现裂缝的构件（裂缝控制等级为三级）

$$B_s=\frac{0.85E_cI_0}{\kappa_{cr}+(1-\kappa_{cr})\omega} \tag{10-123}$$

$$\kappa_{cr}=\frac{M_{cr}}{M_k} \tag{10-124}$$

$$\omega=\left(1+\frac{0.21}{\alpha_E\rho}\right)(1+0.45\gamma_f)-0.7 \tag{10-125}$$

$$M_{cr}=(\sigma_{pc}+\gamma f_{tk})W_0 \tag{10-126}$$

式中 κ_{cr}——预应力混凝土受弯构件正截面的开裂弯矩 M_{cr} 与荷载标准组合弯矩 M_k 的比值，当 $\kappa_{cr}>1.0$ 时，取 $\kappa_{cr}=1.0$；

γ——混凝土构件的截面抵抗矩塑性影响系数，$\gamma=\left(0.7+\frac{120}{h}\right)\gamma_m$，其中 h 为截面高度（mm），γ_m 按附表19取用，对矩形截面 $\gamma_m=1.55$；

σ_{pc}——扣除全部预应力损失后，由预加力在受拉边缘产生的混凝土预压应力；

α_E——钢筋弹性模量与混凝土弹性模量的比值，即 $\alpha_E=E_s/E_c$；

ρ——纵向受拉钢筋配筋率，$\rho=\frac{A_p+A_s}{bh_0}$；

γ_f——受拉翼缘面积与腹板有效截面面积的比值，$\gamma_f=\frac{(b_f-b)h_f}{bh_0}$，其中 b_f、h_f 分别为受拉区翼缘的宽度和高度。

对预压时预拉区出现裂缝的构件，B_s 应降低10%。

2）按荷载标准组合并考虑荷载长期作用影响的刚度

按荷载标准组合并考虑荷载长期作用影响的刚度 B 可按下式计算

$$B=\frac{M_k}{M_q(\theta-1)+M_k}B_s \tag{10-127}$$

式中 M_k——按荷载标准组合计算的弯矩，取计算区段内的最大弯矩值；

M_q——按荷载准永久组合计算的弯矩，取计算区段内的最大弯矩值；

θ——考虑荷载长期作用对挠度增大的影响系数；对预应力混凝土受弯构件，取 $\theta=2.0$。

B_s 按式（10-122）或式（10-123）计算。

（2）预加应力产生的反拱

预应力混凝土受弯构件在使用阶段的反拱值，可取弹性刚度 E_cI_0 按结构力学的方法进行计算。考虑预压应力的长期作用，应将计算求得的预加应力反拱值乘以增大系数2。在计算中，预应力筋的应力应扣除全部预应力损失。

（3）挠度计算

荷载标准组合作用下构件产生的挠度扣除预应力产生的反拱，即为预应力受弯构件的挠度，即

$$f=f_{1l}-f_{2l}\leqslant f_{\text{lim}} \tag{10-128}$$

式中 f_{1l}——按荷载标准组合并考虑长期作用影响的预应力受弯构件的挠度；

f_{2l}——使用阶段预应力反拱值；

f_{lim}——挠度限值，见附表12。

10.4.3 受弯构件施工阶段的验算

预应力受弯构件，在制作、运输及安装等施工阶段的受力状态，与使用阶段是不相同的。在制作时，截面上受到了偏心压力，截面下边缘受压，上边缘受拉，见图10-20（a）。而在运输、安装时，搁置点或吊点通常离梁端有一段距离，两端悬臂部分因自重引起负弯矩，与偏心预压力引起的负弯矩是相叠加的，如图10-20（b）所示。在截面上边缘（或称预拉区），如果混凝土的拉应力超过了混凝土的抗拉强度时，预拉区将出现裂缝，并随时间的增长裂缝不断开展。在截面下边缘（预压区），如果混凝土的压应力过大，也会产生纵向裂缝。试验表明，预拉区的裂缝虽可在使用荷载下闭合，对构件的影响不大，但会使构件在使用阶段的正截面抗裂度和刚度降低。因此，在制作、运输及安装等施工阶段，除了应进行承载能力极限状态验算外，还必须对构件的抗裂度进行验算。《规范》是采用限制边缘纤维混凝土应力值的方法，来保证施工阶段的安全。

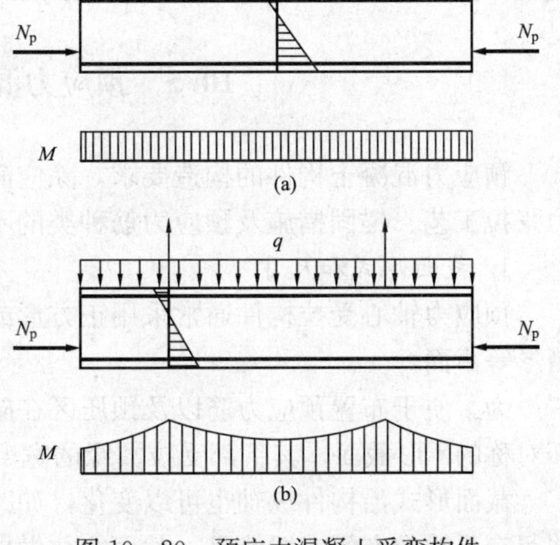

图10-20　预应力混凝土受弯构件不同阶段的弯矩分布

（a）制作阶段；（b）吊装阶段

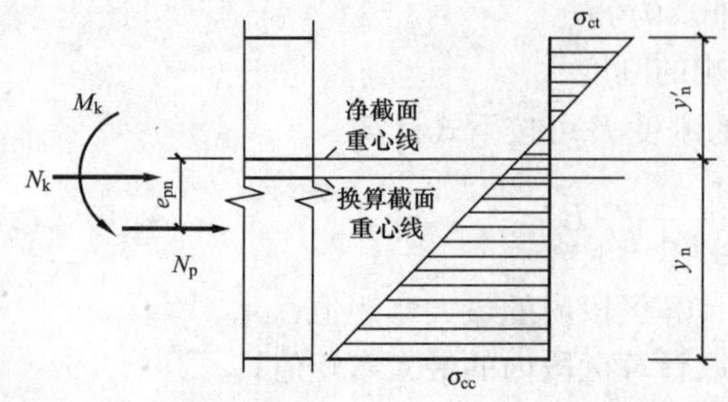

图 10-21　后张法预应力混凝土构件施工阶段验算

对制作、运输及安装等施工阶段预拉区允许出现拉应力的构件，或预压时全截面受压的构件，在预加力、自重及施工荷载作用下（必要时应考虑动力系数）截面边缘的混凝土法向应力宜符合下列规定（图 10-21）

$$\sigma_{ct} \leqslant f'_{tk} \tag{10-129}$$

$$\sigma_{cc} \leqslant 0.8f'_{ck} \tag{10-130}$$

式中　σ_{ct}，σ_{cc}——相应于施工阶段计算截面边缘纤维的混凝土拉应力和压应力；

f'_{tk}，f'_{ck}——与各施工阶段混凝土立方体抗压强度 f'_{cu}相应的抗拉强度标准值、抗压强度标准值，按线性内插法取用。

简支构件的端部区段截面预拉区边缘纤维的混凝土拉应力允许大于 f'_{tk}，但不应大于 $1.2f'_{tk}$。

截面边缘的混凝土法向应力 σ_{cc}、σ_{ct}可按下式计算

$$\frac{\sigma_{cc}}{\sigma_{ct}} = \sigma_{pc} + \frac{N_k}{A_0} \pm \frac{M_k}{W_0} \tag{10-131}$$

式中　σ_{pc}——由预加应力产生的混凝土法向应力，当 σ_{pc}为压应力时，取正值；当 σ_{pc}为拉应力时，取负值。

N_k、M_k——构件自重及施工荷载的标准组合在计算截面产生的轴向力值、弯矩值。当 N_k 为轴向压力时，取正值；当 N_k 为轴向拉力时，取负值。对由 M_k 产生的边缘纤维应力，压应力取正号，拉应力取负号。

A_0、W_0——换算截面面积、验算边缘的换算截面弹性抵抗矩。

施工阶段预拉区允许出现拉应力的构件，预拉区纵向钢筋的配筋率 $(A'_s+A'_p)/A$ 不应小于 0.2%，对后张法构件不应计入 A'_p，其中，A 为构件截面面积。预拉区纵向普通钢筋的直径不宜大于 14mm，并应沿构件预拉区的外边缘均匀配置。

10.5　预应力混凝土构件的构造要求

预应力混凝土构件的构造要求，除应满足钢筋混凝土结构的有关规定外，还应根据预应力张拉工艺、锚固措施及预应力筋种类的不同，满足有关的构造要求。

1. *截面形式和尺寸*

预应力轴心受拉构件通常采用正方形或矩形截面。预应力受弯构件可采用 T 形、I 形及箱形等截面。

为了便于布置预应力筋以及预压区在施工阶段有足够的抗压能力，可设计成上、下翼缘不对称的 I 形截面，其下部受拉翼缘的宽度可比上翼缘窄些，但厚度比上翼缘大。

截面形式沿构件纵轴也可以变化，如跨中截面为 I 形，在支座附近为了能承受较大剪力并留有足够的空间布置锚具，截面往往做成矩形。

由于预应力构件的抗裂度和刚度较大，截面尺寸可比钢筋混凝土构件小些。对预应力混凝土受弯构件，其截面高度 $h=l/20 \sim l/14$，最小时可取为 $l/35$（此处 l 为跨度），大致可取为普通钢筋混凝土梁高的 70%左右。翼缘宽度一般可取为 $h/3 \sim h/2$，翼缘厚度可取为 $h/10 \sim h/6$，

腹板宽度尽可能取小些，可取为$h/15$～$h/8$。

2. 预应力纵向钢筋的布置

直线布筋方式：当荷载和跨度不大时，直线布筋方式最为简单，且先张法或后张法都适用，如图 10－22（a）所示。

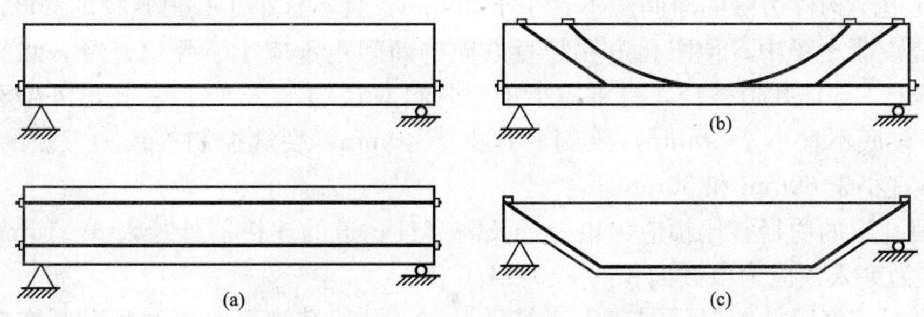

图 10－22 预应力筋的布置方式

(a) 直线形；(b) 曲线形；(c) 折线形

曲线布置、折线布筋方式：当荷载和跨度较大时，可布置成曲线形［图 10－22（b）］或折线形［图 10－22（c）］，一般用后张法，如预应力混凝土屋面梁、吊车梁等构件。为了承受支座附近区段的主拉应力及防止由于施加预应力而在预拉区产生裂缝和在构件端部产生沿截面中部的纵向水平裂缝，在靠近支座部位，宜将一部分预应力筋弯起，弯起的预应力筋宜沿构件端部均匀布置。

3. 先张法预应力混凝土构件端部的构造措施

先张法预应力传递长度范围内局部挤压造成的环向拉应力容易导致构件端部混凝土出现劈裂裂缝，因此端部应采取下列构造措施，以保证自锚端的局部承载力：

1）单根配置的预应力筋，其端部宜设置螺旋筋；

2）分散布置的多根预应力筋，在构件端部 $10d$ 且不小于 100mm 长度范围内，宜设置 3～5 片与预应力筋垂直的钢筋网片，此处 d 为预应力筋的公称直径；

3）采用预应力钢丝配筋的薄板，在板端 100mm 长度范围内宜适当加密横向钢筋；

4）槽形板类构件，应在构件端部 100mm 长度范围内沿构件板面设置附加横向钢筋，其数量不应少于 2 根。

4. 非预应力纵向钢筋的布置

预应力构件中，除配置预应力筋外，为了防止施工阶段因混凝土收缩和温差及施加预应力过程中引起预拉区裂缝以及防止构件在制作、堆放、运输、吊装时出现裂缝或减小裂缝宽度，可在构件内设置足够的非预应力纵向钢筋。

对预应力筋在构件端部全部弯起的受弯构件或直线配筋的先张法构件，当构件端部与下部支承结构为焊接时，应考虑混凝土的收缩、徐变及温度变化所产生的不利影响，宜在构件端部可能产生裂缝的部位，设置足够的非预应力纵向构造钢筋。

5. 先张法构件预应力筋的间距

先张法预应力筋之间的净间距应根据浇筑混凝土、施加预应力及钢筋锚固的要求确定。预应力筋之间的净距不宜小于其公称直径的 2.5 倍和混凝土粗骨料最大粒径的 1.25 倍，且应符合下列规定：

对预应力钢丝不应小于 15mm；对三股钢绞线不应小于 20mm；对七股钢绞线不应小于 25mm。当混凝土振捣密实性具有可靠保证时，净间距可放宽为最大粗骨料粒径的 1.0 倍。

6. 后张法预应力筋及预留孔道布置

1）预制构件中预留孔道之间的水平净间距不宜小于 50mm，且不宜小于粗骨料粒径的 1.25 倍；孔道至构件边缘的净间距不宜小于 30mm，且不宜小于孔道直径的 50%。

2）现浇混凝土梁中，预留孔道在竖直方向的净间距不应小于孔道外径，水平方向的净间距不应小于 1.5 倍孔道外径，且不应小于粗骨料粒径的 1.25 倍；从孔道外壁至构件边缘的净间距，梁底不宜小于 50mm，梁侧不宜小于 40mm，裂缝控制等级为三级的梁，梁底、梁侧分别不宜小于 60mm 和 50mm。

3）预留孔道的内径宜比预应力束外径及需穿过孔道的连接器外径大 6～15mm；且孔道的截面积宜为穿入预应力束截面积的 3.0～4.0 倍。

4）当有可靠经验并能保证混凝土浇筑质量时，预留孔道可水平并列贴紧布置，但并排的数量不应超过 2 束。

5）在现浇楼板中采用扁形锚固体系时，穿过每个预留孔道的预应力筋数量宜为 3～5 根；在常用荷载情况下，孔道在水平方向的净间距不应超过 8 倍板厚及 1.5m 中的较大值。

6）板中单根无粘结预应力筋的间距不宜大于板厚的 6 倍，且不宜大于 1m；带状束的无粘结预应力筋根数不宜多于 5 根，带状束间距不宜大于板厚的 12 倍，且不宜大于 2.4m。

7）梁中集束布置的无粘结预应力筋，集束的水平净间距不宜小于 50mm，束至构件边缘的净距不宜小于 40mm。

7. 锚具、夹具和连接器

后张法预应力筋的锚固应选用可靠的锚具，其形式和质量要求应符合国家现行有关标准的规定。

8. 后张法预应力混凝土构件的端部锚固区

构件端部尺寸，应考虑锚具的布置、张拉设备的尺寸和局部受压的要求．必要时应适当加大。

后张法预应力混凝土构件的端部锚固区，应按下列规定配置间接钢筋：

1）采用普通垫板时，应按规定进行局部受压承载力计算，并配置间接钢筋，其体积配筋率不应小于 0.5%，垫板的刚性扩散角应取 45°；

2）局部受压承载力计算时，局部压力设计值对有粘结预应力混凝土构件取 1.2 倍张拉控制力，对无粘结预应力取 1.2 倍张拉控制力和（$f_{ptk}A_p$）中的较大值；

3）在局部受压间接钢筋配置区以外，在构件端部长度 l 不小于截面重心线上部或下部预应力筋的合力点至邻近边缘的距离 e 的 3 倍、但不大于构件端部截面高度 h 的 1.2 倍，高度为 $2e$ 的附加配筋区范围内，应均匀配置附加防劈裂箍筋或网片（图 10－23），配筋面积可按下列公式计算

$$A_{sb} \geqslant 0.18\left(1-\frac{l_l}{l_b}\right)\frac{P}{f_{yv}} \tag{10-132}$$

且体积配筋率不应小于 0.5%。

式中 P——作用在构件端部截面重心线上部或下部预应力筋的合力设计值；

l_l，l_b——沿构件高度方向 A_l、A_b 的边长或直径；

f_{yv}——附加防劈裂钢筋的抗拉强度设计值。

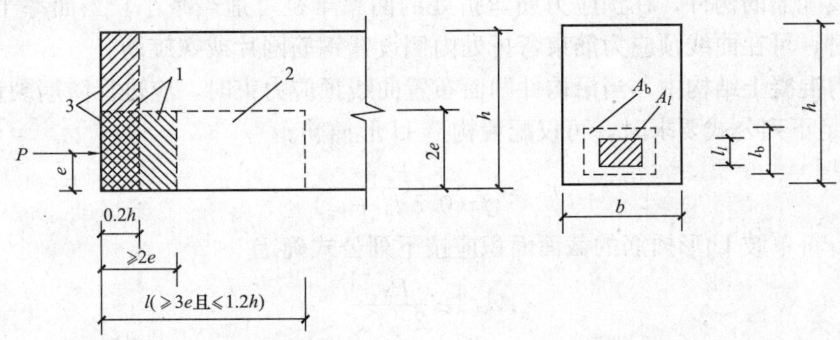

图 10-23 防止端部裂缝的配筋范围

1—局部受压间接钢筋配置区；2—附加防劈裂配筋区；3—附加防端面裂缝配筋区

4）当构件端部预应力筋需集中布置在截面下部或集中布置在上部和下部时，应在构件端部 0.2h 范围内设置附加竖向防端部裂缝构造钢筋（图 10-23），其截面面积应符合下列公式要求

$$A_{sv} \geqslant \frac{T_s}{f_{yv}} \tag{10-133}$$

$$T_s = \left(0.25 - \frac{e}{h}\right)P \tag{10-134}$$

式中 T_s——锚固端面拉力；

P——作用在构件端部截面重心线上部或下部预应力筋的合力设计值；

e——截面重心线上部或下部预应力筋的合力点至截面近边缘的距离；

h——构件端部截面高度。

当 $e>0.2h$ 时，可根据实际情况适当配置构造钢筋。竖向防端面裂缝钢筋宜靠近端面配置，可采用焊接钢筋网、封闭式箍筋或其他的形式，且宜采用带肋钢筋。

当端部截面上部和下部均有预应力筋时，附加竖向钢筋的总截面面积应按上部和下部的预应力合力分别计算的较大值采用。在构件端面横向也应按上述方法计算抗端面裂缝钢筋，并与上述竖向钢筋形成网片筋配置。

5）当构件在端部有局部凹进时，应增设折线构造钢筋（图 10-24）或其他有效的构造钢筋。

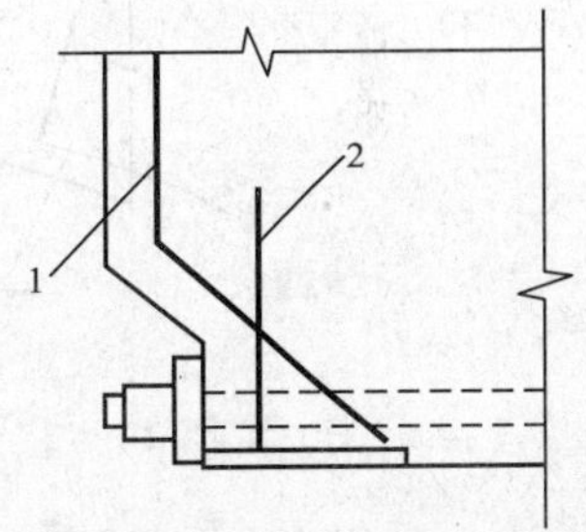

图 10-24 端部凹进处构造钢筋

1—折线构造钢筋；2—竖向构造钢筋

9. 后张法预应力混凝土构件

当采用曲线预应力束时，其曲率半径 r_p 宜按下列公式确定，但不宜小于 4m。

$$r_p \geqslant \frac{P}{0.35 f_c d_p} \tag{10-135}$$

式中 P——预应力束的合力设计值；

r_p——预应力筋束的曲率半径，m；

d_p——预应力筋束孔道的外径；

f_c——混凝土轴心抗压强度设计值；当验算张拉阶段曲率半径时，可取与施工阶段混凝土立方体抗压强度对应的抗压强度设计值 f'_{cu} 对应的抗压强度设计值 f'_c。

对于折线配筋的构件，在预应力筋弯折处的曲率半径可适当减小。当曲率半径 r_p 不满足上述要求时，可在曲线预应力筋束弯折处内侧设置钢筋网片或螺旋筋。

在预应力混凝土结构中，当沿构件凹面布置曲线预应力束时，应进行防崩裂设计。当曲率半径 r_p 满足下列公式要求时，可仅配置构造 U 形插筋。

$$r_p \geqslant \frac{P}{f_t(0.5d_p + c_p)} \tag{10-136}$$

当不满足时，每单肢 U 形插筋的截面面积应按下列公式确定

$$A_{sv1} \geqslant \frac{Ps_v}{2r_p f_{yv}} \tag{10-137}$$

式中 P——预应力束的合力设计值；

f_t——混凝土轴心抗拉强度设计值，或与施工张拉阶段混凝土立方体抗压强度 f'_{cu} 相应的抗拉强度设计值 f'_t；

c_p——预应力筋孔道净混凝土保护层厚度；

A_{sv1}——每单肢插筋截面面积；

s_v——U 形插筋间距；

f_{yv}——U 形插筋抗拉强度设计值，当大于 360N/mm^2 时取 360N/mm^2。

U 形插筋的锚固长度不应小于 l_a（图 10－25）。当实际锚固长度 l_e 小于 l_a 时，每单肢 U 形插筋的截面面积可按 A_{sv1}/k 取值。其中，k 取 l_e/d 和 $l_e/200$ 中的较小值，且 k 不大于 1.0。

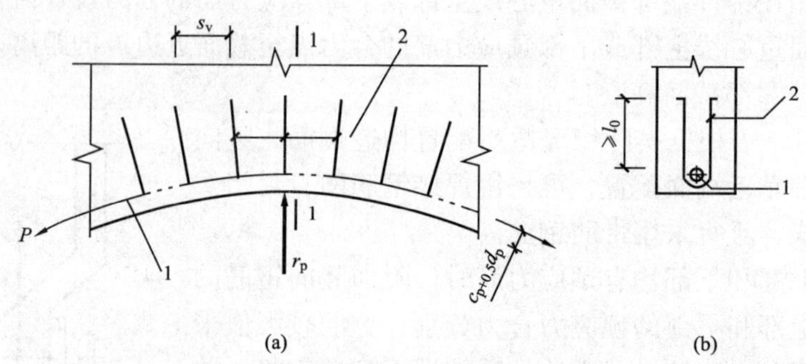

图 10－25　抗崩裂 U 形插筋构造示意

(a) 抗崩裂 U 形插筋布置；(b) 1—1 剖面

1—预应力束；2—沿曲线预应力束均匀布置的 U 形插筋

当有平行的几个孔道，且中心距不大于 $2d_p$ 时，预应力筋的合力设计值应按相邻全部孔道内的预应力筋确定。

10. *后张预应力混凝土外露金属锚具*

应采取可靠的防腐及防火措施，并应符合下列规定：

1）无粘结预应力筋外露锚具应采用注有足量防腐油脂的塑料帽封闭锚具端头，并应采用无收缩砂浆或细石混凝土封闭。

2）对处于二 b、三 a、三 b 类环境下的无粘结预应力锚固系统，应采用全封闭的防腐蚀体系，其封锚端及各连接部位应能承受 10kPa 的静水压力而不得透水。

3）采用混凝土封闭时，混凝土强度等级宜与构件混凝土强度等级一致，且不应低于C30。封锚混凝土与构件混凝土应可靠粘结，如锚具在封闭前应将周围混凝土界面凿毛并冲洗干净，且宜配置1～2片钢筋网，钢筋网应与构件混凝土拉结。

4）采用无收缩砂浆或细石混凝土封闭时，其锚具及预应力筋端部的保护层厚度不应小于：一类环境时20mm，二a、二b类环境时50mm，三a、三b类环境时80mm。

本章小结

1. 钢筋混凝土构件由于受拉区在正常使用阶段出现裂缝，抗裂性能差，刚度小，变形大，而且不能充分利用高强钢材，因此其适用范围受到一定限制。预应力混凝土改善了构件的抗裂性能，可以做到正常使用阶段混凝土不受拉或不开裂，因而可适用于有防水、抗渗透及抗腐蚀要求的特殊环境以及大跨、重载结构。

2. 在预应力混凝土结构中，通常是通过张拉预应力筋给混凝土施加预压应力。根据施工时张拉预应力筋与浇筑混凝土次序的不同，分为先张法和后张法。先张法是依靠预应力筋与混凝土之间的粘结力来传递预应力；后张法依靠锚具来传递预应力，构件的端部处于局部受压的应力状态。

3. 张拉控制应力的取值应当适当，既不能过高，也不能过低。预应力混凝土在施工过程中需使用锚具和夹具，因此对施工技术的要求更高。

4. 对预应力混凝土构件，应进行外荷载作用下两种极限状态的计算，并保证施工阶段构件的安全性。对后张法预应力混凝土构件，还应计算构件端部的局部受压承载力。

5. 预应力筋存在预应力损失现象。应了解产生各种预应力损失的原因，并掌握减小各项损失的方法和措施。应分阶段组合预应力的损失值，并掌握先张法和后张法各有哪几项预应力损失及其损失所属的批次。

6. 通过对预应力混凝土构件受力全过程截面应力状态的分析，可以看出：

(1) 施工阶段，先张法（或后张法）构件截面混凝土预应力的计算可以比拟为将一个预加力 N_p 作用在构件的换算截面 A_0（或净截面 A_n）上，然后按材料力学公式进行计算。

(2) 正常使用阶段，由荷载标准组合或准永久组合产生的截面混凝土的法向应力，也可按材料力学公式计算，且无论先张法还是后张法，均采用构件的换算截面 A_0。

(3) 使用阶段，先张法和后张法构件在消压状态和即将开裂状态时的计算公式形式相同，均采用构件的换算截面 A_0。

思考题

10-1 预应力混凝土结构有何优缺点？

10-2 什么是先张法，什么是后张法，各自有什么特点？

10-3 预应力混凝土结构对混凝土及钢筋分别有何要求？

10-4 预应力损失有哪些？它们是由什么原因产生的？如何减少各项预应力的损失值？

10-5 什么是张拉控制应力，为什么要控制张拉控制应力的上限值？

10-6 试述先张法、后张法预应力轴心受拉构件在施工阶段、使用阶段各自的应力变化过程及相应应力值的计算公式。

10-7 轴心受拉构件，如果采用相同的张拉控制应力 σ_{con}，预应力损失值也相同，当加载至混凝土预压应力 $\sigma_{pc}=0$ 时，先张法和后张法两种构件中预应力筋的 σ_p 是否相同，哪个大？

10-8 什么是预应力筋的预应力传递长度 l_{tr}？为什么要分析预应力的传递长度，如何进行计算？

10-9 预应力混凝土受弯构件的受压预应力筋 A_p' 有什么作用？它对正截面受弯承载力有什么影响？

10-10 预应力混凝土构件有哪些构造要求？

习 题

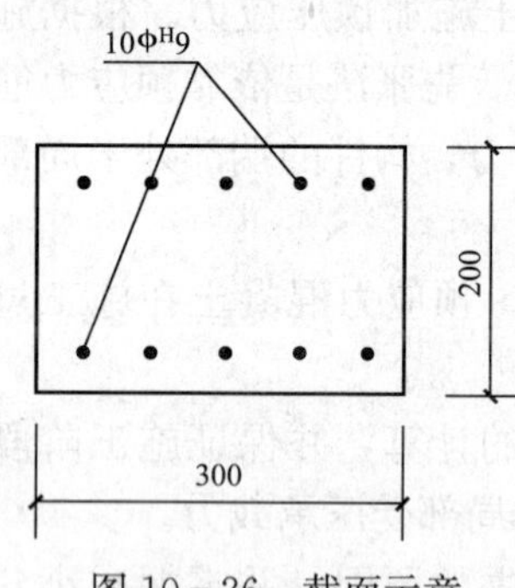

图 10-26 截面示意

10-1 某预应力混凝土轴心受拉构件，长 30m，混凝土截面面积 $A=60\ 000\text{mm}^2$，混凝土强度等级为 C70，消除应力钢丝 10ΦH9，截面如图 10-26 所示，先张法施工，在 120m 台座上张拉，端头采用镦头锚具固定预应力筋，超张拉，并考虑蒸汽养护时台座与预应力之间的温度 $\Delta t=25℃$，混凝土达到强度设计值的 80%时放松钢筋。试计算各项预应力损失值。

10-2 试对某 30m 跨度预应力混凝土屋架的下弦杆进行使用阶段的承载力和抗裂度验算，以及施工阶段张拉预应力筋时的承载力验算。设计条件见表 10-6。

表 10-6 设 计 条 件

材料	混凝土	预应力筋	非预应力钢筋
品种和强度等级	C70	钢绞线	HRB400
截面	280mm×180mm 孔道 2ϕ55	ϕ^S1×7（$d=15.2$mm）	按构造要求配置 4Φ12（$A_s=452\text{mm}^2$）
材料强度（N/mm²）	$f_c=31.8$，$f_{ck}=44.5$ $f_t=2.14$，$f_{tk}=3.00$	$f_{ptk}=1860$ $f_{py}=1320$	$f_{yk}=400$ $f_y=360$
弹性模量（N/mm²）	$E_c=3.70\times10^4$	$E_p=1.95\times10^5$	$E_s=2.0\times10^5$
张拉控制应力	$\sigma_{con}=0.70f_{ptk}=0.70\times1860=1302\text{N/mm}^2$		
张拉时混凝土强度	$f'_{cu}=70\text{N/mm}^2$		
张拉工艺	后张法，一端张拉，采用夹片式锚具（直径为 120mm），孔道为预埋金属波纹管		
构件内力	永久荷载标准值产生的轴向拉力 $N_{Gk}=820$kN 可变荷载标准值产生的轴向拉力 $N_{Qk}=320$kN		
结构重要性系数	$\gamma_0=1.1$		
裂缝控制等级	二级		

附　录

附表 1　　**普通钢筋强度标准值**　　N/mm^2

牌号	符号	公称直径 d（mm）	屈服强度标准值 f_{yk}	极限强度标准值 f_{stk}
HPB300	ϕ	6－22	300	420
HRB335 HRBF335	ϕ ϕ^{F}	6－50	335	455
HRB400 HRBF400 RRB400	ϕ ϕ^{F} ϕ^{R}	6－50	400	540
HRB500 HRBF500	Φ Φ^{F}	6－50	500	630

附表 2　　**预应力筋强度标准值**　　N/mm^2

种　类		符号	公称直径 d（mm）	屈服强度标准值 f_{pyk}	极限强度标准值 f_{ptk}
中强度预应力钢丝	光面螺旋肋	ϕ^{PM} ϕ^{HM}	5、7、9	620	800
				780	970
				980	1270
预应力螺纹钢筋	螺纹	ϕ^{T}	18、25、32、40、50	785	980
				930	1080
				1080	1230
消除应力钢丝	光面螺旋肋	ϕ^{P} ϕ^{H}	5	—	1570
				—	1860
			7	—	1570
			9	—	1470
				—	1570
钢绞线	1×3（三股）	ϕ^{S}	8.6、10.8、12.9	—	1570
				—	1860
				—	1960
	1×7（七股）		9.5、12.7、15.2、17.8	—	1720
				—	1860
				—	1960
			21.6	—	1860

注　极限强度标准值为 1960MPa 的钢绞线作后张预应力配筋时，应有可靠的工程经验。

附表 3 普通钢筋强度设计值 N/mm²

牌号	抗拉强度设计值 f_y	抗压强度设计值 f'_y
HPB300	270	270
HRB335、HRBF335	300	300
HRB400、HRBF400、RRB400	360	360
HRB500、HRBF500	435	410

附表 4 预应力筋强度设计值 N/mm²

种　类	极限强度标准值 f_{ptk}	抗拉强度设计值 f_{py}	抗压强度设计值 f'_{py}
中强度预应力钢丝	800	510	410
	970	650	
	1270	810	
消除应力钢丝	1470	1040	410
	1570	1110	
	1860	1320	
钢绞线	1570	1110	390
	1720	1220	
	1860	1320	
	1960	1390	
预应力螺纹钢筋	980	650	410
	1080	770	
	1230	900	

注　当预应力筋的强度标准值不符合附表 4 的规定时，其强度设计值应进行相应的比例换算。

附表 5 钢 筋 弹 性 模 量 $\times 10^5$ N/mm²

牌号或种类	弹性模量 E_s
HPB300 钢筋	2.10
HRB335、HRB400、HRB500 钢筋 HRBF335、HRBF400、HRBF500 钢筋 RRB400 钢筋 预应力螺纹钢筋	2.00
消除应力钢丝、中强度预应力钢丝	2.05
钢绞线	1.95

注　必要时可采用实测的弹性模量。

附表 6 普通钢筋疲劳应力幅限值 N/mm²

疲劳应力比值 ρ_p^f	疲劳应力幅限值 Δf_y^f	
	HRB335	HRB400
0	175	175
0.1	162	162

续表

疲劳应力比值 ρ_p^f	疲劳应力幅限值 Δf_y^f	
	HRB335	HRB400
0.2	154	156
0.3	144	149
0.4	131	137
0.5	115	123
0.6	97	106
0.7	77	85
0.8	54	60
0.9	28	31

注　当纵向受拉钢筋采用闪光接触对焊连接时，其接头处的钢筋疲劳应力幅限值应按表中数值乘以 0.8 取用。

附表 7　**预应力疲劳应力幅限值**　N/mm^2

疲劳应力比值 ρ_p^f	钢绞线 $f_{ptk}=1570$	消除应力钢丝 $f_{ptk}=1570$
0.7	144	240
0.8	118	168
0.9	70	88

注　1. 当 ρ_p^f 不小于 0.9 时，可不作预应力筋疲劳验算；

2. 当有充分依据时，可对表中规定的疲劳应力幅限值作适当调整。

附表 8　**混凝土强度标准值**　N/mm^2

强度种类	混凝土强度等级													
	C15	C20	C25	C30	C35	C40	C45	C50	C55	C60	C65	C70	C75	C80
f_{ck}	10.0	13.4	16.7	20.1	23.4	26.8	29.6	32.4	35.5	38.5	41.5	44.5	47.4	50.2
f_{tk}	1.27	1.54	1.78	2.01	2.20	2.39	2.51	2.64	2.74	2.85	2.93	2.99	3.05	3.11

附表 9　**混凝土强度设计值**　N/mm^2

强度种类	混凝土强度等级													
	C15	C20	C25	C30	C35	C40	C45	C50	C55	C60	C65	C70	C75	C80
f_c	7.2	9.6	11.9	14.3	16.7	19.1	21.1	23.1	25.3	27.5	29.7	31.8	33.8	35.9
f_t	0.91	1.10	1.27	1.43	1.57	1.71	1.80	1.89	1.96	2.04	2.09	2.14	2.18	2.22

注　1. 当有可靠试验数据时，弹性模量可根据实测数据确定；

2. 当混凝土中掺有大量矿物掺和料时，弹性模量可按规定龄期根据实测数据确定。

附表 10　**混凝土弹性模量**　$\times 10^4 N/mm^2$

混凝土强度等级	C15	C20	C25	C30	C35	C40	C45	C50	C55	C60	C65	C70	C75	C80
E_c	2.20	2.55	2.80	3.00	3.15	3.25	3.35	3.45	3.55	3.60	3.65	3.70	3.75	3.80

附表 11　结构构件的裂缝控制等级及最大裂缝宽度的限值 mm

环境类别	钢筋混凝土结构		预应力混凝土结构	
	裂缝控制等级	$\omega_{\lim}$	裂缝控制等级	$\omega_{\lim}$
一	三级	0.3（0.4）	三级	0.20
二 a		0.2		0.10
二 b			二级	—
三 a、三 b			一级	—

注　1. 对处于年平均相对湿度小于 60%地区一类环境下的受弯构件，其最大裂缝宽度限值可采用括号内的数值。

2. 在一类环境下，对钢筋混凝土屋架，托架及需作疲劳验算的吊车梁，其最大裂缝宽度限值应取为 0.20mm；对钢筋混凝土屋面梁和托梁，其最大裂缝宽度限值应取为 0.30mm。

3. 在一类环境下，对预应力混凝土屋架、托架及双向板体系，应按二级裂缝控制等级进行验算；对一类环境下的预应力混凝土屋面梁、托梁、单向板，应按表中二 a 级环境的要求进行验算；在一类和二 a 类环境下需作疲劳验算的预应力混凝土吊车梁，应按裂缝控制等级不低于二级的构件进行验算。

4. 表中规定的预应力混凝土构件的裂缝控制等级和最大裂缝宽度限值仅适用于正截面的验算；预应力混凝土构件的斜截面裂缝控制验算应符合本书第 9 章的有关规定。

5. 对于烟囱、筒仓和处于液体压力下的结构，其裂缝控制要求应符合专门标准的有关规定。

6. 对于处于四、五类环境下的结构构件，其裂缝控制要求应符合专门标准的有关规定。

7. 表中的最大裂缝宽度限值为用于验算荷载作用引起的最大裂缝宽度。

附表 12　受弯构件的挠度限值

构件类型		挠度限值
吊车梁	手动吊车	$l_0/500$
	电动吊车	$l_0/600$
屋盖、楼盖及楼梯构件	当 $l_0<7$m 时	$l_0/200$（$l_0/250$）
	当 7m$\leqslant l_0\leqslant$9m 时	$l_0/250$（$l_0/300$）
	当 $l_0>9$m 时	$l_0/300$（$l_0/400$）

注　1. 表中 l_0 为构件的计算跨度；计算悬臂构件的挠度限值时，其计算跨度 l_0 按实际悬臂长度的 2 倍取用。

2. 表中括号内的数值适用于使用上对挠度有较高要求的构件。

3. 如果构件制作时预先起拱，且使用上也允许，则在验算挠度时，可将计算所得的挠度值减去起拱值；对预应力混凝土构件，尚可减去预加力所产生的反拱值。

4. 构件制作时的起拱值和预加力所产生的反拱值，不宜超过构件在相应荷载组合作用下的计算挠度值。

附表 13　混凝土保护层的最小厚度 *c* mm

环境类别	板、墙、壳	梁、柱、杆
一	15	20
二 a	20	25
二 b	25	35
三 a	30	40
三 b	40	50

注　1. 混凝土强度等级不大于 C25 时，表中保护层厚度数值应增加 5mm。

2. 钢筋混凝土基础宜设置混凝土垫层，基础中钢筋的混凝土保护层厚度应从垫层顶面算起，且不应小于 40mm。

附表 14　纵向受力钢筋的最小配筋百分率 ρ_{min}　%

受力类型			最小配筋百分率
受压构件	全部纵向钢筋	强度等级 500MPa	0.50
		强度等级 400MPa	0.55
		强度等级 300MPa、335MPa	0.60
	一侧纵向钢筋		0.20
受弯构件、偏心受拉、轴心受拉构件一侧的受拉钢筋			0.20 和 $45f_t/f_y$ 中的较大值

注　1. 受压构件全部纵向钢筋最小配筋百分率，当采用 C60 以上强度等级的混凝土时，应按表中规定增加 0.10。

2. 板类受弯构件（不包括悬臂板）的受拉钢筋，当采用强度等级 400MPa、500MPa 的钢筋时，其最小配筋百分率应允许采用 0.15 和 $45f_t/f_y$ 中的较大值。

3. 偏心受拉构件中的受压钢筋，应按受压构件一侧纵向钢筋考虑。

4. 受压构件的全部纵向钢筋和一侧纵向钢筋的配筋率以及轴心受拉构件和小偏心受拉构件一侧受拉钢筋的配筋率应按构件的全截面面积计算。

5. 受弯构件、大偏心受拉构件一侧受拉钢筋的配筋率应按全截面面积扣除受压翼缘面积 $(b_f'-b)h_f'$ 后的截面面积计算。

6. 当钢筋沿构件截面周边布置时，"一侧纵向钢筋"系指沿受力方向两个对边中的一边布置的纵向钢筋。

附表 15　钢筋的公称直径、公称截面面积及理论重量

公称直径（mm）	不同根数钢筋的公称截面面积（mm^2）									单根钢筋理论重量（kg/m）
	1	2	3	4	5	6	7	8	9	
6	28.3	57	85	113	142	170	198	226	255	0.222
8	50.3	101	151	201	252	302	352	402	453	0.395
10	78.5	157	236	314	393	471	550	628	707	0.617
12	113.1	226	339	452	565	678	791	904	1017	0.888
14	153.9	308	461	615	769	923	1077	1231	1385	1.21
16	201.1	402	603	804	1005	1206	1407	1608	1809	1.58
18	254.5	509	763	1017	1272	1527	1781	2036	2290	2.00 (2.11)
20	314.2	628	942	1256	1570	1884	2199	2513	2827	2.47
22	380.1	760	1140	1520	1900	2281	2661	3041	3421	2.98
25	490.9	982	1473	1964	2454	2945	3436	3927	4418	3.85 (4.10)
28	615.8	1232	1847	2463	3079	3695	4310	4926	5542	4.83
32	804.2	1609	2413	3217	4021	4826	5630	6434	7238	6.31 (6.65)
36	1017.9	2036	3054	4072	5089	6107	7125	8143	9161	7.99
40	1256.6	2513	3770	5027	6283	7540	8796	10 053	11 310	9.87 (10.34)
50	1963.5	3928	5892	7856	9820	11 784	13 748	15 712	17 676	15.42 (16.28)

注　括号内为预应力螺纹钢筋的数值。

附表 16　每米板宽内的钢筋截面面积表

钢筋间距（mm）	当钢筋直径（mm）为下列数值时的钢筋截面面积（mm^2）													
	3	4	5	6	6/8	8	8/10	10	10/12	12	12/14	14	14/16	16
70	101	179	281	401	561	719	920	1121	1369	1616	1908	2199	2536	2872
75	94.3	167	262	377	524	671	859	1047	1277	1508	1780	2053	2367	2681
80	88.4	157	245	354	491	629	805	981	1198	1414	1669	1924	2218	2513

续表

钢筋间距（mm）	当钢筋直径（mm）为下列数值时的钢筋截面面积（mm²）													
	3	4	5	6	6/8	8	8/10	10	10/12	12	12/14	14	14/16	16
85	83.2	148	231	333	462	592	758	924	1127	1331	1571	1811	2088	2365
90	78.5	140	218	314	437	559	716	872	1064	1257	1484	1710	1972	2234
95	74.5	132	207	298	414	529	678	826	1008	1190	1405	1620	1868	2116
100	70.5	126	196	283	393	503	644	785	958	1131	1335	1539	1775	2011
110	64.2	114	178	257	357	457	585	714	871	1028	1214	1399	1644	1828
120	58.9	105	163	236	327	419	537	654	798	942	1112	1283	1480	1976
125	56.5	100	157	226	314	402	515	628	766	905	1068	1232	1420	1608
130	54.4	96.6	151	218	302	387	495	604	737	870	1027	1184	1366	1547
140	50.5	89.7	140	202	281	359	460	561	684	808	954	1100	1268	1436
150	47.1	83.8	131	189	262	335	429	523	639	754	890	1026	1183	1340
160	44.1	78.5	123	177	246	314	403	491	599	707	834	962	1110	1257
170	41.5	73.9	115	166	231	296	379	462	564	665	786	906	1044	1183
180	39.2	69.8	109	157	218	279	358	436	532	628	742	855	985	1117
190	37.2	66.1	103	149	207	265	339	413	504	595	702	810	934	1058
200	35.3	62.8	98.2	141	196	251	322	393	479	565	668	770	888	1005
220	32.1	57.1	89.3	129	178	228	292	357	436	514	607	700	807	914
240	29.4	52.4	81.9	118	164	209	268	327	339	471	556	641	740	838
250	28.3	50.2	78.5	113	157	201	258	314	383	452	534	616	710	804
260	27.2	48.3	75.5	109	151	193	248	302	368	435	514	592	682	773
280	25.2	44.9	70.1	101	140	180	230	281	342	404	477	550	634	718
300	23.6	41.9	65.5	94	131	168	215	262	320	377	445	513	592	670
320	22.1	39.2	61.4	88	123	157	201	245	299	353	417	481	554	628

注 表中钢筋直径中的6/8，8/10，…系指两种直径的钢筋间隔放置。

附表 17　钢绞线的公称直径、公称截面面积及理论重量

种类	公称直径（mm）	公称截面面积（mm²）	理论重量（kg/m）
1×3	8.6	37.7	0.296
	10.8	58.9	0.462
	12.9	84.8	0.666
1×7 标准型	9.5	54.8	0.430
	12.7	98.7	0.775
	15.2	140	1.101
	17.8	191	1.500
	21.6	285	2.237

附表 18　钢丝的公称直径、公称截面面积及理论重量

公称直径（mm）	公称截面面积（mm^2）	理论重量（kg/m）
5.0	19.63	0.154
7.0	38.48	0.302
9.0	63.62	0.499

附表 19　截面抵抗矩塑性影响系数基本值 γ_m

项次	1	2	3		4		5
截面形状	矩形截面	翼缘位于受压区的T形截面	对称I形截面或箱型截面		翼缘位于受拉区的倒T形截面		圆形和环形截面
			$b_f/b\leqslant2$、h_f/h 为任意值	$b_f/b>2$、$h_f/h<0.2$	$b_f/b\leqslant2$、h_f/h 为任意值	$b_f/b>2$、$h_f/h<0.2$	
γ_m	1.55	1.50	1.45	1.35	1.50	1.40	$1.6-0.24r_1/r$

注　1. 对 $b_f'>b_f$ 的I形截面，可按项次2与项次3之间的数值采用，对 $b_f'<b_f$ 的I形截面，可按项次3与项次4之间的数值采用。

2. 对于箱形截面，b 指各肋宽度的总和。

3. r 为圆形截面半径或环形截面的外环半径，r_1 为环形截面的内环半径，对圆形截面取 r_1 为零。

参 考 文 献

[1] 中华人民共和国住房和城乡建设部. GB 50010—2010 混凝土结构设计规范. 北京：中国建筑工业出版社，2011.

[2] 中华人民共和国住房和城乡建设部. GB 50153—2008 工程结构可靠性设计统一标准. 北京：中国建筑工业出版社，2008.

[3] 中华人民共和国建设部. GB 50009—2001 建筑结构荷载规范（含 2006 年局部修订）. 北京：中国建筑工业出版社，2002.

[4] 徐有邻，周氐. 混凝土结构设计规范理解与应用. 北京：中国建筑工业出版社，2002.

[5] 刘立新，叶燕华. 混凝土结构原理. 武汉：武汉理工大学出版社，2010.

[6] 梁兴文，史庆轩. 混凝土结构设计原理. 北京：中国建筑工业出版社，2011.

[7] 王社良，熊仲明. 混凝土及砌体结构. 北京：冶金工业出版社，2004.

[8] 东南大学，天津大学，同济大学. 混凝土结构设计原理. 北京：中国建筑工业出版社，2005.

[9] 沈蒲生. 混凝土结构设计原理. 北京：高等教育出版社，2002.

[10] 滕智明，朱金铨. 混凝土结构及砌体结构. 北京：中国建筑工业出版社，2003.

[11] 吕志涛，孟少平. 现代预应力设计. 北京：中国建筑工业出版社，1998.

[12] 叶列平. 混凝土结构（上册）. 北京：清华大学出版社，2005.

[13] 中国建筑科学研究院. 混凝土结构设计. 北京：中国建筑工业出版社，2003.

[14] 张誉. 混凝土结构基本原理. 北京：中国建筑工业出版社，2000.

[15] 丁大钧. 现代混凝土结构学. 北京：中国建筑工业出版社，2000.

[16] 过镇海. 钢筋混凝土原理和分析. 北京：清华大学出版社，2003.

[17] 高等学校土木工程专业指导委员会. 高等学校土木工程专业本科教育培养目标和培养方案及课程教学大纲. 北京：中国建筑工业出版社，2002.

[18] 高等学校土木工程学科专业指导委员会. 高等学校土木工程本科指导性专业规范. 北京：中国建筑工业出版社，2011.